U0268764

高等职业教育土建大类专业群核心课程建设系列教材

安装工程计量与计价

王　莉　主　编

王晓妮　秦国兰　张朝伟　副主编

赵　强　程雅茹　李梦瑞　参　编

李　斌　主　审

科学出版社

北　京

内 容 简 介

"安装工程计量与计价"课程是高等职业院校工程造价专业的核心课程之一，本书以2016年版《天津市安装工程预算基价》为例介绍电气工程、给排水工程等定额手册相关内容与应用方法，要求学生掌握电气工程，给排水工程，采暖工程，燃气工程，消防工程，通风、空调工程等工程预算文件的编制方法，计算工程的各项经济技术指标，并在工程完工之后能编制工程结算书，促进学生职业能力培养和职业素养养成，并为后续学生毕业综合实践、顶岗实习等课程提供必要的专业知识与技能。

本书分为6个项目，分别为"项目1 建筑电气工程计量与计价""项目2 建筑给排水工程计量与计价""项目3 建筑采暖工程计量与计价""项目4 建筑燃气工程计量与计价""项目5 建筑消防工程计量与计价""项目6 建筑通风、空调工程计量与计价"，每一项目分别按认识系统、识读施工图、定额计量与计价、清单计量与计价4个任务进行展开。同时，在附录中给出了各项目图纸、所用到的定额基价和两套学生训练手册。

本书可作为高职高专工程造价、工程管理等专业的教学用书，也可作为工程造价专业本科学生的参考用书，还可供相关工程在职人员自学使用。

图书在版编目（CIP）数据

安装工程计量与计价/王莉主编. —北京：科学出版社，2021.3
（高等职业教育土建大类专业群核心课程建设系列教材）
ISBN 978-7-03-067627-6

Ⅰ.①安… Ⅱ.①王… Ⅲ.①建筑安装-工程造价-高等职业教育-教材
Ⅳ.①TU723.3

中国版本图书馆CIP数据核字（2020）第270260号

责任编辑：万瑞达 李 雪/责任校对：赵丽杰
责任印制：吕春珉/封面设计：曹 来

科 学 出 版 社 出版
北京东黄城根北街16号
邮政编码：100717
http://www.sciencep.com

天津市新科印刷有限公司 印刷

科学出版社发行　　各地新华书店经销
*
2021年3月第 一 版　　开本：787×1092　1/16
2023年8月第三次印刷　　印张：22 3/4
字数：546 000
定价：59.00元
（如有印装质量问题，我社负责调换〈新科〉）
销售部电话 010-62136230　编辑部电话 010-62130874（VA03）

前　言

教育是国之大计、党之大计。教育、科技、人才是全面建设社会主义现代化国家的基础性、战略性支撑。全面建设社会主义现代化国家，必须坚持科技是第一生产力、人才是第一资源、创新是第一动力，深入实施科教兴国战略、人才强国战略、创新驱动发展战略。高等教育人才培养要树立质量意识、抓好质量建设、全面提高人才自主培养质量。

"安装工程计量与计价"是工程造价专业的一门重要的专业核心课程，与"建筑工程计量与计价""修缮工程计量与计价"等共同构成了工程造价专业学生的核心岗位能力，所涉及的内容也是造价师等职业资格考试中的重点。建筑类相关企业对"安装工程"方向的造价人员需求量很大，但安装工程预算所涉及专业较多，很少有人能够做到全部精通，这是安装造价人员稀缺的原因之一。为了满足社会需求、培养更贴合岗位技能的学生，基于职业院校学生的特点，我们依化繁为简的原则编写本书。

本书充分体现"以全面素质为基础，以能力为本位""以企业需求为基本依据，以就业为导向""适应企业技术发展，体现教学内容的先进性和前瞻性""以学生为主体，体现教学组织的科学性和灵活性"的原则，简化理论阐述，重实用、重实践，使学生能尽快达到编制安装工程预算文件的技能要求，以期做到学以致用。

1. 本书特色

1）以项目为载体，采用任务驱动的教学模式。本书选取了常用的、与生活息息相关的电气工程，给排水工程，采暖工程，燃气工程，消防工程，通风、空调工程为项目载体，重新编排理论知识，将所需的理论融入每个"任务训练"之中。同时，提供了定额计价和清单计价两套预算文件范本。学生边学习边训练，并完成每个任务，当所有任务完成之后，就形成了一份完整的预算文件。

2）以最新的国家规范及相关文件为基础。本书采用现行的《建设工程工程量清单计价规范》（GB 50500—2013）、《通用安装工程工程量计算规范》（GB 50856—2013）和2016年版《天津市安装工程预算基价》、《建筑安装工程费用项目组成》（建标〔2013〕44号），同时，考虑到营业税改征增值税（以下简称"营改增"）的变革，以及国家对环境保护的高度重视，书中设置了"知识拓展"模块，学生可以通过自主拓展学习获取最新行业信息。

3）内容设置与职业资格认证紧密结合。国务院"职教20条"的发布，"1+X"证书试点工作的展开，说明国家鼓励职业院校学生在获得学历证书的同时，积极取得多类职业技能等级证书，拓展就业创业本领。本书结合造价师的基本岗位技能进行编写，突出实践性。

4）校企合作开发教材。本书在编写过程中得到了建筑类企业的大力帮助，包括总结岗位需求、提供图纸、审核造价、参与部分内容的编写，这也使得本书更具实用性。

5）附学生训练手册。本书除在附录中给出学生训练手册外，还提供了电子版的"定额计价训练手册""清单计价训练手册"，这两套训练手册既符合国家规范要求，又贴合岗位实际。经过几年的实践检验，能大大提高教学效果。

2．教学建议

1）应加强对学生实际职业能力的培养，强化基于工作过程的项目教学和任务教学，注重以任务引领型教学方法激发学生学习兴趣，使学生在完成典型任务过程中掌握工程造价的相关知识。

2）应以学生为本，注重"教"与"学"的互动，通过识读电气、给排水、采暖等施工图实践项目活动，训练学生掌握读图、审图等专业能力。

3）应注意教学环境的创设，以多媒体、校内教学型生产性实训基地的动态示教等教学方法提高学生分析问题和解决实际问题的职业能力。

4）教师必须重视实践、更新观念、走工学结合的道路，探索基于工作过程的职业教育模式，为学生提供自主学习的时间和空间，积极引领学生提升职业素养，努力提高学生的创新能力。

5）教师应加强实际工作情境教学。

3．教学评价建议

1）突出过程评价，结合课堂提问、小组讨论、实操测试、课后作业、任务完成等表现，加强实践性教学环节的考核。

2）强调目标评价和理论与实践一体化评价，注重引导学生进行学习方式的转变。

3）强调课程结束后的综合评价，充分发挥学生的主动性和创造力，注重考核学生动手能力和在实践中分析问题、解决问题的能力。

4）建议在教学中按项目评分，课程结束时进行综合任务考核。

5）成绩评定单元及标准：在本书所附的两套"学生训练手册"中详细列出了评分表，包括课程总评价表、教师综合评价表、训练手册成绩评定表、学生自我评价表。教师和学生可根据相关表进行考核评价。

本书含有配套教学资源，登录网站www.abook.cn搜索本书即可下载使用。

本书由天津国土资源和房屋职业学院王莉主编。具体编写分工如下：王莉负责课程导入部分内容、项目1及附录的编写，并对全书进行统稿；秦国兰负责项目2和项目5的编写；王晓妮负责项目3、项目4的编写；张朝伟负责项目6的编写；程雅茹、赵强负责课程导入部分内容编写及造价审核工作；水发（北京）建设有限公司李梦瑞参与了本书部分资料的整理。天津国土资源和房屋职业学院的李斌对本书内容进行了审读。

本书在编写过程中，参考了许多同类教材、专著，在此一并致谢。

由于编者水平有限，难免有疏漏或未尽之处，敬请广大读者批评指正。

编　者

2020年4月

目　　录

0.1 我国建筑安装工程费用的组成

根据《建筑安装工程费用项目组成》(建标〔2013〕44 号)文件内容要求,建筑安装工程费分为按费用构成要素划分和按工程造价形成顺序划分两种划分形式。

0.1.1 按费用构成要素划分

建筑安装工程费按照费用构成要素划分,可分为人工费、材料(包含工程设备,下同)费、施工机具使用费、企业管理费、利润、规费和税金(图 0.1)。其中人工费、材料费、施工机具使用费、企业管理费和利润包含在分部分项工程费、措施项目费、其他项目费中。

1. 人工费

人工费是指按工资总额构成规定,支付给从事建筑安装工程施工的生产工人和附属生产单位工人的各项费用。人工费包括:

1)计时工资或计件工资:是指按计时工资标准和工作时间或对已做工作按计件单价支付给个人的劳动报酬。

2)奖金:是指由于对超额劳动和增收节支支付给个人的劳动报酬,如节约奖、劳动竞赛奖等。

3)津贴、补贴:是指为了补偿职工特殊或额外的劳动消耗和因其他特殊原因支付给个人的津贴,以及为了保证职工工资水平不受物价影响支付给个人的物价补贴,如流动施工津贴、特殊地区施工津贴、高温(寒)作业临时津贴、高空津贴等。

4)加班加点工资:是指按规定支付的在法定节假日工作的加班工资和在法定日工作时间外延时工作的加点工资。

5)特殊情况下支付的工资:是指根据国家法律、法规和政策规定,因病、工伤、产假、计划生育假、婚丧假、事假、探亲假、定期休假、停工学习、执行国家或社会义务等原因按计时工资标准或计时工资标准的一定比例支付的工资。

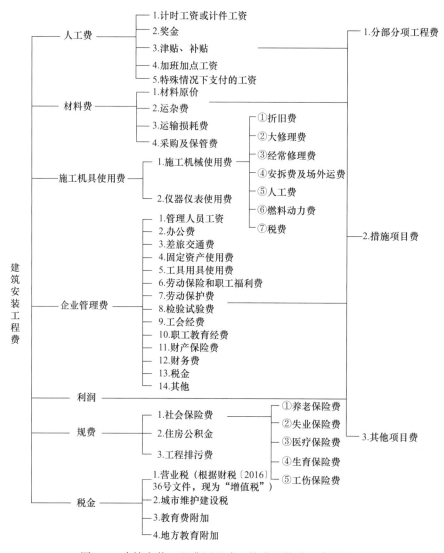

图 0.1 建筑安装工程费用组成（按费用构成要素划分）

2. 材料费

材料费是指施工过程中耗费的原材料、辅助材料、构配件、零件、半成品或成品、工程设备的费用。材料费包括如下内容。

1）材料原价：是指材料、工程设备的出厂价格或商家供应价格。

2）运杂费：是指材料、工程设备自来源地运至工地仓库或指定堆放地点所发生的全部费用。

3）运输损耗费：是指材料在运输装卸过程中不可避免的损耗费用。

4）采购及保管费：是指为组织采购、供应和保管材料、工程设备的过程中所需要的各项费用。它包括采购费、仓储费、工地保管费、仓储损耗费用。

注意：工程设备是指构成或计划构成永久工程一部分的机电设备、金属结构设备、仪器装置及其他类似的设备和装置。

3．施工机具使用费

施工机具使用费是指施工作业所发生的施工机械、仪器仪表使用费或其租赁费。施工机具使用费包括如下内容。

（1）施工机械使用费

施工机械使用费以施工机械台班耗用量乘以施工机械台班单价表示。施工机械台班单价应由下列 7 项费用组成。

1）折旧费：指施工机械在规定的使用年限内，陆续收回其原值的费用。

2）大修理费：指施工机械按规定的大修理间隔台班进行必要的大修理，以恢复其正常功能所需的费用。

3）经常修理费：指施工机械除大修理以外的各级保养和临时故障排除所需的费用。包括为保障机械正常运转所需替换设备与随机配备工具、附具的摊销和维护费用，机械运转中日常保养所需润滑与擦拭的材料费用及机械停滞期间的维护和保养费用等。

4）安拆费及场外运费：安拆费指施工机械（大型机械除外）在现场进行安装与拆卸所需的人工、材料、机械和试运转费用以及机械辅助设施的折旧、搭设、拆除等费用；场外运费指施工机械整体或分体自停放地点运至施工现场或由一施工地点运至另一施工地点的运输、装卸、辅助材料及架线等费用。

5）人工费：指机上司机（司炉）和其他操作人员的人工费。

6）燃料动力费：指施工机械在运转作业中所消耗的各种燃料及水、电等费用。

7）税费：指施工机械按照国家规定应缴纳的车船使用税、保险费及年检费等。

（2）仪器仪表使用费

仪器仪表使用费是指工程施工所需使用的仪器仪表的摊销及维修费用。

4．企业管理费

企业管理费是指建筑安装企业组织施工生产和经营管理所需的费用。企业管理费包括如下内容。

1）管理人员工资：是指按规定支付给管理人员的计时工资、奖金、津贴、补贴、加班加点工资及特殊情况下支付的工资等。

2）办公费：是指企业管理办公用的文具、纸张、账表、印刷、邮电、书报、办公软件、现场监控、会议、水电、烧水和集体取暖降温（包括现场临时宿舍取暖降温）等费用。

3）差旅交通费：是指职工因公出差、调动工作的差旅费、住勤补助费，市内交通费和误餐补助费，职工探亲路费，劳动力招募费，职工退休、退职一次性路费，工伤人员就医路费，工地转移费以及管理部门使用的交通工具的油料、燃料等费用。

4）固定资产使用费：是指管理和试验部门及附属生产单位使用的属于固定资产的房屋、设备、仪器等的折旧、大修、维修或租赁费。

5）工具用具使用费：是指企业施工生产和管理使用的不属于固定资产的工具、器具、家具、交通工具和检验、试验、测绘、消防用具等的购置、维修和摊销费。

6）劳动保险和职工福利费：是指由企业支付的职工退职金、按规定支付给离休干部的经费，集体福利费、夏季防暑降温补贴、冬季取暖补贴、上下班交通补贴等。

7）劳动保护费：是企业按规定发放的劳动保护用品的支出，如工作服、手套、防暑降温饮料以及在有碍身体健康的环境中施工的保健费用等。

8）检验试验费：是指施工企业按照有关标准规定，对建筑及材料、构件和建筑安装物进行一般鉴定、检查所发生的费用，包括自设试验室进行试验所耗用的材料等费用。它不包括新结构、新材料的试验费，对构件做破坏性试验及其他特殊要求检验试验的费用和建设单位委托检测机构进行检测的费用，对此类检测发生的费用，由建设单位在工程建设其他费用中列支。但对施工企业提供的具有合格证明的材料进行检测不合格的，该检测费用由施工企业支付。

9）工会经费：是指企业按《中华人民共和国工会法》（以下简称《工会法》）规定的全部职工工资总额比例计提的工会经费。

10）职工教育经费：是指按职工工资总额的规定比例计提，企业为职工进行专业技术和职业技能培训，专业技术人员继续教育、职工职业技能鉴定、职业资格认定以及根据需要对职工进行各类文化教育所发生的费用。

11）财产保险费：是指施工管理用财产、车辆等的保险费用。

12）财务费：是指企业为施工生产筹集资金或提供预付款担保、履约担保、职工工资支付担保等所发生的各种费用。

13）税金：是指企业按规定缴纳的房产税、车船使用税、土地使用税、印花税等。

14）其他：包括技术转让费、技术开发费、投标费、业务招待费、绿化费、广告费、公证费、法律顾问费、审计费、咨询费、保险费等。

5. 利润

利润是指施工企业完成所承包工程获得的盈利。

6. 规费

规费是指按国家法律、法规规定，由省级政府和省级有关权力部门规定必须缴纳或计取的费用。规费包括如下内容。

（1）社会保险费

1）养老保险费：是指企业按照规定标准为职工缴纳的基本养老保险费。

2）失业保险费：是指企业按照规定标准为职工缴纳的失业保险费。

3）医疗保险费：是指企业按照规定标准为职工缴纳的基本医疗保险费。

4）生育保险费：是指企业按照规定标准为职工缴纳的生育保险费。

5）工伤保险费：是指企业按照规定标准为职工缴纳的工伤保险费。

（2）住房公积金

住房公积金是指企业按规定标准为职工缴纳的住房公积金费用。

（3）工程排污费

工程排污费是指按规定缴纳的施工现场工程排污费用。

其他应列而未列入的规费，按实际发生计取。

7. 税金

税金是指国家税法规定的应计入建筑安装工程造价内的营业税、城市维护建设税、教育费附加以及地方教育附加。

0.1.2 按工程造价形成顺序划分

建筑安装工程费按照工程造价形成，由分部分项工程费、措施项目费、其他项目费、规费、税金组成（图 0.2），分部分项工程费、措施项目费、其他项目费包含人工费、材料费、施工机具使用费、企业管理费和利润。

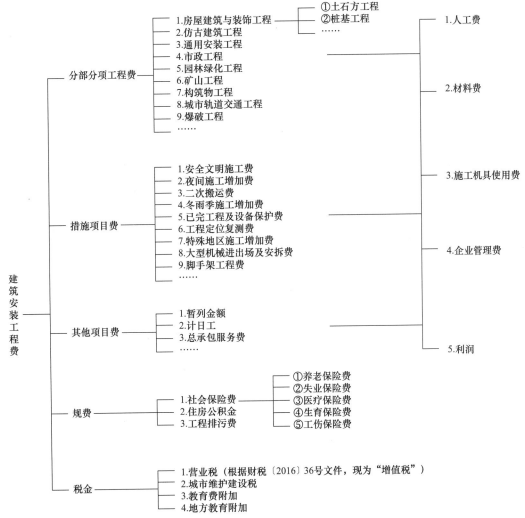

图 0.2　建筑安装工程费用组成（按工程造价形成顺序划分）

1. 分部分项工程费

分部分项工程费是指各专业工程的分部分项工程应予列支的各项费用。

1）专业工程：是指按现行国家计量规范划分的房屋建筑与装饰工程、仿古建筑工程、通用安装工程、市政工程、园林绿化工程、矿山工程、构筑物工程、城市轨道交通工程、爆破工程等各类工程。

2）分部分项工程：是指按现行国家计量规范对各专业工程划分的项目，如房屋建筑与装饰工程划分的土石方工程、地基处理与桩基工程、砌筑工程、钢筋及钢筋混凝土工程等。

各类专业工程的分部分项工程划分见现行国家或行业计量规范。

2．措施项目费

措施项目费是指为完成建设工程施工，发生于该工程施工前和施工过程中的技术、生活、安全、环境保护等方面的费用，包括如下内容。

1）安全文明施工费。

① 环境保护费：是指施工现场为达到环保部门要求所需要的各项费用。

② 文明施工费：是指施工现场文明施工所需要的各项费用。

③ 安全施工费：是指施工现场安全施工所需要的各项费用。

④ 临时设施费：是指施工企业为进行建设工程施工所必须搭设的生活和生产用的临时建筑物、构筑物和其他临时设施费用。它包括临时设施的搭设、维修、拆除、清理等费用或摊销费等。

2）夜间施工增加费：是指因夜间施工所发生的夜班补助、夜间施工降效、夜间施工照明设备摊销及照明用电等费用。

3）二次搬运费：是指因施工场地条件限制而发生的材料、构配件、半成品等一次运输不能到达堆放地点，必须进行二次或多次搬运所发生的费用。

4）冬雨季施工增加费：是指在冬季或雨季施工需增加的临时设施、防滑、排除雨雪，人工及施工机械效率降低等费用。

5）已完工程及设备保护费：是指竣工验收前，对已完工程及设备采取的必要保护措施所发生的费用。

6）工程定位复测费：是指工程施工过程中进行全部施工测量放线和复测工作的费用。

7）特殊地区施工增加费：是指工程在沙漠或其边缘地区、高海拔、高寒、原始森林等特殊地区施工增加的费用。

8）大型机械进出场及安拆费：是指机械整体或分体自停放场地运至施工现场或由一个施工地点运至另一个施工地点，所发生的机械进出场运输及转移费用以及机械在施工现场进行安装、拆卸所需的人工费、材料费、机械费、试运转费和安装所需的辅助设施的费用。

9）脚手架工程费：是指施工需要的各种脚手架搭、拆、运输费用及脚手架购置费的摊销（或租赁）费用。

措施项目及其包含的内容详见各类专业工程的现行国家或行业计量规范。

3．其他项目费

1）暂列金额：是指建设单位在工程量清单中暂定并包括在工程合同价款中的一笔款项。用于施工合同签订时尚未确定或者不可预见的所需材料、工程设备、服务的采购，施工中可能发生的工程变更、合同约定调整因素出现时的工程价款调整以及发生的索赔、现场签证确认等的费用。

2）计日工：是指在施工过程中，施工企业完成建设单位提出的施工图纸以外的零星项目或工作所需的费用。

3）总承包服务费：是指总承包人为配合、协调建设单位进行的专业工程发包，对建设单位自行采购的材料、工程设备等进行保管以及施工现场管理、竣工资料汇总整理等服务所需的费用。

4．规费

规费是指按国家法律、法规规定，由省级政府和省级有关权力部门规定必须缴纳或计取的费用。

5．税金

税金是指国家税法规定的应计入建筑安装工程造价内的营业税、城市维护建设税、教育费附加以及地方教育附加。

【知识拓展】

1.营业税改征增值税

财政部、国家税务总局于 2016 年 3 月 23 日发布了《关于全面推开营业税改征增值税试点的通知》（财税〔2016〕36 号），提出"自 2016 年 5 月 1 日起，在全国范围内全面推开营业税改征增值税（以下称营改增）试点，建筑业、房地产业、金融业、生活服务业等全部营业税纳税人，纳入试点范围，由缴纳营业税改为缴纳增值税"。

此后，国家税务总局又发布了一系列关于"营改增"征管问题的公告，如《关于进一步明确营改增有关征管问题的公告》（国家税务总局公告 2017 年第 11 号）等。

想一想："营改增"实施后，建筑安装费用中"税金"一项如何调整？

2.将防治扬尘污染的费用列入工程造价

住房和城乡建设部办公厅于 2019 年 4 月 9 日颁布了《住房和城乡建设部办公厅关于进一步加强施工工地和道路扬尘管控工作的通知》，明确提出"建设单位应将防治扬尘污染的费用列入工程造价，并在施工承包合同中明确施工单位扬尘污染防治责任"。

 建设工程定额的分类

建设工程定额是在一定时期的管理体制和管理制度下，根据不同定额的用途和适用范

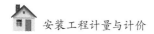

围，由指定的机构按照一定的程序制定的，并按照规定的程序审批和颁发执行。

0.2.1 按生产要素分类

1．劳动消耗定额

劳动消耗定额简称劳动定额，又称人工定额，是完成一定的合格产品（工程实体或劳务）规定的劳动消耗的数量标准。

2．机械消耗定额

机械消耗定额又称机械台班定额，是指为完成一定合格产品（工程实体或劳务）规定的施工机械消耗的数量标准。

3．材料消耗定额

材料消耗定额简称材料定额，是指完成一定合格产品所需消耗材料的数量编制。

劳动消耗定额、机械消耗定额和材料消耗定额是工程建设定额的三大基础定额，是组成所有使用定额消耗内容的基础。

0.2.2 按定额的编制程序和用途分类

1．施工定额

施工定额是施工企业为组织生产和加强管理而在企业内部使用的一种定额，具有企业生产定额的性质，反映企业的施工水平、装备水平和管理水平。它由劳动消耗定额、机械消耗定额和材料消耗定额三个相对独立的部分组成，是建筑工程定额中的基础性定额。它是编制预算定额的依据，能够反映社会平均先进水平。

2．预算定额

预算定额（预算基价）是计算工程造价和计算工程中劳动、机械台班、材料消耗量使用的一种计价性的定额。预算定额是国家授权相关部门根据社会平均生产力发展水平和生产效率水平编制的一种社会标准，属于社会性定额。从编制程序看，预算定额是编制概算定额的依据。

3．概算定额

概算定额是编制扩大初步设计概算时，计算和确定工程概算造价及计算劳动、机械台班、材料需要量所使用的定额。它是编制概算指标的依据。

4．概算指标

概算指标是在3个阶段设计的初步设计阶段，编制工程概算，计算和确定工程的初步设计概算造价，计算劳动、机械台班、材料需要量时所采用的一种定额。

5．投资估算指标

投资估算指标是在编制项目建议书和可行性研究阶段编制投资估算、计算投资需要量时使用的一种定额。它可分3级：建设项目指标、单项工程指标和单位工程指标。它是以概算定额和预算定额为基础编制的。

0.2.3 按投资的费用性质分类

1. 建筑工程定额

建筑工程定额是建筑工程的施工定额、预算定额、概算定额和概算指标的统称。建筑工程定额在整个工程建设定额中是一种非常重要的定额，在定额管理中占有突出的地位。

2. 设备安装工程定额

设备安装工程定额是安装工程施工定额、预算定额、概算定额和概算指标的统称。

3. 工器具定额

工器具定额是为新建或扩建项目投产运转首次配置的工器具的数量标准。

4. 工程建设其他费用定额

工程建设其他费用定额是独立于建筑安装工程，设备和工器具购置之外的其他费用开支的标准。

0.2.4 按专业性质分类

依据所适用的专业领域不同，可分为建筑工程定额、设备安装工程定额、房屋修缮工程定额、市政工程定额、工程建设其他费用定额等。

0.2.5 按主编单位和管理权限分类

1. 全国统一定额

全国统一定额是由国家建设行政主管部门，综合全国工程建设中技术和施工组织管理的情况编制，并在全国范围内执行的定额。

2. 行业统一定额

行业统一定额是考虑各行业部门工程技术特点及施工生产和管理水平编制的。

3. 地区统一定额

地区统一定额包括省、自治区、直辖市定额。地区统一定额主要是考虑地区性特点和全国统一定额的水平做适当调整补充编制的。

4. 企业定额

企业定额是指由施工企业考虑本企业具体情况，参考国家、部门或地区定额的水平制定的定额。

5. 补充定额

补充定额是指随着设计、施工技术的发展，现行定额不能满足需要的情况下，为了补充缺项所编制的定额。

0.3 安装工程预算定额简介

安装工程预算定额与建筑工程预算定额有所不同，安装工程所涉及专业较多，如机械设备安装工程、电气设备安装工程、消防工程、工业管道工程等。下面以天津市安装工程定额为例进行简单介绍。2016年版《天津市安装工程预算基价》包括：第一册《机械设备安装工程》、第二册《电气设备安装工程》、第三册《热力设备安装工程》、第四册《炉窑砌筑工程》、第五册《静置设备与工艺金属结构制作安装工程》、第六册《工业管道工程》、第七册《消防工程》、第八册《给排水、采暖、燃气工程》、第九册《通风、空调工程》、第十册《自动化控制仪表安装工程》、第十一册《刷油、防腐蚀、绝热工程》、第十二册《建筑智能化系统设备安装工程》、通用册《费用组成、措施项目及计算方法》。

因课时所限，本书主要介绍第二册、第七册、第八册、第九册、第十一册及通用册的内容。

1．总说明

总说明主要介绍预算定额的种类、编制依据、制定的工艺、施工条件，人工、材料、施工机械台班、施工仪器仪表台班消耗量，定额适用情况，水平、垂直运输的规定等。

2．册说明

册说明主要介绍本册定额的适用范围，编制依据的标准、规范，与其他册定额之间的关系，有关定额系数的规定等。

3．章说明

章说明主要介绍本章定额的适用范围、定额界限划分、定额工作内容、计算规则及有关定额系数的规定等。

4．定额项目表

定额项目表是各册安装工程预算定额的核心内容，包括表头和表格两部分。

5．附录

一般置于各册的定额项目表后面，内容主要包括：

1）材料、构件、元件等质（重）量表，配合比表、损耗率表。

2）材料价格表。

3）施工机械台班单价表等。

任务训练

表 0.1 为"水龙头安装"的定额项目表,同学们回顾已学过的建筑工程的定额项目表,比较一下二者有何异同。

表 0.1 "水龙头安装"定额项目表

工作内容:上水嘴、试水 计量单位:十个

定额编号				8-914	8-915	8-916
项目				公称直径以内		
				15mm	20mm	25mm
预算基价	总价/元			42.24	43.60	56.79
	人工费/元			31.64	31.64	41.81
	材料费/元			5.43	6.79	8.15
	管理费/元			5.17	5.17	6.83
	组成内容	单位	单价/元	数量		
人工	综合工	工日	113.00	0.28	0.28	0.37
材料	铜水嘴	个	—	(10.100)	(10.100)	(10.100)
	聚四氟乙烯生料带	m	1.33	4.000	5.000	6.000
	材料采管费	元	—	0.11	0.14	0.17

项目 1

建筑电气工程计量与计价

项目概述

建筑电气工程计量与计价是安装工程计量与计价的重要组成部分，主要研究电气照明、电缆敷设、建筑防雷及接地、10kV以下变配电设备及线路安装、建筑弱电安装等的工程量计算规则及计价方法。本项目以计量规则和计价方法为主线，结合工程实例，应用最新的定额和清单规范，从定额计价和清单计价两种方式着手，详细介绍如何编制建筑电气工程的预算文件。

因课时所限，本项目重点讲授电气照明、建筑防雷及接地两个子项目，电缆敷设也有涉及。在教学方法上，采取"任务驱动"方式，结合学生的认知规律，项目分为"认识系统""识读施工图""定额计量与计价""清单计量与计价"4个任务。本项目还提供了定额计价和清单计价的学生训练手册（见附录6、附录7），该学生训练手册参照清单计价规范中所规定的招投标报价系列表格稍微修改编制而成，修改后更方便学生练习及形成成果报告。

学习目标

知识目标	能力目标	素质目标
1. 了解建筑电气工程分类、组成； 2. 了解建筑电气工程常用材料和设备； 3. 掌握建筑电气工程施工图识读方法； 4. 掌握建筑电气工程定额内容及注意事项； 5. 掌握建筑电气工程清单内容及注意事项； 6. 掌握建筑电气工程工程量计算规则； 7. 掌握建筑电气工程计价方法	1. 具备建筑电气工程施工图识读的能力； 2. 具备建筑电气工程列项的能力； 3. 能够依据建筑电气工程工程量计算规则，熟练计算工程量； 4. 能够根据定额计价方法，编制建筑电气工程预算文件； 5. 能够根据清单计价方法，编制建筑电气工程工程量清单及招标控制价	1. 培养学生严谨求实、一丝不苟的学习态度； 2. 培养学生善于观察、善于思考的学习习惯； 3. 培养学生团结协作的职业素养； 4. 培养学生绿色节能的理念

■ **课程思政**

1949 年 10 月 1 日，中华人民共和国成立。毛泽东主席在天安门城楼上按动电钮，天安门前第一面五星红旗由电力驱动冉冉升起！

通过分享"学习强国"的文章《70 年，电力见证中国奇迹》，感受新中国成立以来，中国在各个领域铸就的"中国奇迹"。如今，中国发电量世界第一、可再生能源发电量世界第一，充分领会中国电力事业取得的辉煌成就。

通过观看视频《大国重器》第二季《造血通脉》，了解煤炭、电力、石油、天然气、新能源、可再生能源领域我国能源供给体系的新技术，体会中国在全球新一轮能源变革中的引领地位。

中国电力人时刻践行着习近平总书记"绿水青山就是金山银山"的理念，点亮"美丽中国"。

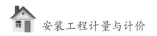

子项目1 电气照明系统

▌项目发布

1）图纸：本项目采用图纸为某办公楼工程，主体建筑3层，钢筋混凝土框架结构，电气照明工程施工图纸详见附录1。

2）预算编制范围：①全系统照明线路；②全系统照明器具。

3）参考规范：

定额计价采用2016年版《天津市安装工程预算基价》第二册《电气设备安装工程》。

清单计价采用《通用安装工程工程量计算规范》（GB 50856—2013）。

未计价材料价格执行当前市场信息价格。

4）成果文件：办公楼电气照明工程定额计价文件一份（空白表格见附录6）、办公楼电气照明工程清单计价文件一份（空白表格见附录7）。

【拍一拍】

电给我们的生活带来了极大的便利。灯光将我们的城市夜晚装饰得更加美丽（图1.1和图1.2）。同学们可以拍一拍你身边的美丽灯光，感受"电"的魅力。

图1.1 天津之眼

图1.2 天津解放桥

【想一想】

电是从哪里来的？

任务 **1.1** 认识电气照明系统

电气照明是电气设备安装工程的基本内容，是保证建筑物发挥基本功能的必要条件，合理的照明对提高工作效率、保证安全生产和保护视力都具有重要的意义。电气照明工程一般指由电源的进户装置到各照明用电器具及中间环节的配电装置、配电线路和开关控制设备的电气安装工程。电气照明工程主要包括控制设备、配管配线、照明器具及其控制开关的安装，及插座、电扇、电铃等小型电器的安装。

在本任务中，主要从进户装置、配电装置、配管配线、照明器具 4 个部分进行介绍，这也是建筑电气工程的重点内容。

1. 进户装置

电源从室外低压配电线路接线入户的设施称为进户装置。电源进户的方式有两种：低压架空进线和电缆进线。

低压架空进线进户装置由进户线横担、绝缘子、引下线、进户线和进户管组成。

按照功能和用途，电缆可分为电力电缆、控制电缆、通信电缆等。电力电缆用来输送和分配大功率电能，电力电缆按电压可分为 500V、1000V、6000V、10000V 以及更高电压的电力电缆。控制电缆是在配电装置中传递操作电流、连接电气仪表、实现继电保护和控制自动回路用的。

电缆的分类见表 1.1。

表 1.1 电缆的分类

分类方法	类别
按用途分类	电力电缆、控制电缆、通信电缆
按绝缘分类	油浸纸绝缘、橡胶绝缘、塑料绝缘
按芯数分类	单芯、三芯、五芯
按导线材质分类	铜芯、铝芯
按敷设方式分类	直埋电缆、非直埋电缆

电缆敷设方法有以下几种。

（1）埋地敷设

将电缆直接埋设在地下的敷设方法称为埋地敷设。埋地敷设的电缆必须使用铠装及防腐层保护的电缆，裸装电缆不允许埋地敷设。一般电缆沟深度不超过 0.9m，埋地敷设还需要铺砂及在上面盖砖或保护板，如图 1.3 所示。

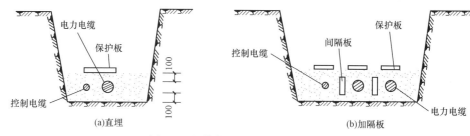

(a)直埋　　　　　　　　　　　　　　　　(b)加隔板

图 1.3　电缆敷设方式示意图（一）

埋地敷设电缆的程序如下：测量画线—开挖电缆沟—铺砂—敷设电缆—盖砂—盖砖或保护板—回填土—设置标桩。

（2）电缆沿支架敷设

电缆沿支架敷设一般出现在车间、厂房和电缆沟内，用卡子将电缆固定在安装的支架上。电力电缆支架之间的水平距离为 1m，控制电缆支架之间的水平距离为 0.8m。电力电缆和控制电缆一般可以同沟敷设，电缆垂直敷设一般为卡设，电力电缆卡距为 1.5m，控制电缆卡距为 1.8m，如图 1.4 所示。

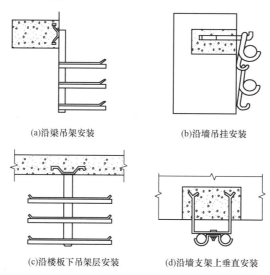

(a)沿梁吊架安装　　　　　　　　　(b)沿墙吊挂安装

(c)沿楼板下吊架层安装　　　　　　(d)沿墙支架上垂直安装

图 1.4　电缆敷设方式示意图（二）

（3）电缆穿保护管敷设

将保护管预先敷设好，再将电缆穿入管内，管道内径不应小于电缆外径的 1.5 倍。一般用钢管作为保护管。单芯电缆不允许穿钢管敷设。

（4）电缆桥架敷设

电缆桥架是架设电缆的一种构架，通过电缆桥架可把电缆从配电室或控制室送到用电设备。电缆桥架的优点是制作工厂化、系列化，质量容易控制，安装方便，安装后的电缆桥架及支架整齐美观。电缆桥架是由托盘、梯架的直线段、弯通、附件及支吊架等构成的，是用以支承电缆的连续性刚性结构系统的总称。

2．配电装置

照明配电装置有配电箱、配电盘、配电板等，其中最常用的是配电箱。配电箱是用户用电设备的供电和配电点，是控制室内电源的设施。

配电箱（盘）根据用途不同可分为电力配电箱（盘）和照明配电箱（盘）两种；根据安装方式可分为明装（悬挂式）和暗装（嵌入式），以及半明半暗装等；根据制作材质可分为铁制、木制及塑料制品，现场应用较多的是铁制配电箱。配电箱（盘）按产品划分，可分为定型产品（标准配电箱、盘）、非定型成套配电箱（非标准配电箱、盘）及现场制作组装的配电箱（盘）。标准配电箱（盘）是由工厂成套生产组装的；非标准配电箱（盘）是根据设计或实际需要订制或自行制作的。如果设计为非标准配电箱（盘），一般需要设计好配电系统图到工厂订做。

配电箱内设有保护、控制、计量配电装置，包括熔断器、自动空气开关、刀形开关、电度表等，如图 1.5 所示。

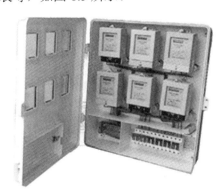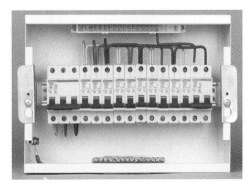

图 1.5　配电箱及配电箱内装置

3．配管配线

配管配线是指由配电屏（箱）接到各用电器具的供电和控制线路的安装，一般有明配和暗配两种方式。明配管是用固定卡子直接将管子固定在墙、柱、梁、顶板和钢结构上。暗配管需要配合土建施工，将管子预敷设在墙、顶板、梁、柱内。暗配管具有不影响外表美观、使用寿命长等优点。

（1）电气配管

配管工程按照敷设方式分为沿砖或混凝土结构明配、沿砖或混凝土结构暗配、钢结构支架配管、钢索配管、钢模板配管等。电气暗配管宜沿最近线路敷设，并应减少弯曲。埋于地下的管道不能对接焊接，宜穿套管焊接。明配管不允许焊接，只能采用丝接。

配管明敷设如图 1.6 所示，暗敷设如图 1.7 所示。

电气配管按照材质不同可分为电线管、钢管、硬塑料管、半硬塑料管及金属软管等。

钢管用作输送流体的管道，如石油、天然气、水、煤气、蒸气等。钢管按生产方法分为无缝钢管和焊接钢管两大类；按焊缝形式分为直缝焊管和螺旋焊管；按用途又分为一般焊管、镀锌焊管、吹氧焊管、电线套管、电焊异形管等；镀锌钢管分为热镀锌和电镀锌两种，热镀锌镀锌层厚，电镀锌成本低；电线套管一般采用普通碳素钢电焊钢管，用在混凝土及各种结构配电工程中，电线套套管壁较薄，大多进行涂层或镀锌后使用，要求进行冷弯试验。

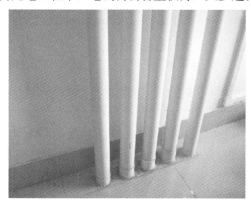

图 1.6 明敷设

图 1.7 暗敷设

塑料管与传统金属管相比，具有自重轻、耐腐蚀、耐压强度高、卫生安全、节约能源、使用寿命长、安装方便等特点，一经推出便受到建筑工程和管道工程界的青睐。建筑电气工程中常用的是 PVC 管和塑料波纹管。PVC 管通常分为普通聚氯乙烯（PVC）、硬聚氯乙烯（UPVC）、软聚氯乙烯（PPVC）、氯化聚氯乙烯（CPVC）4 种。在世界范围内，硬聚氯乙烯管（UPVC）是各种塑料管道中消费量最大的一种，也是目前国内外都在大力发展的新型化学建材。

（2）电气配线

室内电气配线指敷设在建筑物、构筑物内的明线、暗线、电缆和电气器具的连接线。配线工程按照敷设方式分类，常用的有瓷夹配线、塑料夹配线、瓷珠配线、瓷瓶配线、针式绝缘子配线、蝶式绝缘子配线、木槽板配线、塑料槽板配线、钢精扎头配线等。常用各种室内（外）配线方式及适用范围见表 1.2，管内穿线如图 1.8 所示。

表 1.2 配线方式及适用范围

配线方式	适用范围
木（塑料）槽板配线、护套线配线	适用于负荷较小的照明工程及干燥环境中，要求整洁美观的场所，塑料槽板适用于要求防化学腐蚀和绝缘性能好的场所
金属管配线	适用于导线易受机械损伤、易发生火灾及易爆炸的环境，有明管配线和暗管配线两种
塑料管配线	适用于潮湿或有腐蚀性环境的室内场所作明管配线或暗管配线，但易受机械损伤的场所不宜采用明敷方式
线槽配线	适用于干燥和不易受机械损伤的环境内明敷或暗敷，但在有严重腐蚀场所不宜采用金属线槽配线；在高温、易受机械损伤的场所内不宜采用塑料线槽明敷
电缆配线	适用于干燥、潮湿的户内及户外配线（应根据不同的使用环境选用不同型号的电缆）
竖井配线	适用于多层和高层建筑物内垂直配电干线的场所
钢索配线	适用于层架较高、跨度较大的大型厂房，多数应用在照明配线上，用于固定导线和灯具
架空线配线	适用于户外配线

4．照明器具

照明器具包括各种灯具、控制开关及小型电器，如风扇、电铃等。

照明器具种类繁多，按照用途可分为一般照明（如住宅楼户内照明；装饰照明，如酒店、宾馆大厅照明）和局部照明（如卫生间镜前灯照明和楼梯间照明及事故照明）。

一般照明采用的电源电压为 220V，事故照明一般采用的电压为 36V。

图 1.8　管内穿线

按照电光源可分为两种类型：一种是热辐射光源，包括白炽灯、碘钨灯等；另一种是气体光源，包括日光灯、钠灯、氙气灯等。

按照灯具的结构形式分为封闭式灯具、敞开式灯具、艺术灯具。

按照安装方式可分为吸顶灯、吊灯（吊链式和吊管式）、壁灯、弯脖灯、水下灯、路灯、高空标志灯等。

任务1.2　识读建筑电气照明施工图

建筑电气施工图是房屋设备施工图的一个重要组成部分，电气施工图所涉及的内容往往根据建筑物不同的功能而有所不同，主要包括建筑供配电、动力与照明、防雷与接地、建筑弱电等方面，用以表达不同的电气设计内容。不同的电气施工图有其不同的特点，为了能读懂电气施工图，造价人员必须熟记各种电气设备和元件的图例符号及文字标记的意义。建筑电气施工图是编制预算文件的依据，是非常重要的技术文件。

1.2.1　图纸组成

建筑内部电气施工图一般由图纸目录与设计说明、主要设备材料表、系统图、平面布置图、控制原理图、施工详图 [安装接线图、安装大样图（详图）] 等组成。

1．图纸目录与设计说明

图纸目录是了解整个建筑设计整体情况的目录，从中可以了解图纸数量、出图大小、工程号、建筑单位及整个建筑物的主要功能。

设计说明主要标注图中交代不清、不能表达或没有必要用图表示的要求、标准、规

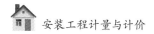

范、方法等，一般设计说明在电气施工图纸的第一张上，常与材料表绘制在一起。设计说明包括图纸内容、数量、工程概况、设计依据、供电电源的来源、供电方式、电压等级、线路敷设方式、防雷接地、设备安装高度及安装方式、工程主要技术数据、施工注意事项等。

2．主要设备材料表

主要设备材料表包括工程中所使用的各种设备和材料的名称、型号、规格、数量等，它是编制购置设备、材料计划的重要依据之一。

3．系统图

照明配电系统图是用图形符号、文字符号绘制的，是用以表示建筑照明配电系统供电方式、配电回路分布及相互联系的建筑电气施工图，能集中反映照明的安装容量、计算容量、计算电流、配电方式、导线或电缆的型号、规格、数量、敷设方式及穿管管径、开关及熔断器的规格型号等。通过照明配电系统图，可以了解建筑物内部电气照明配电系统的全貌。照明配电系统图也是进行电气安装调试的主要图纸之一。

照明配电系统图的主要内容如下。

1）电源进户线、各级照明配电箱和供电回路，表示其相互连接形式。

2）配电箱型号或编号，总照明配电箱及分照明配电箱所选用计量装置、开关和熔断器等器件的型号、规格。

3）各供电回路的编号，导线型号、根数、截面面积和线管直径，以及敷设导线的长度等。

4）照明器具等用电设备或供电回路的型号、名称、计算容量和计算电流等。

4．平面布置图

平面布置图是电气施工图中的重要图纸之一，如变、配电所电气设备安装平面图，照明平面图，防雷接地平面图等，用来表示电气设备的编号、名称、型号及安装位置、线路的起始点、敷设部位、敷设方式以及所用导线的型号、规格、根数、管径大小等。通过阅读系统图，了解系统基本组成之后，就可以依据平面图编制工程预算和施工方案，然后组织施工。

5．控制原理图

控制原理图包括系统中各所用电气设备的电气控制原理，用以指导电气设备的安装和控制系统的调试运行工作。

6．安装接线图

安装接线图包括电气设备的布置与接线，应与控制原理图对照阅读，以进行系统的配线和调校。

7．安装大样图（详图）

安装大样图是详细表示电气设备安装方法的图纸，对安装部件的各部位注有具体图形和详细尺寸，是进行安装施工和编制工程材料计划的重要参考。

1.2.2　识图方法

针对一套电气施工图，一般应先按以下顺序阅读，然后对某部分内容进行重点识读。

1）看标题栏及图纸目录，了解工程名称、项目内容、设计日期及图纸内容、数量等。

2）看设计说明，了解工程概况、设计依据等，了解图纸中未能表达清楚的各有关事项。

3）看设备材料表，了解工程中所使用的设备、材料的型号、规格和数量。

4）看系统图，了解系统基本组成，主要电气设备、元件之间的连接关系以及它们的规格、型号、参数等，掌握该系统的组成概况。

5）看平面布置图，如照明平面图、插座平面图、防雷接地平面图等，了解电气设备的规格、型号、数量及线路的起始点、敷设部位、敷设方式和导线根数等。平面布置图的阅读可按照以下顺序进行：电源进线—总配电箱干线—支线—分配电箱—电气设备。

6）看控制原理图，了解系统中电气设备的电气控制原理，以指导设备安装调试工作。

7）看安装接线图，了解电气设备的布置与接线。

8）看安装大样图，了解电气设备的具体安装方法、安装部件的具体尺寸等。

1.2.3　电气施工图识读

1．读设计说明

对一个读图者来说，首先要看清楚图纸的设计说明，了解施工方法及要求。电气工程图纸和说明是电气设计工程师用来表达设计意图的，在电气施工中起指导作用。

在本书所提供的某办公楼的电气专业施工图中，第一张图纸就是设计说明。说明中通常指出本施工中的要素：工程概况、设计内容、供电情况、电力负荷级别及设计容量、线路敷设方法及要求、安全保护措施（防雷、防火、接地或接零种类）等。

2．读设备材料表

一般工程中，电气部分的设备表和材料表会统一作为一张表格出现，附在说明的旁边。设备材料表以表格形式列出工程所需的材料、设备名称、规格、型号、数量、要求等。表 1.3 列出了电气施工图中的常用图例。

表 1.3　常用图例表

符号	说明	符号	说明
	带单极开关的（电源）插座		单极拉线开关
	带联锁开关的（电源）插座		按钮

符号	说明	符号	说明
	开关，一般符号 单联单孔开关	⊗	带有指示灯的按钮
EX	防爆开关	t	定时器
EN	密闭开关	⊗	灯，一般符号
C	暗装开关	E	应急疏散指示灯
	双联单控开关	→	应急疏散指示灯（向右）
	三联单控开关	←	应急疏散指示灯（向左）
n	n联单控开关，n > 3	⇌	应急疏散指示灯（向左、向右）
	带指示灯的开关	✕	专用电路上的应急照明灯
t	单极限时开关		热水器
	双极开关	M	电动阀
	双控单极开关	M	电磁阀

3．系统图

系统图是示意性地把整个工程的供电线路用单线连接形式准确、概括表达的电路图，它不表示相互的空间位置关系。

下面以照明配电箱系统图（图 1.9）为例介绍如何识读系统图。

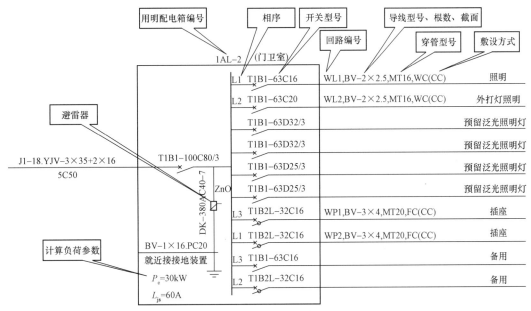

图 1.9 系统图示例

（1）进户线

图 1.9 采用电缆进线的方式，我国电缆产品的型号由汉语拼音字母组成，有外护层时则在字母后加上两个阿拉伯数字。常用电缆型号代表的名称及适用范围见表 1.4。

表 1.4 常用电缆型号代表的名称及适用范围

型号	名称	适用范围
YJV	铜芯交联聚乙烯绝缘聚氯乙烯护套电力电缆	敷设在室内、隧道及管道中，电缆不能承受压力和机械外力作用
YJV22	铜芯聚乙烯绝缘钢带铠装聚乙烯护套电力电缆	敷设在室内、隧道及直埋土壤中，电缆能承受压力和其他外力作用
VV32	铜芯聚氯乙烯绝缘细钢丝铠装聚氯乙烯护套电力电缆	敷设在室内、矿井中，电缆能承受相当的拉力
VLV32	铝芯聚氯乙烯绝缘细钢丝铠装聚氯乙烯护套电力电缆	
VV42	铜芯聚氯乙烯绝缘粗钢丝铠装聚氯乙烯护套电力电缆	敷设在室内、矿井中，电缆能承受相当的轴向拉力
VLV42	铝芯聚氯乙烯绝缘粗钢丝铠装聚氯乙烯护套电力电缆	
ZR-VV	阻燃铜芯聚氯乙烯绝缘聚氯乙烯护套电力电缆	敷设在室内、隧道及管道中，电缆不能承受压力及机械外力作用
ZR-VLV	阻燃铝芯聚氯乙烯绝缘聚氯乙烯护套电力电缆	

（2）配电箱

系统图中会注明配电箱的型号或编号，以及总照明配电箱及分照明配电箱所选用计量装置、开关和熔断器等器件的型号、规格。

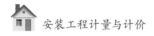

图 1.9 所示为门卫室的照明配电箱，其编号为 1AL-2。

（3）配管配线

系统中会注明各供电回路的编号，导线型号、根数、截面面积和线管直径，以及敷设导线的长度等，这是后期进行计量计价的重点，需要准确识读。

线路标注一般采用下列格式：

$$ab-c\,(d{\times}e+f{\times}g)\,i-jh \tag{1.1}$$

式中　a——线缆编号；

b——导线型号（不可省略）；

c——线缆根数；

d——电缆线芯数；

e——线芯截面面积（mm²）；

f——PE、N 线芯数；

g——线芯截面面积（mm²）；

i——线路敷设方式；

j——线路敷设部位；

h——线路敷设安装高度。

上述字母无内容的则省略该部分。

其中，导线的型号用英文字母表示，常用绝缘导线型号代表的名称及适用范围详见表 1.5。

表 1.5　常用绝缘导线型号代表的名称及适用范围

型号	名称	适用范围
BL（BLX） BXF（BLXF） BXR	铜（铝）芯橡胶绝缘线 铜（铝）芯氯丁橡胶绝缘线 铜芯橡胶绝缘软线	适用于交流 500V 及以下，或直流 1000V 及以下的电气设备及照明装置
BV（BLV） BVV（BLVV） BVVB（BLVVB） BVR BV-105	铜（铝）芯聚氯乙烯绝缘线 铜（铝）芯聚氯乙烯绝缘聚氯乙烯护套圆形电线 铜（铝）芯聚氯乙烯绝缘聚氯乙烯护套平行电线 铜芯聚氯乙烯绝缘软电线 铜芯耐热 105℃ 聚氯乙烯绝缘电线	适用于各种交流、直流电气装置及电工仪表、仪器，电信设备，动力及照明线路的固定敷设
RV RVB RVS RV-105 RSX RX	铜芯聚氯乙烯绝缘软线 铜芯聚氯乙烯绝缘平行软线 铜芯聚氯乙烯绝缘绞型软线 铜芯耐热 105℃ 聚氯乙烯绝缘软线 铜芯橡胶绝缘棉纱纺织绞型软电线 铜芯橡胶绝缘棉纱纺织圆形软电线	适用于各种交、直流电器、电工仪器、家用电器、小型电动工具、动力及照明装置的连接

表示线路敷设方式的代号和表示线路敷设部位的代号详见表 1.6 和表 1.7。

表 1.6　线路敷设方式的代号

名称	标注符号
穿低压流体输送用焊接钢管敷设	SC
穿电线管敷设	MT
穿硬塑料导管敷设	PC
穿阻燃半硬塑料导管敷设	FPC
电缆桥架敷设	CT
金属线槽敷设	MR
塑料线槽敷设	PR
钢索敷设	M
穿塑料波纹电线管敷设	KPC
穿可挠金属电线保护套管敷设	CP
直埋敷设	DB
电缆沟敷设	TC
混凝土排管敷设	CE

表 1.7　导线敷设部位的代号

名称	标注符号
沿或跨梁（屋架）敷设	AB
暗敷在梁内	BC
沿或跨柱敷设	AC
暗敷在柱内	CLC
沿墙面敷设	WS
暗敷设在墙内	WC
沿天棚或顶板面敷设	CE
暗敷设在屋面或顶板内	CC
吊顶内敷设	SCE
地板或地面下敷设	FC

【读一读】

1）YJV-0.6/1kV-2（3×150+2×70）SC80-WS3.5 的含义：YJV-0.6/1kV 表示电缆型号规格，2 根电缆并联连接，五芯电缆，其中三芯截面 150mm^2，2 芯截面 70mm^2，穿 *DN*80 的焊接钢管，沿墙面明敷，高度距地 3.5m。

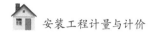

2）BV（3×50+1×25）SC50-FC 表示线路是铜芯聚氯乙烯绝缘导线，其中 3 根的截面面积为 50mm^2，1 根的截面面积为 25mm^2，穿管径为 50mm 的钢管沿地面暗敷设。

【练一练】

1）简述 BLV（3×60+2×35）SC70-WC 的含义。

2）识读图 1.9 所示系统图。

（4）平面图

在建筑电气施工图中，平面图通常是将建筑物的地理位置和主体结构进行宏观描述，将墙体、门窗、梁柱等淡化，而电气线路突出重点描述。其他管线，如水暖、煤气等线路则不出现在电气施工图上。

电气平面图表示假想经建筑物门、窗沿水平方向将建筑物切开，移去上面部分，从上面向下面看，所看到的建筑物平面形状、大小，墙柱的位置、厚度，门窗的类型以及建筑物内配电设备、照明设备等平面布置、线路走向等情况。根据平面图表示的内容，识读平面图要按电源、引入线、配电箱、引出线、用电器的顺序来读。在识读过程中，要注意了解电源进户装置、照明配电箱、灯具、插座、开关等电气设备的数量、型号规格、安装位置、安装高度，表示照明线路的敷设位置、敷设方式、敷设路径及导线的型号规格等。

阅读时按下列顺序进行。

1）看建筑物概况，楼层、每层房间数目、墙体厚度、门窗位置、承重梁柱的平面结构。

2）看各支路用电器的种类、功率及布置。图中灯具标注的一般内容有灯具数量、灯具类型、每盏灯的灯泡数、每个灯泡的功率及灯泡的安装高度等。

灯具的标注方法采用下列格式：

$$a\text{-}b\frac{c \times d \times L}{e}f \tag{1.2}$$

若为吸顶灯，则为

$$a\text{-}b\frac{c \times d \times L}{\underline{\quad}}f \tag{1.3}$$

式中 a——灯具数量；

b——灯具型号或编号；

c——每盏照明灯具的灯泡（管）数量；

d——灯泡（管）容量，W；

e——灯泡（管）安装高度，m；

f——灯具安装方式（详见表 1.8 灯具安装方式的标注）；

L——光源种类（Ne、Xe、Na、Hg、I、IN、FL）。

表 1.8 灯具安装方式的标注

灯具安装方式	标注符号
线吊式	SW
链吊式	CS
管吊式	DS
壁装式	W
吸顶式	C
嵌入式	R
顶棚内安装	CR
墙壁内安装	WR
支架上安装	S
柱上安装	CL
座装	HM

3）看导线的根数和走向。各条线路导线的根数和走向是电气平面图主要表现的内容。比较好的阅读方法如下：首先了解各用电器的控制接线方式；然后按配线回路情况将建筑物分成若干单元，按"电源—导线—照明及其他电气设备"的顺序将回路连通。

4）看电气设备的安装位置。由定位轴线和图上标注的有关尺寸可直接确定用电设备、线路管线的安装位置，并可计算管线长度。

任务训练 1

依据本项目图纸（附录 1），详细识读系统图和平面图。

实施：1）学生分组，分别手抄 AL、AL1-AL3、1AL-3AL1 系统图，并解释线路信息。

2）在平面图中找到相应线路并识读。

任务 1.3 建筑电气工程定额计量与计价

1.3.1 定额内容及注意事项

定额模式下的施工图预算编制应使用各地区现行的安装工程预算定额和相应的材料价

格。本部分内容主要引自 2016 年版《天津市安装工程预算基价》第二册《电气设备安装工程》。

1．定额的内容

本册包括变压器安装，配电装置安装，母线安装，控制设备及低压电器安装，蓄电池安装，电动机检查接线，滑触线装置安装，电缆安装，防雷及接地装置安装，10kV 以内架空配电线路安装，电气调整试验，配管、配线，照明器具安装，人防设备安装等 14 章，1883 条基价子目。

2．定额的适用范围

1）本基价适用于工业与民用建设工程 10kV 以内变配电设备及线路安装工程。

2）本基价以国家和有关工业部门发布的现行产品标准、设计规范、施工及验收技术规范、技术操作规程、质量评定标准和安全操作规程为依据。

3）本册各子目的工作内容除各章已说明的工序外，还包括：施工准备、设备器材工器具的场内搬运、开箱检查、安装、调整试验、结尾、清理、配合质量检验、工种间交叉配合，临时移动水、电源的停歇时间。

4）本册各子目中不包括以下内容：

① 10kV 以外及专业专用项目的电气设备安装；

② 电气设备（如电动机等）配合机械设备进行单体试运转和联合试运转工作。

3．定额项目费用的系数规定

1）脚手架措施费（10kV 以下架空线路除外）按直接工程费中人工费的 4% 计取，其中人工费占 35%。

2）本基价的操作物高度是按距离楼地面 5m 考虑的。当操作物高度超过 5m 时，操作高度增加费按照超过部分人工费乘以系数 0.10 计取，全部为人工费。

3）建筑物超高增加费的计取：以包括 6 层或 20m 以内（不包括地下室）的分部分项工程费中人工费为计算基数，乘以表 1.9 中的系数（其中人工费占 65%）。

表 1.9　高层建筑增加费计取

层数	9 层以内（30m）	12 层以内（40m）	15 层以内（50m）	18 层以内（60m）	21 层以内（70m）
以人工费为计算基数	1%	2%	3%	5%	7%
层数	24 层以内（80m）	27 层以内（90m）	30 层以内（100m）	33 层以内（110m）	36 层以内（120m）
以人工费为计算基数	9%	11%	13%	15%	17%

注：120m 以外可参照此表相应递增。为高层建筑供电的变电所和供水等动力工程，如装在高层建筑的底层或地下室的，均不计取高层增加费，装在 20m 以上的变配电工程和动力工程则同样计取高层建筑增加费。

4）安装与生产同时进行，降效增加费按分部分项工程费中人工费的 10% 计取，全部为人工费。

5）在有害身体健康的环境中施工，降效增加费按分部分项工程费中人工费的 10% 计取，全部为人工费。

1.3.2　定额项目工程量计算方法

1）计算要领：从配电箱起按各个回路进行计算，或按建筑物自然层划分计算，或按建筑平面形状特点及系统图的组成特点分片划块计算，然后汇总。严禁"跳算"，防止混乱，影响工程量计算的正确性。

2）计算方法：以电气照明工程为例，有统计数量的项目，如开关、插座、灯具等；也有计算长度的项目，如配管、配线等。配管配线工程量的计算在电气施工图预算中所占比例较大，是预算编制中工程量计算的关键之一，因此除综合基价中的一些规定外，还有一些具体问题需进一步明确。

① 无论明配管还是暗配管，其工程量均以管子轴线为理论长度计算。水平管长度可按平面图所示标注尺寸或用比例尺量取，垂直管长度可根据层高和安装高度计算。

② 在计算配管工程量时要重点考虑管路两端、中间的连接件。

③ 明配管工程量计算时，要考虑管轴线距墙的距离，在设计无要求时，一般可以墙皮作为量取计算的基准；设备、用电器具作为管路的连接终端时，可依其中心作为量取计算的基准。

④ 暗配管工程量计算时，可依墙体轴线作为量取计算的基准；将设备和用电器具作为管路的连接终端时，可依其中心线与墙体轴线的垂直交点作为量取计算的基准。

⑤ 在计算管内穿线工程量时，要明确是否考虑预留长度，以及预留长度的大小等问题。

上述基准点的问题，在实际工作中形式较多，但要掌握一条原则，就是尽可能符合实际。基准点一旦确定后，对于一项工程，要严格遵守，不得随意改动，这样才能达到整体平衡，使整个电气工程配管工程量计算的误差降到最低。

1.3.3　定额项目工程量计算规则

1. 电缆安装

（1）说明

1）本章（指的是 2016 年版《天津市安装工程预算基价》第二册《电气设备安装工程》中"安缆安装"章节，下同）适用范围：电力电缆和控制电缆敷设、电缆桥架安装、电缆阻燃盒安装、电缆保护管敷设等。

2）本章的电缆敷设适用于 10kV 以内的电力电缆和控制电缆敷设。子目系按平原地区和厂内电缆工程的施工条件编制的，未考虑在积水区、水底、井下等特殊条件下的电缆敷设，厂外电缆敷设工程按第十章中的相应项目另计工地运输。

3）电缆如在一般山地、丘陵地区敷设，人工费乘以系数 1.3。该地段所需的施工材料如固定桩、夹具等按实际另计。

4）电缆敷设中未考虑因波形敷设增加长度、弛度增加长度、电缆绕梁（柱）增加长度以及电缆与设备连接、电缆接头等必要的预留长度，该增加长度应计入工程量内。

5）本章的电力电缆头均按铜芯电缆考虑，铝芯电力电缆头按同截面电缆头子目乘以系数 0.8，双屏蔽电缆头制作安装人工费乘以系数 1.05。

6）电力电缆敷设均按三芯（包含三芯连地）考虑，五芯电力电缆敷设子目乘以系数 1.3，六芯电力电缆敷设子目乘以系数 1.6，每增加一芯子目增加 30%，以此类推。单芯电力电缆敷设按同截面电缆子目乘以系数 0.67。截面面积 400 ～ 800mm² 的单芯电力电缆敷设按 400mm² 电力电缆子目执行。800 ～ 1000mm² 的单芯电力电缆敷设按 400mm² 电力电缆子目乘以系数 1.25 执行。240mm² 以外的电缆头的接线端子为异形端子，需要单独加工，应按实际加工价计算。

7）电缆沟挖填方也适用于电气管道沟等的挖填方工作。

8）桥架安装

① 玻璃钢梯式桥架和铝合金梯式桥架子目均按不带盖考虑，如这两种桥架带盖，则分别执行玻璃钢槽式桥架和铝合金槽式桥架子目。

② 钢制桥架主结构设计厚度如大于 3mm，人工费、机械费乘以系数 1.2。

③ 不锈钢桥架安装，执行钢制桥架子目乘以系数 1.1。

9）本章电缆敷设系综合子目，已将裸包电缆、铠装电缆、屏蔽电缆等因素考虑在内，因此凡 10kV 以内的电力电缆和控制电缆均不分结构形式和型号，一律按相应的电缆截面面积和芯数执行子目。

10）本章未包含下列工作内容：隔热层、保护层的制作安装，电缆冬季施工的加温工作和在其他特殊施工条件下的施工措施费和施工降效增加费。

11）本章中电缆支架的制作安装只适用于大型电缆支架的制作安装。

12）电缆沟挖填中的"含建筑垃圾土"系指建筑物周围及施工道路区域内的土质中含有建筑碎块或砌筑留下的砂浆等，称为建筑垃圾土。电缆沟挖填不包含恢复路面。

13）塑料电缆槽、混凝土电缆槽安装未包含各种电缆槽材料和接线盒材料。电缆槽的挖填土方及铺砂盖砖另行计算。宽 100mm 以内的金属槽安装，可执行加强塑料槽子目。固定支架及吊杆另计。

14）电缆防腐不包含挖沟和回填土。电缆刷色相漆按一遍考虑。电缆缠麻层的人工可执行电缆剥皮子目，另计麻层材料费。

15）户内干包式电力电缆头制作安装未包含终端盒、保护盒、铅套管和安装支架。该电缆头不装"终端盒"时，称为"简包终端头"，适用于一般塑料和橡胶绝缘低压电缆。

16）户内浇注式电力电缆终端头制作安装未包含电缆终端盒和安装支架。该电缆头主要用于油浸纸绝缘电缆。

17）户内热缩式电力电缆终端头制作安装未包含安装支架和防护罩。该电缆头适用于 0.5 ～ 10.0kV 的交联聚乙烯电缆和各种电缆。

18）户外浇注式电力电缆终端头制作安装未包含安装支架、托箍、螺栓和防护（防雨）罩。该电缆头适用于 0.5 ～ 10.0kV 的各种电力电缆户外终端头的制作安装。

19）浇注式、热缩式电力电缆中间头制作安装未包含保护盒、铅套管和安装支架。

20）控制电缆终端头制作安装未包含铅套管和固定支架；中间头制作安装未包含中间头保护盒。

21）电缆沟揭（盖）板基价，按每揭或每盖一次以延长米计算。如又揭又盖，则按两次计算。

（2）计算规则

1）电缆沟挖、填土方依据土质按设计图示尺寸以体积计算，以立方米为计量单位。

电缆沟有设计断面图时，按图 1.10 计算土石方量；电缆沟无设计断面图时，按下式计算土石方量。

① 两根电缆以内土石方量为（图 1.8）

$$V=SL$$

$$S=（0.6+0.4）×0.9/2=0.45（m^2）$$

即每 1m 沟长，V=0.45m^3。沟长按设计图计算。

② 每增加一根电缆时，沟底宽增加 170mm，也即每米沟长增加 0.153m^3 土石方量，见表 1.10。

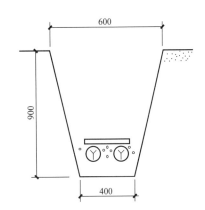

图 1.10 电缆沟示意图（单位：mm）

表 1.10 直埋电缆的挖、填土（石）方量 单位：m^3

项目	电缆根数	
	1～2	每增一根
每米沟长挖方量	0.45	0.153

注：1. 两根以内电缆的电缆沟，系按上口宽度 600mm、下口宽度 400mm、深度 900mm 计算的常规土方量（深度按规范的最低标准）。

2. 每增加一根电缆，其宽度增加 170mm。

3. 以上土方量系按埋深从自然地坪起算，如设计埋深超过 900mm，多挖的土方量应另行计算。

2）人工开挖路面依据路面材质、厚度按设计图示尺寸以面积计算，以平方米为计量单位。

根据 2016 年天津市"电气设备安装工程定额"，在计算电缆工程人工开挖路面的工程量时，不需计算体积，只按照图示尺寸计算面积即可，可根据厚度进行列项。

3）电缆沟铺沙盖砖、盖保护板，依据电缆沟中埋设电缆的根数按设计图示尺寸以长度计算，以米为计量单位。

4）电缆沟揭（盖）板：依据沟盖板长度按设计图示尺寸以长度计算，以米为计量单位。

5）电缆敷设：依据型号、规格、敷设方式，按设计图示尺寸以长度计算，以米为计量单位。

计算方法（图 1.11）：

$$L=（L_1+L_2+L_3+L_4+L_5+L_6+L_7）×（1+2.5\%）$$

式中　L_1——水平长度；

　　　L_2——垂直及斜长度；

　　　L_3——预留（弛度）长度；

　　　L_4——穿墙基及进入建筑物的长度；

　　　L_5——沿电杆、沿墙引上（引下）长度；

　　　L_6、L_7——电缆中间头及电缆终端头长度；

　　　2.5%——电缆曲折弯余系数（弛度、波形弯度、交叉）。

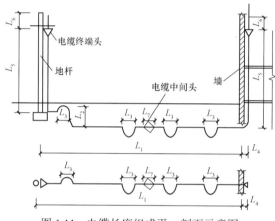

图 1.11　电缆长度组成平、剖面示意图

　　电缆敷设长度应根据敷设路径的水平和垂直敷设长度，按表 1.11 中规定增加附加长度。

表 1.11　电缆敷设附加长度　　　　　　　　　　　　　单位：m/ 根

序号	项目	预留（附加）长度	说明
1	电缆敷设弛度、波形弯度、交叉	2.5%	按电缆全长计算
2	电缆进入建筑物	2.0	规范规定最小值
3	电缆进入沟内或吊架时引上（下）预留	1.5	规范规定最小值
4	变电所进线、出线	1.5	规范规定最小值
5	电力电缆终端头	1.5	规范规定最小值
6	电缆中间接头盒	两端各留 2.0	检修余量最小值
7	电缆进入控制、保护屏及模拟盘等	高 + 宽	按盘面尺寸
8	高压开关柜及低压配电盘、箱	2.0	盘下进出线
9	电动机	0.5	从电机接线盒起算
10	厂用变压器	3.0	从地坪起算
11	电缆绕过梁柱等增加长度	按实际计算	按被绕物的断面情况计算增加长度
12	电梯电缆与电缆架固定点	每处 0.5	规范规定最小值

　　注：电缆附加及预留的长度是电缆敷设长度的组成部分，应计入电缆长度工程量之内。

6）塑料电缆槽、混凝土电缆槽安装按设计图示尺寸以长度计算，以米为计量单位。

7）电缆终端头及中间头均以个为计量单位。电力电缆和控制电缆均按一根电缆有两个终端头考虑。中间电缆头设计有图示的，按设计确定；设计没有规定的，按实际情况计算（或按平均 250m 一个中间头考虑）。

8）电缆防火堵洞，以处为计量单位。电缆防火隔板安装，以平方米为计量单位。电缆防火涂料，按设计图示尺寸以质量计算，以千克为计量单位。电缆阻燃槽盒安装按设计图示尺寸以长度计算，以米为计量单位。

9）电缆防护按设计图示尺寸以长度计算，以米为计量单位。

10）电缆保护管：依据材质、规格，按设计图示尺寸以长度计算，以米为计量单位。

电缆保护管埋地敷设，其土方量凡有施工图注明的，按施工图计算；无施工图注明的，一般按沟深 0.9m、沟宽按最外边的保护管两侧边缘外各增加 0.3m 工作面计算。

电缆保护管长度，除按设计规定长度计算外，遇有下列情况，应按以下规定增加保护管长度：

横穿道路时，按路基宽度两端各增加 2m。

垂直敷设时，管口距地面增加 2m。

穿过建筑物外墙时，按基础外缘以外增加 1m。

穿过排水沟时，按沟壁外缘以外增加 1m。

11）电缆桥架依据型号、规格、材质、类型，按设计图示尺寸以长度计算，以米为计量单位。

12）电缆支架依据材质、规格，按设计图示以质量计算，以吨为计量单位。

13）顶管依据其长度，按数量计算，以根为计量单位。

任务训练 2

依据本项目图纸（附录 1），计算进户线相关工程量，并填写在工程量计算书中（附录 6）。

进户线信息如下：YJV（4×75+1×50），预留进户管 SC150，埋深室外地坪下 0.8m，预埋至散水外 1.5m，散水宽 0.6m，室内外高差 0.6m。

注意：因书中所附图纸不是按照比例出图，同学们在计算时需要换算比例。

2．配管、配线

（1）说明

1）本章适用范围：电气工程的配管、配线工程。配管包括电线管敷设，钢管及防爆钢管敷设，可挠金属管敷设，塑料管（硬质聚氯乙烯管、刚性阻燃管、半硬质阻燃管）敷设。配线包括管内穿线，瓷夹板配线，塑料夹板配线，鼓形、针式、蝶式绝缘子配线，木槽板、塑料槽板配线，塑料护套线敷设，线槽配线。

2）鼓形绝缘子沿钢支架及钢索配线，未包含支架制作、钢索架设及拉紧装置制作安装。

3）针式绝缘子、蝶式绝缘子配线未包含支架制作。

4）塑料护套线沿钢索明敷设，未包含钢索架设及拉紧装置制作安装。

5）钢索架设未包含拉紧装置制作安装。

6）车间带形母线安装未包含支架制作及母线伸缩器制作安装。

7）管内穿线的线路分支接头线的长度已综合考虑在基价中，不得另行计算。

8）照明线路中的导线截面面积大于或等于6mm²时，应执行动力线路穿线相应子目。

9）灯具、明暗开关、插销、按钮等的预留线，已分别综合在有关预算内，不另行计算。

（2）工程量计算规则

1）钢索架设工程量，应区别圆钢、钢索直径（D6mm、D9mm），按图示墙（柱）内缘距离，以米为计量单位，不扣除拉紧装置所占长度。

2）母线拉紧装置及钢索拉紧装置制作安装工程量，应区别母线截面面积、花篮螺栓直径（12mm、16mm、18mm）以套为计量单位计算。

3）动力配管混凝土地面刨沟工程量，应区别管子直径，按延长米计算，以米为计量单位。

4）配管砖墙刨沟工程量，应区别管子直径，按延长米计算，以米为计量单位。

5）接线箱安装工程量，应区别安装形式（明装、暗装）、接线箱半周长，按设计图示以数量计算，以个为计量单位。

6）接线盒安装工程量，应区别安装形式（明装、暗装、钢索上）及接线盒类型，按设计图示以数量计算，以个为计量单位。

7）配线进入开关箱、柜、板的预留线，按表1.12规定的长度，分别计入相应的工程量。

表 1.12　配线进入开关箱、柜、板的预留长度　　　　　　　　　单位：m/ 根

序号	项目	预留长度	说明
1	各种开关、柜、板	高 + 宽	盘面尺寸
2	单独安装（无箱、盘）的铁壳开关、刀开关、启动器、线槽进出线盒等	0.3	从安装对象中心算起
3	由地面管子出口引至动力接线箱	1.0	从管口计算
4	电源与管内导线连接（管内穿线与软、硬母线接点）	1.5	从管口计算
5	出户线	1.5	从管口计算

8）电气配管依据名称、材质、规格、配置形式及部位，按设计图示尺寸以延长米计算，不扣除管路中间的接线箱（盒）、灯头盒、开关盒所占长度，以米为计量单位。

9）线槽依据材质、规格，按设计图示尺寸以延长米计算，以米为计量单位。

10）电气配线依据配线形式，导线型号、材质、规格和敷设部位或线制，按设计图示尺寸以单线延长米计算，以米为计量单位。

（3）工程量计算方法

配管配线工程量计算的一般方法为先管后线；先系统，再平面；由始至终。

1）配管的工程量计算。配管按管材质、敷设地点、管径不同分项，以"100m"（定额单位）为计量单位，先干管、后支管，按供电系统各回路逐条列式计算。

$$管长 = 水平长（测量得到）+ 垂直长（计算得到）$$

① 水平方向敷设的管，以施工平面布置图的管线走向和敷设部位为依据，并借用建筑物平面图所标墙、柱轴线尺寸进行线管长度的计算。

当线管沿墙暗敷（WC）时，按相关墙轴线尺寸计算该线管长度。

当线管沿墙明敷（WE）时，按相关墙面净空长度尺寸计算线管长度。

【算一算】

以图 1.12 为例，计算配管的长度。

由图可知 AL1 箱（800mm×500mm×200mm）有两个回路，即 WL1：BV-2×2.5SC15 和 WL2：BV-4×2.5PC20，其中 WL1 回路是沿墙、顶棚暗敷，WL2 回路是沿墙、顶棚明敷至 AL2 箱（500mm×300mm×160mm）。工程量需要分别计算，分别汇总，套用不同的定额。

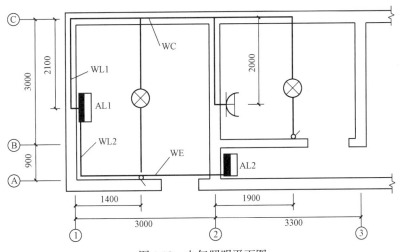

图 1.12   电气照明平面图

解： WL1 回路的配管线为 BV-2×2.5SC15，回路沿 1—C—2 轴沿墙暗敷及房间内沿顶棚暗敷，按相关墙轴线尺寸计算该配管长度。

那么 WL1 回路水平配管长度 SC15=2.1+3+1.9+3.9+2+3=15.9（m）。

WL2 回路的配管线为 BV-4×2.5PC20，回路沿 1—A 轴沿墙明敷，按相关墙面净空长度尺寸计算线管长度。

那么 WL2 回路水平配管长度 PC20=3.9-2.1-0.12+3=4.68（m）。

② 垂直方向敷设的管（沿墙、柱引上或引下），其工程量计算与楼层高度及与箱、柜、盘、板、开关等设备安装高度有关。无论配管是明敷或暗敷，均按图 1.13 计算线管长度。

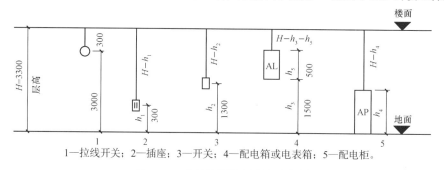

1—拉线开关；2—插座；3—开关；4—配电箱或电表箱；5—配电柜。

图 1.13　垂直配管长度计算示意图

由图 1.13 可知，各电气元件的安装高度知道后，垂直长度的计算就解决了，这些数据可参见具体设计的规定，一般为配电箱底距地 1.5m，板式开关距地 1.3 ～ 1.5m，插座距地 0.3m，拉线开关距顶 0.2 ～ 0.3m，灯具的安装高度按具体情况而定，本图灯具按吸顶灯考虑。

WL1 回路的垂直配管长度 SC15=（3.3-1.5-0.5）$_{配电箱}$＋（3.3-0.3）$_{插座}$＋（0.3×2）$_{拉线开关}$=4.9（m）。

WL2 回路的垂直配管长度 PC20=（3.3-1.5-0.5）$_{AL1}$＋（3.3-1.5-0.3）$_{AL2}$=2.8（m）。

合计：暗配 SC15 的管长度 = 水平长 + 垂直长 =15.9+4.9=20.8（m）。

明配 PC20 的管长度 = 水平长 + 垂直长 =4.68+2.8=7.48（m）。

③ 当埋地配管时（FC），水平方向的配管按墙、柱轴线尺寸及设备定位尺寸进行计算。穿出地面向设备或向墙上电气开关配管时，按埋的深度和引向墙、柱的高度进行计算，如图 1.14 和图 1.15 所示。

水平长度的计算：若电源架空引入，穿管 SC50 进入配电箱（AP）后，一条回路 WP1 进入设备，再连开关箱（AK），另一回路 WP2 连照明箱（AL）。水平方向配管长度为 L_1=1m，L_2=3m，L_3=2.5m，L_4=9m 等。水平方向配管长度均算至各电气元件的中心处。

引入管的水平长度（墙外考虑 0.2m）SC50=1+0.24+0.2=1.44（m）。

WP1 的配管线：BV-4×6 SC32 FC 管长度 SC32=3+2.5=5.5（m）。

WP2 的配管线：BV-4×4 SC25 FC 管长度 SC25=9m。

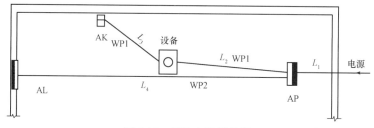

图 1.14　埋地水平管长度

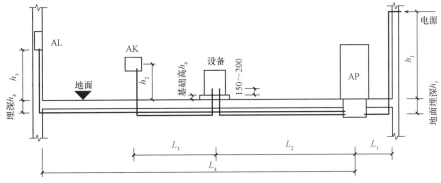

图 1.15 埋地管穿出地面

垂直长度的计算：当管穿出地面时，沿墙引下管长度（h）加上地面埋深为垂直长度，出地面的配管还应考虑设备基础高和出地面高度，一般考虑 150～200mm，即为垂直配管长度。各电气元件的高度分别为：架空引入高度 $h_1=3$m；开关箱距地 $h_2=1.3$m；配电箱距地 $h_3=1.5$m；管埋深 $h_4=0.3$m；管埋深 $h_5=0.5$m；基础高 $h_6=0.1$m。

引入管的垂直长度 SC50=h_1+h_5=3+0.5=3.5（m）。

WP1 的垂直配管长度 SC32=（h_5+h_6+0.2）×2+（h_5+h_2）$_{AL}$=（0.5+0.1+0.2）×2+0.5+1.3=3.4（m）（伸出基础高按 200mm 考虑）。

WP2 的垂直配管长度 SC25=h_3+h_4=1.5+0.3=1.8（m）。

合计：引入管 SC50=1.44+3.5=4.94（m）。

SC32=5.5+3.4=8.9（m）。

SC25=9+1.8=10.8（m）。

2）管内穿线的工程量计算。

管内穿线长度 =（配管长度 + 导线预留长度）× 同截面导线根数

其中，导线预留长度按照表 1.11 取值。

【算一算】

如图 1.12 和图 1.13 所示，电缆架空引入，标高 3.0m，穿 SC50 的钢管至 AP 箱，AP 箱尺寸为 1000mm×2000mm×500mm，从 AP 箱分出两条回路 WP1、WP2，其中一条回路进入设备，再连开关箱（AK），即 WP1 箱，其配管线为 BV-4×6 SC32 FC；另一回路 WP2 连照明箱（AL），WP2 的配管线为 BV-4×4 SC25 FC，AL 配电箱尺寸为800mm×500mm×200mm。计算其管内穿线的工程量。

解：根据上题的配管工程量，计算管内穿线的工程量。

①入户电缆 = 配管长度 + 预留长度 =4.94+（1+2）+1.5=9.44（m）。

② WP1 的配管线为 BV-4×6 SC32 FC。

BV-6：（SC32 管长 + 各预留长度）×4=［8.9+（1+2）$_{AP}$+（1×2）$_{设备}$+0.3$_{AK}$］×4=（8.9+3+2+0.3）×4=56.8（m）。

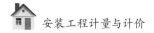

③ WP2 的配管线为 BV-4×4 SC25 FC。

BV-4：（SC25 的管长 + 各预留长度）×4=［10.8+（1+2）$_{AP}$+（0.8+0.5）$_{AL}$］×4=（10.8+3+1.3）×4=60.4（m）。

3）接线盒工程量计算。

接线盒产生在管线分支处或管线转弯处，线管敷设超过下列长度时，中间应加接线盒。

管长大于 30m，且无弯曲。

管长大于 20m，有 1 个弯曲。

管长大于 15m，有 2 个弯曲。

管长大于 8m，有 3 个弯曲。

任务训练 3

依据本项目图纸（附录 1），计算首层配管、配线相关工程量，并填写在工程量计算书中。

配电箱规格如下：1AL1 配电箱尺寸为 800mm×1000mm×300mm，AL1、AL2、AL3、AL 配电箱尺寸为 600mm×500mm×300mm，电话配电箱尺寸为 450mm×250mm×100mm。层高 3.6m。

注意事项：

1）在进行工程量计算前仔细阅读设计说明，注意配电箱、开关、插座、照明灯具等的图例符号及安装高度，注意配管配线的材质、规格等详细信息。

2）在计算管线水平度时，可综合采用轴线尺寸和比例尺量取两种方法；在计算垂直长度时注意配管、配线的敷设部位。

3）本工程配管、配线均为暗敷设。为简化计算，本图纸中所有门的高度为 2.9m。

4）因本书所附图纸不是按照比例出图，同学们在计算时需要换算比例。

3．照明器具

（1）说明

1）本章适用范围：工业与民用建筑（含公用设施）的照明器具安装工程。照明器具安装工程包括普通吸顶灯及其他灯具、工厂灯及其他灯具、装饰灯具、荧光灯具、医疗专用灯具、一般路灯等安装。

2）各型灯具的引导线，除已注明外，均已综合考虑在基价内，使用时不作换算。

3）路灯、投光灯、碘钨灯、氙气灯、烟囱水塔指示灯基价，均已考虑了一般工程的高空作业因素，其他器具安装高度如超过 5m，应按超高系数另行计算。

4）本章中装饰灯具项目均已考虑了一般工程的超高作业因素，并包含脚手架搭拆费用。

5）装饰灯具定额项目中示意图号与《全国统一安装工程预算定额第二册　电气设备安装工程补充定额 装饰灯具安装工程（示意图集）》配套使用。

6）基价中已包含利用绝缘电组表测量绝缘灯及一般灯具的试亮工作（但不包含调试工作）。

7）路灯安装未包含支架制作及导线架设。

8）工厂厂区内、住宅小区内路灯安装执行本章基价，城市道路的路灯安装执行市政工程中路灯安装定额。

9）小电器包括：按钮、照明开关、插座、电笛、电铃、电风扇、水位电气信号装置、测量表计、继电器、电磁锁、屏上辅助设备、辅助电压互感器、小型安全变压器等。

（2）工程量计算规则

1）吊式艺术装饰灯具安装的工程量，应根据装饰灯具示意图集所示，区别不同装饰物及灯体直径和灯体垂吊长度，以套为计量单位计算。灯体直径为装饰物的最大外缘直径。灯体垂吊长度为灯座底部到灯梢之间的总长度。

2）吸顶式艺术装饰灯具安装的工程量，应根据装饰灯具示意图集所示，区别不同装饰物、吸盘的几何形状，灯体直径、灯体周长和灯体垂吊长度，以套为计量单位计算。灯体直径为吸盘最大外缘直径；灯体半周长为矩形吸盘的半周长；灯体垂吊长度为吸盘到灯梢之间的总长度。

3）荧光艺术装饰灯具安装的工程量，应根据装饰灯具示意图集所示，区别不同安装形式和计量单位计算。

① 组合荧光灯光带安装的工程量，应根据装饰灯具示意图集所示，区别安装形式、灯管数量，以米为计量单位。灯具的设计数量与基价不符时可以按设计数量加损耗量调整主材。

② 内藏组合式灯安装的工程量，应根据装饰灯具示意图集所示，区别灯具组合形式，以米为计量单位，灯具的设计数量与基价不符时，可根据设计数量加损耗量调整主材。

③ 发光棚安装的工程量，应根据装饰灯具示意图集所示，以平方米为计量单位，发光棚灯具按设计数量加损耗量计算。

④ 立体广告灯箱、荧光灯光沿安装的工程量，应根据装饰灯具示意图集所示，以米为计量单位，灯具设计用量与基价不符时，可根据设计数量加损耗量调整主材。

4）几何形状组合艺术灯具安装的工程量，应根据装饰灯具示意图集所示，区别不同安装形式及灯具的不同形式，以套为计量单位计算。

5）标志、诱导装饰灯具安装的工程量，应根据装饰灯具示意图集所示，区别不同安装形式，以套为计量单位计算。

6）水下艺术装饰灯具安装的工程量，应根据装饰灯具示意图集所示，区别不同安装形式，以套为计量单位计算。

7）点光源艺术装饰灯具安装的工程量，应根据装饰灯具示意图集所示，区别不同安装形式、不同灯具直径，以套为计量单位计算。

8）草坪灯具安装的工程量，应根据装饰灯具示意图集所示，区别不同安装形式，以套为计量单位计算。

9）歌舞厅灯具安装的工程量，应根据装饰灯具示意图所示，区别不同灯具形式，分别以套、台为计量单位。

10）普通吸顶灯及其他灯具依据名称、型号、规格，按设计图示数量计算，以套为计量单位。

11）工厂灯依据名称、型号、规格、安装形式及高度，按设计图示数量计算，以套为计量单位。

12）装饰灯依据名称、型号、规格、安装高度，按设计图示数量计算，以套为计量单位。

13）荧光灯依据名称、型号、规格、安装形式，按设计图示数量计算，以套为计量单位。

14）医疗专用灯依据名称、型号、规格，按设计图示数量计算，以套为计量单位。

15）一般路灯依据名称、型号、灯杆材质及高度、灯架形式及臂长、灯杆形式（单、双），按设计图示数量计算，以套为计量单位。

16）小电器依据名称、型号、规格，按设计图示数量计算，以个或套为计量单位。

① 开关、按钮：应区别开关、按钮的安装形式，开关、按钮的种类，开关极数以及单控与双控，按设计图示数量计算，以套为计量单位。

② 插座：应区别电源相数、额定电流，插座安装形式，插座插孔个数，按设计图示数量计算，以套为计量单位。

③ 安全变压器：应区别安全变压器容量，按设计图示数量计算，以台为计量单位。

④ 门铃、电铃号码牌箱：应区别电铃直径，电铃号码牌箱规格（号），按设计图示数量计算，以套为计量单位。

⑤ 门铃：应区别门铃安装形式，按设计图示数量计算，以个为计量单位。

⑥ 风扇：应区别风扇种类，按设计图示数量计算，以台为计量单位。

⑦ 盘管风机三速开关、请勿打扰灯、须刨插座：按设计图示数量计算，以套为计量单位。

⑧ 水处理器、烘手器、小便斗自动冲水感应器、暖风器（机）：按设计图示数量计算，以台为计量单位。

4. 控制设备及低压电器

（1）说明

1）本章适用范围：控制设备、低压电器和集装箱式配电室安装工程。控制设备包括各种控制屏、继电信号屏、模拟屏、配电屏、整流柜、电气屏（柜）、成套配电箱、控制箱等。低压电器包括各种控制开关、控制器、接触器、启动器等。

2）控制设备安装中，除限位开关及水位电气信号装置外，其他均未包含支架制作安装。

3）控制设备安装中未包含的工作内容如下：

① 二次喷漆及喷字。

② 电器及设备干燥。

③ 焊、压接线端子。

④ 端子板外部（二次）接线。

4）屏上辅助设备安装中，包含标签框、光字牌、信号灯、附加电阻、连接片等，但不包含屏上开孔工作。

5）设备的补充油，按设备自带考虑。

6）各种铁构件制作中，均不包含镀锌、镀锡、镀铬、喷塑等其他金属防护费用。需要时应另行计算。

7）轻型铁构件系指结构厚度在 3mm 以内的构件。

8）铁构件制作安装子目适用于本册范围内的各种支架、构件的制作安装。

9）晶闸管变频调速柜安装的工程量，按晶闸管柜安装人工费乘以系数 1.2 计算，未包含接线端子及接线。

10）成套配电箱安装未包含支架制作安装。

11）水位电气信号装置安装中未包含水泵房电气控制设备、晶体管继电器安装及水泵房至水塔、水箱的管线敷设。

12）压铜接线端子也适用于铜铝过渡端子。

13）盘、柜配线基价子目只适用于盘上小设备元件的少量现场配线，不适用于工厂的设备修、配、改工程。

14）焊（压）接线端子基价子目只适用于导线，电缆终端头制作安装中已包括压接线端子，不得重复计算。

15）控制设备及低压电器安装均未包括基础槽钢、角钢的制作安装，其工程量应按本章相应子目另行计算。

16）配电箱预留洞用木箱套安装的工程量，执行墙洞木配电箱制作子目，按基价乘以系数 0.6 计算。

（2）工程量计算规则

1）盘、箱、柜的外部进出线应考虑的预留长度按表 1.13 计算。

表 1.13　盘、箱、柜的外部进出线预留长度　　　　　　单位：m/ 根

序号	项目	预留长度	说明
1	各种箱、柜、盘、板、盒	高＋宽	盘面尺寸
2	单独安装的铁壳开关、自动开关、刀开关、启动器、箱式电阻器、变阻器	0.5	从安装对象中心算起
3	继电器、控制开关、信号灯、按钮、熔断器等小电器	0.3	从安装对象中心算起
4	分支接头	0.2	分支线预留

2）端子板外部接线按设备盘、箱、柜、台的外部接线图计算，以个为计量单位。

3）盘柜配线按不同规格，以米为计量单位。

4）小母线安装，按设计图示数量计算，以米为计量单位。

5）焊压接线端子安装，依据导线截面，按设计图示数量计算，以个为计量单位。

6）基础槽钢、角钢安装，以米为计量单位。

7）铁构件制作安装均按设计图示数量计算，以成品质量计算，以千克为计量单位。

8）网门、保护网制作安装，按网门或保护网设计图示的框外围尺寸计算，以平方米为计量单位。

9）端子箱安装，以台为计量单位。

10）穿通板制作安装，以块为计量单位。

11）木配电箱制作安装，以套为计量单位。

12）配电板制作安装，以平方米为计量单位。

13）控制屏、继电信号屏、模拟屏、低压开关柜、配电（电源）屏、弱电控制返回屏依据名称、型号、规格，按设计图示数量计算，以台为计量单位。

14）箱式配电室依据名称、型号、规格、质量，按设计图示数量计算，以套为计量单位。

15）硅整流柜依据名称、型号、容量（A），按设计图示数量计算，以台为计量单位。

16）晶闸管柜依据名称、型号、容量（kW），按设计图示数量计算，以台为计量单位。

17）低压电容器柜、自动调节励磁屏、励磁灭磁屏、蓄电池屏（柜）、直流馈电屏、事故照明切换屏依据名称、型号、规格，按设计图示数量计算，以台为计量单位。

18）控制台、控制箱、配电箱依据名称、型号、规格，按设计图示数量计算，以台为计量单位。

19）控制开关、低压熔断器、限位开关依据名称、型号、规格，按设计图示数量计算，以个为计量单位。

20）控制器、接触器、磁力启动器、Y-△自耦减压启动器、电磁铁（电磁制动器）、快速自动开关、电阻器、油浸频敏变阻器依据名称、型号、规格，按设计图示数量计算，以台为计量单位。

21）分流器依据名称、型号、容量（A），按设计图示数量计算，以台为计量单位。

22）按钮、电笛、电铃和仪表、电器按设计图示数量计算，以个为计量单位。

23）水位电器信号装置按设计图示数量计算，以套为计量单位。

任务训练 4

依据本项目图纸（附录1），计算首层配电箱、照明器具工程量，并填写在工程量计算书中。

配电箱规格如下：1AL1 配电箱尺寸为 800mm×1000mm×300mm，AL1、AL2、AL3、AL 配电箱尺寸为 600mm×500mm×300mm，电话配电箱尺寸为 450mm×250mm×100mm。

【定额计量示例】

本项目为某办公楼电气照明工程（附录 1），共 3 层，首层层高 3.6m，二层层高 3.3m，三层层高 3.6m。本书仅选取首层进行计算演示。根据施工图纸，按分项依次计算工程量，工程量计算书及工程量汇总表见表 1.14 和表 1.15。

表 1.14　定额工程量计算书

专业工程名称：某办公楼电气照明工程

序号	项目名称	计算式	单位	数量
（一）		电缆进户		
1	电缆沟	埋深 0.8m $S=(0.6+0.4)×0.8/2=0.4$（m²） $L=1.5+0.6$（散水宽）$+5.727$（外墙至配电箱 1AL1 水平长）$=7.827$（m） $V=3.131m^3$	m³	3.13
2	电缆沟铺砂盖保护板	$1.5+0.6$（散水宽）$+5.727$（外墙至配电箱 1AL1 水平长）$=7.827$（m）	m	7.83
3	电缆敷设	［$1.5+0.6$（散水）$+5.727$（外墙至配电箱 1AL1 水平长）$+0.8$（埋深）$+0.6$（室内外高差）$+1.6$（配电箱距地 1.6m）$+2+1.5+2$（预留长度）］$×(1+2.5\%)$ $=16.74$（m） 注：按照定额规定，电力电缆敷设均按三芯（包含三芯连地）考虑，五芯电力电缆敷设子目乘以系数 1.3	m	16.74
4	电缆终端头	2 个	个	2
5	电缆保护管	$7.827+0.8+0.6+1.6=10.827$（m）	m	10.83
（二）		配管配线		
1		1AL1 配电箱回路		
（1）	N1 回路 ［ZRBV-2×2.5 KBG16］	电气配管 KBG16： $1.525+4.586+1.47+1.473+0.79+1.565+6.455+2.354+0.793+1.61+4.607+1.615+1.172+0.515+7.982+1.577+0.975+6.964+3.558+10.711+14.553+0.675+3.529+2.978+3.26$（水平长度，可结合轴线尺寸和比例尺计算）$+1.1$（应急灯安装高度距地 2.5m，垂直配管 $=3.6-2.5=1.1m$）$+1.1+1.1+1.1+0.5$（安全出口标志灯安装在门上方 0.2m，门高 2.9m，因此应急灯距地 3.1m，层高 3.6m，应急灯垂直配管长度 $=3.6-3.1=0.5m$）$+1.1+0.5+1.1+1.1+0.5+1.1+0.36+1$（由配电箱引出沿顶敷设的垂直配管长度，层高 3.6m，配电箱距地 1.6m，1AL1 配电箱高度 1m，因此垂直长度 $=3.6-1.6-1=1m$）$+0.5≈99.45$（m）	m	99.45
		电气配线 ZRBV-2×2.5： 配线需在配管工程量的基础上增加预留长度。1AL1 配电箱尺寸为 800mm×1000mm×300mm，所以 ZRBV2.5 长度 $=(99.45+0.8+1)×2=202.5$（m） 下列数据用同样方法计算，不再注写分析过程。配线计算过程也一样，不再重复	m	202.5

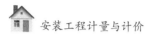

续表

序号	项目名称	计算式	单位	数量
（2）	N2 回路 ［ZRBV-5×16 KBG40］	电气配管 KBG40： 0.840+2.955+1.203+1.095+12.911+2.691+0.62+9.984+0.262+（3.6-1.6-1） （1AL1 配电箱沿顶敷设垂直配管高度）+（3.6-1.6-0.5）×5≈41.06（m）	m	41.06
		电气配线 ZRBV-5×16： ［41.06+0.8+1+（0.6+0.5）×5］×5=241.8（m）	m	241.8
（3）	N3 回路 ［ZRBV-5×16 KBG40］	电气配管 KBG40： 1.28+20.68+1.3+0.27+0.81+6.21+0.95+0.185+7.85+0.211+1+1.5+1.5+ 1.5+1.5+1.5+1.5+1.5+1.5=52.75（m）	m	52.75
		电气配线 ZRBV-5×16： ［52.75+0.8+1+（0.6+0.5）×11］×5=333.25（m）	m	333.25
（4）	N4 回路 ［ZRBV-5×16 KBG40］	电气配管 KBG40： 3.482+2.173+3.739+1+1.5×3≈14.89（m）	m	14.89
		电气配线 ZRBV-5×16： ［14.89+0.8+1+（0.6+0.5）×3］×5=99.95（m）	m	99.95
（5）	N5 回路 ［ZRBV-5×16 KBG40］	电气配管 KBG40： 0.989+39.855+2.626+1=44.47（m）	m	44.47
		电气配线 ZRBV-5×16： （44.47+0.8+1）×5=231.35（m）	m	231.35
2		AL1 配电箱回路		
（1）	空调回路 ［ZRBV-3×4 KBG20］	电气配管 KBG20： 4.86+12.954+4.758+4.851+1.024+4.031+9.115+6.455+5.32+4.869+ （1.6+0.3）×6≈69.64（m）	m	69.64
		电气配线 ZRBV-3×4： ［69.64+（0.6+0.5）×6］×3=228.72（m）	m	228.72
（2）	插座回路 ［ZRBV-3×4 KBG20］	电气配管 KBG20： 2.784+0.65+4.336+5.648+7.175+2.188+0.663+4.185+9.262+ （1.6+0.3+0.3+0.3）×4=46.891（m）	m	46.89
		电气配线 ZRBV-3×4： ［46.89+（0.6+0.5）×4］×3≈153.87（m）	m	153.87
（3）	照明回路 ［ZRBV-2×2.5 KBG16］	电气配管 KBG16： 健身房和器械库房：1.607+1.235+2.785×5+3.465×3+1.611+1.59+2.89+ （1.6+1.4+2.2）×2+2.2=45.853（m） 阅览室和书库： 7.914+1.039+3.6×3+6.874+1.489+1.664+2.951+（1.6+1.4+2.2）× 2=43.131（m） 台球室：2.294+1.168+6.874+3.863×3+1.6+1.4+2.2=27.125（m） 合计：116.109	m	116.11
		电气配线 ZRBV-2×2.5：（注意部分线路为3×2.5 和4×2.5） 1.235×2+1.59×1+3.465×1+2.89×1+1.039×2+1.489×1+1.168×2+［116.11+ （0.6+0.5）×4］×2≈257.338（m）	m	257.34

续表

序号	项目名称	计算式	单位	数量
3		AL2 配电箱回路		
（1）	空调回路 ［ZRBV-3×6 KBG25］	电气配管 KBG25： 5.316+10.184+8.823+10.184+0.3+1.6+0.3+0.3+1.6+0.3+0.3+0.3 ≈39.507（m）	m	39.51
		电气配线 ZRBV-3×6： ［39.51+（0.6+0.5）×2］×3=125.13（m）	m	125.13
（2）	插座回路 ［ZRBV-3×4 KBG20］	电气配管 KBG20： 11.234+0.758+0.3+0.3+0.3+1.6=14.492（m）	m	14.49
		电气配线 ZRBV-3×4： （14.492+0.6+0.5）×3=46.776（m）	m	46.78
（3）	照明回路 ［ZRBV-2×2.5 KBG16］	电气配管 KBG16： 1.643+1.5+12.089+12.089+8.593+12.089+5.085+1.5+1.5=56.088（m）	m	56.09
		电气配线 ZRBV-2×2.5： ［56.09+（0.6+0.5）×3］×2=118.78（m）	m	118.78
4		AL3 配电箱回路		
（1）	空调插座回路 ［ZRBV-3×4 KBG20］	电气配管 KBG20： 3.062+3.817+2.843+1.795+0.3+0.3+0.3+1.6+0.3+1.6=15.917（m）	m	15.92
		电气配线 ZRBV-3×4： ［15.92+（0.6+0.5）×2］×3=54.36（m）	m	54.36
（2）	照明回路 ［ZRBV-2×2.5 KBG16］	电气配管 KBG16： 1.598+0.834+4.03+2.069+3+6.442+3.33+3+2.497+60.044+3.636+1.318+ 1.795+1.488+3.19+3.19+7.032+0.585+4.318+1.5+1.5+1.5+2.2+2.2+2.2+2.2+ 2.2+2.2+2.2+2.2=135.496（m）	m	135.5
		电气配线 ZRBV-2×2.5：（注意部分线路为 3×2.5 和 4×2.5） ［135.496+2.069×2+35.960+1.318+1.488+0.585+（0.6+0.5）×2+（0.6+0.5） ×2］×2=366.77（m）	m	366.77
5		AL 配电箱回路		
		办公室 1		
（1）	空调回路 ［ZRBV-3×2.5 KBG20］	电气配管 KBG20： 5.152+2.983+1.6+0.3=10.035（m）	m	10.04
		电气配线 ZRBV-3×2.5： ［10.035+（0.6+0.5）×2］×3=36.705（m）	m	36.71
（2）	插座回路 ［ZRBV-3×2.5 KBG20］	电气配管 KBG20： 3.073+2.954+1.6+0.3+0.3+0.3=8.527（m）	m	8.53
		电气配线 ZRBV-3×2.5： ［8.527+（0.6+0.5）×2］×3=32.181（m）	m	32.18
（3）	照明回路 ［ZRBV-2×2.5 KBG16］	电气配管 KBG16： 1.267+1.233+3.812+1.5+2.2+2.2=12.212（m）	m	12.21
		电气配线 ZRBV-2×2.5：（注意部分线路为 3×2.5） ［12.212+（0.6+0.5）×2］×2+1.233+1.926=31.983（m）	m	31.98

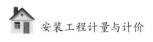

续表

序号	项目名称	计算式	单位	数量
		办公室 2		
（1）	空调回路 ［ZRBV-3×2.5 KBG20］	电气配管 KBG20： 2.439+4.91+1.6+0.3=9.249（m）	m	9.25
		电气配线 ZRBV-3×2.5： ［9.249+（0.6+0.5）×2］×3=34.347（m）	m	34.35
（2）	插座回路 ［ZRBV-3×2.5 KBG20］	电气配管 KBG20： 3.087+3+1.6+0.3×3=8.587（m）	m	8.59
		电气配线 ZRBV-3×2.5： ［8.587+（0.6+0.5）×2］×3=32.361（m）	m	32.36
（3）	照明回路 ［ZRBV-2×2.5 KBG16］	电气配管 KBG16： 1.29+1.448+3.7+1.5+2.2+2.2=12.338（m）	m	12.34
		电气配线 ZRBV-2×2.5：（注意部分线路为 3×2.5） ［12.338+（0.6+0.5）×2］×2+1.448+1.926=32.45（m）	m	32.45
		办公室 3		
（1）	空调回路 ［ZRBV-3×2.5 KBG20］	电气配管 KBG20： 5.025+1.6+0.3=6.925（m）	m	6.93
		电气配线 ZRBV-3×2.5： ［6.925+（0.6+0.5）×2］×3=27.375（m）	m	27.38
（2）	插座回路 ［ZRBV-3×2.5 KBG20］	电气配管 KBG20： 2.464+3.4+1.6+0.3+0.3+0.3=8.364（m）	m	8.36
		电气配线 ZRBV-3×2.5： ［8.364+（0.6+0.5）×2］×3=31.692（m）	m	31.69
（3）	照明回路 ［ZRBV-2×2.5 KBG16］	电气配管 KBG16： 1.429+0.949+3.807+1.5+2.2+2.2=12.085（m）	m	12.09
		电气配线 ZRBV-2×2.5：（注意部分线路为 3×2.5） ［12.085+（0.6+0.5）×2］×2+0.949+1.868=31.387（m）	m	31.39
		办公室 4		
（1）	空调回路 ［ZRBV-3×2.5 KBG20］	电气配管 KBG20： 2.31+5.112+1.6+0.3=9.322（m）	m	9.32
		电气配线 ZRBV-3×2.5： ［9.322+（0.6+0.5）×2］×3=34.566（m）	m	34.57
（2）	插座回路 ［ZRBV-3×2.5 KBG20］	电气配管 KBG20： 2.364+3.42+1.6+0.3×3=8.284（m）	m	8.28
		电气配线 ZRBV-3×2.5： ［8.284+（0.6+0.5）×2］×3=31.452（m）	m	31.45
（3）	照明回路 ［ZRBV-2×2.5 KBG16］	电气配管 KBG16： 1.151+0.861+3.815+1.5+2.2+2.2=11.727（m）	m	11.73
		电气配线 ZRBV-2×2.5：（注意部分线路为 3×2.5） ［11.727+（0.6+0.5）×2］×2+0.861+1.868=30.583（m）	m	30.58

续表

序号	项目名称	计算式	单位	数量
	小计（AL 配电箱回路）	电气配管 KBG20：（10.04+8.53）×2（办公室 1 两间）+（9.25+8.59）×2（办公室 2 两间）+6.93+8.36+9.32+8.28=105.71（m） 电气配管 KBG16：12.21+12.34+12.09+11.73=48.37（m） 电气配线 ZRBV-2.5：（36.71+32.18+31.98）×2+（34.35+32.36+32.45）×2+（27.38+31.69+31.39）+（34.57+31.45+30.58）=587.12（m）		
（三）		配电箱		
1	1AL1 配电箱［800×1000×300］	1 台	台	1
2	AL1 配电箱［600×500×300］	1+1+1	台	3
3	AL2 配电箱［600×500×300］	1	台	1
4	AL3 配电箱［600×500×300］	1	台	1
5	AL 配电箱［600×500×300］	1+1+1+1+1+1	台	6
6	电话配电箱［450×250×100］	1	台	1
（四）		照明器具		
1		灯具		
（1）	普通吸顶灯	1+1+1+1+1+1+1+1+1+1+1+1+1+1+1+1+1+1+1+1+1+1+1	套	23
（2）	防水吸顶灯	1+1+1+1+1+1+1	套	7
（3）	应急灯	1+1+1+1+1+1+1+1	套	8
（4）	格栅式双管荧光灯	1+1+1+1+1+1+1+1+1+1+1+1+1+1+1+1+1+1+1+1+1+1+1+1+1+1+1+1+1+1+1+1+1+1+1+1+1+1+1+1+1+1+1+1+1+18	套	63
（5）	格栅式三管荧光灯	1+1+1+1+1+1+1+1+1	套	9
（6）	安全出口标志灯	1+1+1+1	套	4
2		开关插座		
（1）	照明开关［双联单控暗开关］	1+1+1+1+1+1+1+1+1+1+1+6	套	18
（2）	一般插座［单相二三眼安全型插座］	1+1+1+1+1+1+1+1+1+1+1+12	套	24
（3）	空调插座	1+1+1+1+1+1+1+1+1+1+6	套	17
（4）	电话插座［单相二三眼安全型插座］	1+1+1+1+1+1+1+1+1+1	套	11

续表

序号	项目名称	计算式	单位	数量
3		接线盒		
（1）	开关盒		个	59
（2）	接线盒		个	132
（3）	信息插座底盒（接线盒）		个	11

表1.15　定额工程量汇总表

专业工程名称：某办公楼电气照明工程

序号	项目名称	单位	数量
1	电缆沟	m³	3.13
2	电缆沟铺砂盖保护板板	m	7.83
3	电缆敷设	m	16.74（五芯电力电缆敷设子目乘以系数1.3）
4	电缆终端头	个	2
5	电缆保护管	m	10.83
6	照明配电箱安装［800×1000×300］	台	1
7	照明配电箱安装［600×500×300］	台	11
8	电话配电箱［450×250×100］	台	1
9	电线管 KBG16	m	455.52
10	电线管 KBG20	m	252.65
11	电线管 KBG25	m	39.51
12	电线管 KBG40	m	153.17
13	管内穿线 ZRBV2.5	m	1532.51
14	管内穿线 ZRBV4	m	483.73
15	管内穿线 ZRBV6	m	125.13
16	管内穿线 ZRBV16	m	906.35
17	普通吸顶灯	套	23
18	防水吸顶灯	套	7
19	应急灯	套	8
20	格栅式双管荧光灯	套	63
21	格栅式三管荧光灯	套	9
22	安全出口标志灯	套	4
23	照明开关［双联单控暗开关］	套	18

续表

序号	项目名称	单位	数量
24	一般插座［单相二、三眼安全型插座］	套	24
25	空调插座	套	17
26	电话插座［单相二、三眼安全型插座］	套	11
27	接线盒		
（1）	开关盒	个	59
（2）	接线盒	个	132
（3）	信息插座底盒（接线盒）	个	11

5．定额计价

本项目取费依据 2016 年版《天津市安装工程预算基价》通用册《费用组成、措施项目及计算方法》，下面对部分费用进行简要介绍。

（1）施工措施项目费

施工措施项目费包括安全文明施工措施费（含环境保护、文明施工、安全施工、临时设施）、冬季施工增加费、夜间施工增加费、非夜间施工照明费、竣工验收存档资料编制费、大型机械设备进出场及安拆费、已完工程设备保护措施费等 7 项。

1）安全文明施工措施费（含环境保护、文明施工、安全施工、临时设施）是指现场文明施工、安全施工所需要的各项费用和为达到环保部门要求所需要的环境保护费用以及施工企业为进行建筑安装工程施工所必须搭设的生活和生产用的临时建筑物、构筑物和其他临时设施等的费用。

安全文明施工措施费 = 计算基数 ×1.28%

计算基数为分部分项工程费中的人工费、材料费、机械费合计，其中人工费占 17%。

2）冬季施工增加费是指在冬期施工需增加的临时设施、防滑、排除雨雪、人工及机械效率降低等费用。

冬季施工增加费 = 计算基数 ×0.61%

计算基数为分部分项工程费中的人工费、材料费、机械费及可以计量的措施项目中的人工费、材料费、机械费合计，其中人工费占 62%。

3）夜间施工增加费是指因夜间施工所发生的夜班补助费、夜间施工降效、夜间施工照明设备摊销及照明用电等费用。

夜间施工增加费 = ［（工期定额工期 – 合同工期）/ 工期定额工期］
× 工日合计 × 每工日夜间施工增加费

工日合计为分部分项工程费中的工日及可以计量的措施项目费中的工日合计。每工日夜间施工增加费按 41.16 元计算，其中人工费占 94%。

4）非夜间施工照明费是指为保证工程施工正常运行，在地下室等特殊施工部位施工时所采用的照明设备的安拆、维护、摊销及照明用电等费用。

$$非夜间施工照明费 = 封闭作业工日之和 \times 80\% \times 18.46 元 / 工日$$

本项费用中人工费占 86%。

5）竣工验收存档资料编制费是指按城建档案管理规定，在竣工验收后，应提交的档案资料所发生的编制费用。

$$竣工验收存档资料编制费 = 计算基数 \times 0.1\%$$

计算基数为分部分项工程费中的人工费、材料费、机械费及可以计量的措施项目中的人工费、材料费、机械费合计。

6）大型机械设备进出场及安拆费是指机械整体或分体自停放场地至施工现场或由一个施工地点运至另一个施工地点，所发生的机械进出场运输、转移费用和机械在施工现场进行安装、拆卸所需要的人工费、材料费、机械费、试运转费及安装所需要的辅助设施的费用。

7）已完工程设备保护措施费是指竣工验收前对已完工程的设备进行保护所需要的费用。

已完工程设备保护措施费按被保护设备价值的 1% 计取。

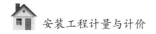

任务训练 5

1）根据所列出的分部分项工程项目及所计算出的工程量，查找《电气设备安装工程定额基价表》（附录 5），套取定额基价，并填写在学生训练手册中（附录 6）。

2）查找信息价格，填写主要材料费用表。

3）计算脚手架措施费、安全文明施工措施费、竣工验收存档资料编制费，填写措施项目计算表。

（2）企业管理费

企业管理费是指施工企业组织施工生产和经营管理所需的费用。

企业管理费包括内容如下。

1）管理人员工资：是指按工资总额构成规定，支付给管理人员和后勤人员的各项费用。

2）办公费：是指企业管理办公用的文具、纸张、账表、印刷、邮电、书报、办公软件、现场监控、会议、水电、烧水和集体取暖降温（包括现场临时宿舍取暖降温）等费用。

3）差旅交通费：是指职工因公出差、调动工作的差旅费、住勤补助费，市内交通费和误餐补助费，职工探亲路费，劳动力招募费，职工退休、退职一次性路费，工伤人员就医路费，工地转移费以及管理部门使用的交通工具的油料费、燃料费、养路费及牌照费。

4）固定资产使用费：是指管理和试验部门及附属生产单位使用的属于固定资产的房屋、设备、仪器等的折旧、大修、维修或租赁费。

5）工具用具使用费：是指企业施工生产和管理使用的不属于固定资产的生产工具、器具、家具、交通工具和检验、试验、测绘、消防用具等的购置、维修和摊销费。

6）劳动保险和职工福利费：是指由企业支付的职工退职金、按规定支付给离休干部的经费、集体福利费、夏季防暑降温补贴、冬季取暖补贴、上下班交通补贴等。

7）劳动保护费：是企业按规定发放的劳动保护用品的支出，如工作服、手套、防暑降温饮料以及在有碍身体健康的环境中施工的保健费用等。

8）检验试验费：是指施工企业按照有关标准规定，对建筑及材料、构件和建筑安装物进行一般鉴定、检查所发生的费用，包括自设试验室进行试验所耗用的材料等费用。检验试验费不包括新结构、新材料的试验费，对构件做破坏性试验及其他特殊要求检验试验的费用和建设单位委托检测机构进行检测的费用，对此类检测发生的费用，由建设单位在工程建设其他费用中列支。但对施工企业提供的具有合格证明的材料进行检验不合格的，该检测费用由施工企业进行支付。

9）工会经费：是指企业按《工会法》规定的全部职工工资总额比例计提的工会经费。

10）职工教育经费：是指按职工工资总额的规定比例计提，企业对职工进行专业技术和职业技能培训，专业技术人员继续教育、职工职业技能鉴定、职业资格认定、安全教育培训以及根据需要对职工进行各类文化教育所发生的费用。

11）财产保险费：是指施工管理用财产、车辆等的保险费用。

12）财务费：是指企业为施工生产筹集资金或提供预约款担保、履约担保、职工工资支付担保等所发生的各种费用。

13）税金：是指企业按规定缴纳的城市维护建设税、教育费附加、地方教育附加、防洪工程维护费、房产税、车船使用税、土地使用税、印花税等。

14）其他：包括技术转让费、技术开发费、工程定位复测费、投标费、业务招待费、绿化费、广告费、公证费、法律顾问费、审计费、咨询费、保险费等。

企业管理费的各项费用组成的划分比例见表 1.16，供施工企业内部核算参考。

表 1.16　企业管理费费用组成表

序号	项目	比例 /%	序号	项目	比例 /%
1	管理人员工资	25.92	9	工会经费	9.18
2	办公费	8.33	10	职工教育经费	6.89
3	差旅交通费	3.33	11	财产保险费	0.43
4	固定资产使用费	4.81	12	财务费	10.00
5	工具用具使用费	0.99	13	税金	9.92
6	劳动保险和职工福利费	11.41	14	其他	4.90
7	劳动保护费	2.44		合计	100
8	检验试验费	1.45			

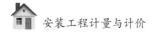

（3）规费

规费是指按照国家法律、法规规定，由政府和有关部门规定必须缴纳或计取的费用。

$$规费 = 人工费合计 \times 44.21\%$$

规费包括以下内容。

1）社会保险费。

①养老保险费：是指企业按规定标准为职工缴纳的基本养老保险费。

②失业保险费：是指企业按照规定标准为职工缴纳的失业保险费。

③医疗保险费：是指企业按照规定标准为职工缴纳的基本医疗保险费。

④工伤保险费：是指企业按照规定标准为职工缴纳的工伤保险费。

⑤生育保险费：是指企业按照规定标准为职工缴纳的生育保险费。

2）住房公积金。

住房公积金是指企业按规定标准为职工缴纳的住房公积金。

规费的各项费用组成的划分比例见表1.17，供施工企业内部核算参考。

表 1.17　规费费用组成表

序号	项目		比例
1	社会保障费	养老保险	44.65%
		失业保险	4.45%
		医疗保险	22.33%
		工伤保险	2.24%
		生育保险	1.79%
2	住房公积金		25.54%
	合计		100.00%

【知识拓展】

2019年，国家对社会保险进行了改革，国务院办公厅于2019年4月1日印发了《国务院办公厅关于印发降低社会保险费率综合方案的通知》（国办发〔2019〕13号）。同学们课后可以通过网络自行查看全文。工程造价非常注重时效性，需要根据国家政策的调整、改革做出及时的改变。因此，工程造价专业的学生需要持之以恒地学习，需要及时掌握国家、行业方面的新政策、规范等，与时俱进。

（4）利润

利润是指施工企业完成所承包工程获得的盈利。

$$利润 = 人工费合计 \times 20.71\%$$

其中，

$$施工装备费费率 = 人工费合计 \times 9.11\%$$

（5）税金

税金是指国家税法规定的应计入安装工程造价内的增值税。适用简易计税方法计取增值税的安装工程，增值税征收率为 3%。

$$税金 = 税前总价 \times 3\%$$

（6）安装工程施工图预算计算程序

安装工程施工图预算应按表 1.18 计算各项费用。

表 1.18　施工图预（结）算计价汇总表

专业工程名称：

序号	费用项目名称	计算公式	金额 / 元
1	分部分项工程项目预（结）算计价合计	$\sum$（工程量 × 编制期预算基价）	
2	其中：人工费	$\sum$（工程量 × 编制期预算基价中人工费）	
3	措施项目（一）预（结）算计价合计	$\sum$ 措施项目（一）金额	
4	其中：人工费	$\sum$ 措施项目（一）金额中人工费	
5	措施项目（二）预（结）算计价合计	$\sum$（工程量 × 编制期预算基价）	
6	其中：人工费	$\sum$（工程量 × 编制期预算基价中人工费）	
7	规费	［（2）+（4）+（6）］× 相应费率	
8	利润	按各专业预算基价规定执行	
9	其中：施工装备费	按各专业预算基价规定执行	
10	税金	［（1）+（3）+（5）+（7）+（8）］× 征收率或税率	
11	含税总计	（1）+（3）+（5）+（7）+（8）+（10）	

计算本项目（附录 1）含税造价，填写工程费用汇总表。

【定额计价示例】

本项目（附录 1）主要材料费用计算表、分部分项工程计价表（预算子目）、措施项目（一）预（结）算计价表、施工图预（结）算汇总表分别见表 1.19～表 1.22。

表1.19 主要材料费用计算表（参照表1.14）

专业工程名称：某办公楼电气照明工程

序号	材料与规格	单位	数量	单价/元	金额/元
1	交联聚乙烯绝缘电缆	m	16.74×1.01=16.91	321.99	5444.85
2	电缆终端头	个	2×1.02=2.04	160	326.40
3	电缆保护管	m	10.83×1.03≈11.16	75.36	841.02
4	照明配电箱安装［800×1000×300］	台	1	670	670.00
5	照明配电箱安装［600×500×300］	台	11	500	5500.00
6	电话配电箱［450×250×100］	台	1	300	300.00
7	电线管 KBG16	m	455.52×1.03=469.19	5.66	2655.62
8	电线管 KBG20	m	252.65×1.03=260.23	7.19	1871.05
9	电线管 KBG25	m	39.51×1.03=40.7	12.02	489.21
10	电线管 KBG40	m	153.17×1.03=157.77	17.13	2702.60
11	管内穿线 ZRBV2.5	m	1532.51×1.16=1777.71	2.15	3822.08
12	管内穿线 ZRBV4	m	483.73×1.1=532.10	3.23	1718.68
13	管内穿线 ZRBV6	m	125.13×1.05=131.39	4.8	630.67
14	管内穿线 ZRBV16	m	906.35×1.05=951.67	13.1	12466.88
15	普通吸顶灯	套	23×1.01=23.23	61	1417.03
16	防水吸顶灯	套	7×1.01=7.07	78	551.46
17	应急灯	套	8×1.01=8.08	227.5	1838.20
18	格栅式双管荧光灯	套	63×1.01=63.63	350	22270.50
19	格栅式三管荧光灯	套	9×1.01=9.09	559	5081.31
20	安全出口标志灯	套	4×1.01=4.04	253	1022.12
21	照明开关［双联单控暗开关］	套	18×1.02=18.36	23.2	425.95
22	一般插座［单相二三眼安全型插座］	套	24×1.02=24.48	12	293.76
23	空调插座［三孔］	套	17×1.02=17.34	11.5	199.41
24	电话插座	套	11×1.02=11.22	38.61	433.20
25	开关盒	个	59×1.02=60.18	4	240.72
26	接线盒	个	132×1.02=134.64	4	538.56
27	信息插座底盒（接线盒）	个	11×1.01=11.11	4	44.44

表1.20 分部分项工程计价表（预算子目）（参照表1.14）

专业工程名称：某办公楼电气照明工程

金额单位：元

序号	定额编号	项目名称	工程量		工程造价	未计价材料费		总价分析							
			单位	数量	合价	单价	合价	人工费		材料费		机械费		管理费	
								单价	合价	单价	合价	单价	合价	单价	合价
1	2-664	电缆沟挖填（一般土沟）	m³	3.13	162.85			49.92	156.25	0	0	0	0	2.11	6.60
2	2-674	电缆沟铺砂盖保护板	100m	0.0783	236.47			600	46.98	2394.61	187.50	0	0	25.41	1.99
3	2-538	铜芯电力电缆敷设（截面积120mm²以内）	100m	0.1674	5856.74		5444.85	1431.71	311.57（乘以系数1.3）	162.32	35.32（乘以系数1.3）	64.92	14.13（乘以系数1.3）	233.73	50.86（乘以系数1.3）
		铜芯电力电缆	m	16.74		321.99	5444.85								
4	2-765	10kV以内室内电缆终端头安装（120mm²以内）	个	2	662.46	160	326.40	103.96	207.92	47.1	94.20	0	0	16.97	33.94
		成套型电缆终端头	个	2.04		160	326.40								
5	2-570	电缆保护管地下敷设钢管直径150mm	10m	1.083	1007.4	75.36	841.02	89.27	96.68	34.33	37.18	15.46	16.74	14.57	15.78
		钢管	m	11.16		75.36	841.02								
6	2-265	成套配电箱安装 悬挂嵌入式（半周长2.5m）	台	1	935.94	670	670.00	179.67	179.67	50.4	50.40	6.54	6.54	29.33	29.33
		成套配电箱[800×1000×300]	台	1		670	670.00								
7	2-264	成套配电箱安装 悬挂嵌入式（半周长1.5m）	台	11	7830.79	500	5500.00	149.16	1640.76	38.38	422.18	0	0.00	24.35	267.85
		成套配电箱[600×500×300]	台	11		500	5500.00								
8	2-263	成套配电箱安装 悬挂嵌入式（半周长1.0m）	台	1	470.54	300	300.00	115.26	115.26	36.46	36.46	0	0.00	18.82	18.82

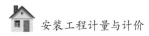

续表

序号	定额编号	项目名称	单位	数量	工程造价 合价	未计价材料费 单价	未计价材料费 合价	人工费 单价	人工费 合价	材料费 单价	材料费 合价	机械费 单价	机械费 合价	管理费 单价	管理费 合价
9		成套配电箱［450×250×100］	台	1		300	300.00								
	2-1086	电线管敷设砼、混凝土结构暗配（DN20）	100m	7.2942	9499.93		4526.67	384.2	2802.43	234.89	1713.33	0	0.00	62.72	457.49
		KBG电线管（DN16）	m	469.19		5.66	2655.62								
		KBG电线管（DN20）	m	260.23		7.19	1871.05								
10	2-1087	电线管敷设砼、混凝土结构暗配（DN25）	100m	0.3951	823.63	12.02	489.21	549.18	216.98	207.59	82.02	0	0.00	89.66	35.42
		KBG电线管（DN25）	m	40.7		12.02	489.21								
11	2-1089	电线管敷设砼、混凝土结构暗配（DN40）	100m	1.5317	4467.06	17.13	2702.6	759.36	1163.11	268.63	411.46	0	0.00	123.97	189.88
		KBG电线管（DN40）	m	157.77		17.13	2702.6								
12	2-1281	管内穿线照明线路（铜芯2.5mm²以内）	100m	15.3251	5799.63	2.15	3818.94	91.53	1402.71	22.57	354.89	0	0.00	14.94	228.96
		ZRBV2.5	m	1777.71		2.15	3822.08								
13	2-1282	管内穿线照明线路（铜芯4mm²以内）	100m	4.8373	2170.63	3.23	1718.68	61.02	295.17	22.45	108.60	0	0.00	9.96	48.18
		ZRBV4	m	532.1		3.23	1718.68								

续表

序号	定额编号	项目名称	工程量		工程造价	未计价材料费		总价分析								
								人工费		材料费		机械费		管理费	
			单位	数量	合价	单价	合价	单价	合价	单价	合价	单价	合价	单价	合价
14	2-1285	管内穿线动力线路（铜芯6mm²以内）	100m	1.2513	741.95	4.8	630.67	71.19	89.08	6.12	7.66	0	0.00	11.62	14.54
		ZRBV6	m	131.39		4.8	630.67								
15	2-1287	管内穿线动力线路（铜芯16mm²以内）	100m	9.0635	13505.65	13.1	12466.88	91.53	829.58	8.14	73.78	0	0.00	14.94	135.41
		ZRBV16	m	951.67		13.1	12466.88								
16	2-1503	吸顶灯	10套	2.3	2308.65	61	1417.03	155.94	358.66	206.26	474.40	0	0.00	25.46	58.56
		吸顶灯	套	23.23		61	1417.03								
17	2-1518	防水防尘灯（吸顶式）	10套	0.7	837.35	78	551.46	216.96	151.87	156.04	109.23	0	0.00	35.42	24.79
		防水吸顶灯	套	7.07		78	551.46								
18	2-1684	标志、诱导装饰灯安装（墙壁式）	10套	0.8	2066.74	227.5	1838.20	187.58	150.06	67.48	53.98	0	0.00	30.62	24.50
		应急灯	套	8.08		227.5	1838.20								
19	2-1685	标志、诱导装饰灯安装（嵌入式）	10套	0.4	1140.68	253	1022.12	218. 09	87.24	42.71	17.08	0	0.00	35.60	14.24
		安全出口标志灯	套	4.04		253	1022.12								
20	2-1727	成套荧光灯安装（吸顶式双管）	10套	6.3	26167.88	350	22270.50	435.05	2740.82	112.56	709.13	0	0.00	71.02	447.43
		双管荧光灯	套	63.63		350	22270.50								
21	2-1728	成套荧光灯安装（吸顶式三管）	10套	0.9	5782.12	559	5081.31	536.75	483.08	154.29	138.86	0	0.00	87.63	78.87
		三管荧光灯	套	9.09		559	5081.31								

续表

序号	定额编号	项目名称	工程量		工程造价	未计价材料费		总价分析								
								人工费		材料费		机械费		管理费	
			单位	数量	合价	单价	合价	单价	合价	单价	合价	单价	合价	单价	合价
22	2-1762	扳式暗开关（单控双联）	10套	1.8	644.28	23.2	425.95	100.57	181.03	4.3	7.74	0	0.00	16.42	29.56
		照明开关	套	18.36		23.2	425.95								
23	2-1782	单相暗插座15A（5孔）	10套	2.4	696.6	12	293.76	124.3	298.32	23.26	55.82		0.00	20.29	48.70
		一般插座	套	24.48		12	293.76								
24	2-1806	单相暗插座30A（3孔）	10套	1.7	456.21	11.5	199.41	122.04	207.47	9.1	15.47		0.00	19.92	33.86
		空调插座	套	17.34		11.5	199.41								
25	12-120	电话出线口（插座型单联）	个	11	496.34	38.61	433.20	4.52	49.72	0.48	5.28		0.00	0.74	8.14
		电话插座	个	11.22		38.61	433.20								
26	2-1496	接线盒（暗装）	10个	13.2	1256.38	4	538.56	35.03	462.40	13.63	179.92		0.00	5.72	75.50
		接线盒	个	134.64		4	538.56								
27	2-1497	开关盒（暗装）	10个	5.9	533.89	4	240.72	37.29	220.01	6.31	37.23		0.00	6.09	35.93
		开关盒	个	60.18		4	240.72								
28	12-4	信息插座底盒（接线盒）	个	11	246.84	4	44.44	15.82	174.02		0.00		0.00	2.58	28.38
		信息插座底盒	个	11.11		4	44.44								
		合计			96805.62		73795.72		15118.85		5410.12		37.41		2443.52

注："合价"数据存在在误差，是保留两位小数导致的。

表 1.21　措施项目（一）预（结）算计价表

专业工程名称：某办公楼电气照明工程　　　　　　　　　　　　　　　　　　　年　月　日

序号	项目名称	计算基础	费率 /%	金额 / 元	其中：人工费 / 元
1	脚手架措施费	人工费	4	604.75	211.66
2	安全文明施工措施费	人工费 + 材料费 + 机械费	1.28	1207.83	205.33
3	竣工验收存档资料编制费	分部分项工程费中的人、材、机 + 可计量的措施项目中的人、材、机	0.1%	94.57	
本页小计				1907.16	417.00
本表合计［结转至施工图预（结）算计价汇总表］				1907.16	417.00

注：企业管理费按该项措施费中所含人工费的 16.33% 计取。据此确定竣工验收存档资料编制费。

表 1.22　施工图预（结）算汇总表

专业工程名称：某办公楼电气照明工程　　　　　　　　　　　　　　　　　　　年　月　日

序号	费用名称	计算公式	费率 /%	金额 / 元
1	分部分项工程项目预（结）算计价合计	$\sum$（工程量 × 编制期预算基价）		96805.62
2	其中：人工费	$\sum$（工程量 × 编制期预算基价中人工费）		15118.85
3	措施项目（一）预（结）算计价合计	$\sum$ 措施项目（一）金额		1907.16
4	其中：人工费	$\sum$ 措施项目（一）金额中人工费		417.00
5	措施项目（二）预（结）算计价合计	$\sum$（工程量 × 编制期预算基价）		
6	其中：人工费	$\sum$（工程量 × 编制期预算基价中人工费）		
7	规费	［（2）+（4）+（6）］× 相应费率	44.21%	6868.40
8	利润	［（2）+（4）+（6）］× 相应利润率	20.71%	3217.47
9	其中：施工装备费	［（2）+（4）+（6）］× 相应施工装备费率	9.11%	1415.32
10	税金	［（1）+（3）+（5）+（7）+（8）］× 征收率或税率	3%（简易计税方法计取增值税）	3263.96
11	含税造价	（1）+（3）+（5）+（7）+（8）+（10）		112062.61

任务1.4 建筑电气工程清单计量与计价

1.4.1 清单内容设置

建筑电气安装工程清单工程量计算规则应以《通用安装工程工程量计算规范》（GB 50856—2013）附录D "电气设备安装工程"及相关内容为依据，该附录包括：

1）变压器安装；

2）配电装置安装；

3）母线安装；

4）控制设备及低压电器安装；

5）蓄电池安装；

6）电机检查接线及调试；

7）滑触线装置安装；

8）电缆安装；

9）防雷及接地装置；

10）10kV以下架空配电线路；

11）配管、配线；

12）照明器具安装；

13）附属工程；

14）电气调整试验；

15）相关问题及说明。

1.4.2 清单项目工程量计算方法

清单项目工程量的计算方法与定额计价基本一致，只是在清单计价模式下，需按照规范中规定的工程量计算规则进行计算。与定额工程量计算规则不同的是，除另有说明外，所有清单项目的工程量应以实体工程量为准，并以完成后的净值计算；投标人投标报价时，应在单价中考虑施工中的各种损耗和需要增加的工程量。

1.4.3 清单项目工程量计算规则

根据《通用安装工程工程量计算规范》（GB 50856—2013）的相关规定，"电气设备安装工程"适用于10kV以下变配电设备及线路的安装工程、车间动力电气设备及电气照明、防雷及接地装置安装、配管配线、电气调试等。

因在电气设备安装工程中，清单计价模式下的工程量计算方法与定额计价模式下的工程量计算方法类似，因此，本节不再对计算规则详细展开说明，只选取部分计算规则进行介绍。

1．电缆安装

根据《通用安装工程工程量计量规范》(GB 50856—2013)的规定，电缆应按设计要求、规范、施工工艺规程规定的预留量及附加长度计入工程量。

电缆的工程量计算规则见表 1.23。

表 1.23　电缆安装（编码：030408）

项目编码	项目名称	项目特征	计量单位	工程量计算规则	工作内容
030408001	电力电缆	1. 名称 2. 型号 3. 规格 4. 材质 5. 敷设方式、部位 6. 电压等级 7. 地形	m	按设计图示尺寸以长度计算（含预留长度及附加长度）	1. 电缆敷设 2. 揭（盖）盖板
030408002	控制电缆				
030408003	电缆保护管	1. 名称 2. 材质 3. 规格 4. 敷设方式			保护管敷设
030408004	电缆槽盒	1. 名称 2. 材质 3. 规格 4. 型号			槽盒安装
030408005	铺砂、盖保护板（砖）	1. 种类 2. 规格			1. 铺砂 2. 盖板（砖）
030408006	电力电缆头	1. 名称 2. 型号 3. 规格 4. 材质、类型 5. 安装部位 6. 电压等级（kV）	个	按设计图示数量计算	1. 电力电缆头制作 2. 电力电缆安装 3. 接地
030408007	控制电缆头	1. 名称 2. 型号 3. 规格 4. 材质、类型 5. 安装方式			
030408008	防火堵洞		处	按设计图示数量计算	安装
030408009	防火隔板	1. 名称 2. 材质 3. 方式 4. 部位	m^2	按设计图示尺寸以面积计算	
030408010	防火涂料		kg	按设计图示尺寸以质量计算	
030408011	电缆分支箱	1. 名称 2. 型号 3. 规格 4. 基础形式、材质、规格	台	按设计图示数量计算	1. 本体安装 2. 基础制作、安装

注：电缆敷设预留及附加长度见表 1.24。

表 1.24　电缆敷设预留及附加长度　　　　　　　　单位：m/ 根

序号	项目	预留长度	说明
1	电缆敷设弛度、波形弯度、交叉	2.5%	按电缆全长计算
2	电缆进入建筑物	2.0	规范规定最小值
3	电缆进入沟内或吊架时引上（下）预留	1.5	规范规定最小值
4	变电所进线、出线	1.5	规范规定最小值
5	电力电缆终端头	1.5	检修余量最小值
6	电缆中间接头盒	两端各留 2.0	检修余量最小值
7	电缆进控制、保护屏及模拟盘、配电箱等	高 + 宽	按盘面尺寸
8	高压开关柜及低压配电盘、箱	2.0	盘下进出线
9	电缆至电动机	0.5	从电动机接线盒起算
10	厂用变压器	3.0	从地坪起算
11	电梯电缆与电缆架固定点	每处 0.5	规范规定最小值
12	电缆绕过梁柱等增加长度	按实计算	按被绕物的断面情况计算增加长度

2．配管、配线

根据《通用安装工程工程量计算规范》（GB 50856—2013）的规定，电线、电缆、母线均应按设计要求、规范、施工工艺规程规定的预留量及附加长度计入工程量。

配管、配线的工程量计算规则见表 1.25。

表 1.25　配管、配线（编码：030411）

项目编码	项目名称	项目特征	计量单位	工程量计算规则	工作内容
030411001	配管	1. 名称 2. 材质 3. 规格 4. 配置形式 5. 接地要求 6. 钢索材质、规格			1. 电线管路敷设 2. 钢索架设（拉紧装置安装） 3. 预留沟槽 4. 接地
030411002	线槽	1. 名称 2. 材质 3. 规格	m	按设计图示尺寸以长度计算	1. 本体安装 2. 补刷（喷）油漆
030411003	桥架	1. 名称 2. 型号 3. 规格 4. 材质 5. 类型 6. 接地			1. 本体安装 2. 接地

续表

项目编码	项目名称	项目特征	计量单位	工程量计算规则	工作内容
030411004	配线	1. 名称 2. 配线形式 3. 型号 4. 规格 5. 材质 6. 配线部位 7. 配线线制 8. 钢索材质、规格	m	按设计图示尺寸以单线长度计算	1. 配线 2. 钢索架设（拉紧装置安装） 3. 支持体（夹板、绝缘子、槽板等）安装
030411005	接线箱	1. 名称 2. 材质 3. 规格 4. 安装形式	个	按设计图示数量计算	本体安装
030411006	接线盒				

注：1. 配管、线槽安装不扣除管路中间的接线箱（盒）、灯头盒、开关盒所占长度。

2. 配管名称指电线管、钢管、防爆管、塑料管、软管、波纹管等。

3. 配管配置形式指明、暗配，吊顶内，钢结构支架，钢索配管，埋地敷设，水下敷设，砌筑沟内敷设等。

4. 配线名称指管内穿线、瓷夹板配线、塑料夹板配线、绝缘子配线、槽板配线、塑料护套配线、线槽配线、车间带形母线等。

5. 配线形式指照明线路、动力线路、木结构、顶棚内、砖、混凝土结构、沿支架、钢索、屋架、梁、柱、墙、跨屋架、梁、柱。

6. 配线保护管遇到下列情况之一时，应增设管路接线盒和拉线盒：①管长度每超过30m，无弯曲；②管长度每超过20m，有1个弯曲；③管长度每超过15m，有2个弯曲；④管长度每超过8m，有3个弯曲。垂直敷设的电线保护管遇到下列情况之一时，应增设固定导线用的拉线盒：①管内导线截面为50mm²及以下，长度每超过30m；②管内导线截面为70～95mm²，长度每超过20m；③管内导线截面为120～240mm²，长度每超过18m。在配管清单项目计量时，设计无要求时上述规定可以作为计量接线盒、拉线盒的依据。

7. 配管安装中不包括凿槽、刨沟的工作内容，应按本附录 D.13 相关项目编码列项。

8. 配线进入箱、柜、板的预留长度见表1.26。

表 1.26　配线进入箱、柜、板的预留长度　　　　单位：m/根

序号	项目	预留长度	说明
1	各种箱、柜、盘、板	高 + 宽	按盘面尺寸
2	单独安装（无箱、盘）的铁壳开关、刀开关、启动器、线槽进出线盒等	0.3	从安装对象中心起算
3	由地面管子出口引至动力接线箱	1.0	从管口计算
4	电源与管内导线连接（管内穿线与软、硬母线接点）	1.5	从管口计算
5	出户线	1.5	从管口计算

3. 照明器具

照明器具安装的工程量计算规则见表1.27。

表 1.27　照明器具安装（编码：030412）

项目编码	项目名称	项目特征	计量单位	工程量计算规则	工作内容
030412001	普通灯具	1. 名称 2. 型号 3. 规格 4. 类型	套	按设计图示数量计算	本体安装
030412002	工厂灯	1. 名称 2. 型号 3. 规格 4. 安装形式			
030412003	高度标志（障碍）灯	1. 名称 2. 型号 3. 规格 4. 安装部位 5. 安装高度			
030412004	装饰灯	1. 名称 2. 型号 3. 规格 4. 安装形式			
030412005	荧光灯				
030412006	医疗专用灯	1. 名称 2. 型号 3. 规格			
030412007	一般路灯	1. 名称 2. 型号 3. 规格 4. 灯杆材质、规格 5. 灯架形式及臂长 6. 附件配置要求 7. 灯杆形式（单、双） 8. 基础形式、砂浆配合比 9. 杆座材质、规格 10. 接线端子材质、规格 11. 编号 12. 接地要求			1. 基础制作、安装 2. 立灯杆 3. 杆座安装 4. 灯架及灯具附件安装 5. 焊、压接线端子 6. 补刷（喷）油漆 7. 灯杆编号 8. 接地
030412008	中杆灯	1. 名称 2. 灯杆的材质及高度 3. 灯架的型号、规格 4. 附件配置 5. 光源数量 6. 基础形式、浇筑材质 7. 杆座材质、规格 8. 接线端子材质、规格 9. 铁构件规格 10. 编号 11. 灌浆配合比 12. 接地要求			1. 基础浇筑 2. 立灯杆 3. 杆座安装 4. 灯架及灯具附件安装 5. 焊、压接线端子 6. 铁构件安装 7. 补刷（喷）油漆 8. 灯杆编号 9. 接地

续表

项目编码	项目名称	项目特征	计量单位	工程量计算规则	工作内容
030412009	高杆灯	1. 名称 2. 灯杆高度 3. 灯架形式（成套或组装、固定或升降） 4. 附件配置 5. 光源数量 6. 基础形式、浇筑材质 7. 杆座材质、规格 8. 接线端子材质、规格 9. 铁构件规格 10. 编号 11. 灌浆配合比 12. 接地要求	套	按设计图示数量计算	1. 基础浇筑 2. 立杆 3. 杆座安装 4. 灯架及灯具附件安装 5. 焊、压接线端子 6. 铁构件安装 7. 补刷（喷）油漆 8. 灯杆编号 9. 升降机构接线调试 10. 接地
030412010	桥栏杆灯	1. 名称 2. 型号 3. 规格 4. 安装形式			1. 灯具安装 2. 补刷（喷）油漆
030412011	地道涵洞灯				

注：1. 普通灯具包括圆球吸顶灯、半圆球吸顶灯、方形吸顶灯、软线吊灯、座灯头、吊链灯、防水吊灯、壁灯等。

2. 工厂灯包括工厂罩灯、防水灯、防尘灯、碘钨灯、投光灯、泛光灯、混光灯、密闭灯等。

3. 高度标志（障碍）灯包括烟囱标志灯、高塔标志灯、高层建筑屋顶障碍指示灯等。

4. 装饰灯包括吊式艺术装饰灯、吸顶式艺术装饰灯、荧光艺术装饰灯、几何型组合艺术装饰灯、标志灯、诱导装饰灯、水下（上）艺术装饰灯、点光源艺术灯、歌舞厅灯具、草坪灯具等。

5. 医疗专用灯包括病房指示灯、病房暗脚灯、紫外线杀菌灯、无影灯等。

6. 中杆灯是指安装在高度不大于 19m 的灯杆上的照明器具。

7. 高杆灯是指安装在高度大于 19m 的灯杆上的照明器具。

4. 控制设备与低压电器

控制设备与低压电器安装的工程量计算规则见表 1.28。

表 1.28　控制设备与低压电器安装（部分）

项目编码	项目名称	项目特征	计量单位	工程量计算规则	工作内容
030404001	控制屏	1. 名称 2. 型号 3. 规格 4. 种类 5. 基础型钢形式、规格 6. 接线端子材质、规格 7. 端子板外部接线材质、规格 8. 小母线材质、规格 9. 屏边规格	台	按设计图示数量计算	1. 本体安装 2. 基础型钢制作、安装 3. 端子板安装 4. 焊、压接线端子 5. 盘柜配线、端子接线 6. 小母线安装 7. 屏边安装 8. 补刷（喷）油漆 9. 接地
030404002	继电、信号屏				
030404003	模拟屏				

续表

项目编码	项目名称	项目特征	计量单位	工程量计算规则	工作内容
030404004	低压开关柜（屏）	1. 名称 2. 型号 3. 规格 4. 种类 5. 基础型钢形式、规格 6. 接线端子材质、规格 7. 端子板外部接线材质、规格 8. 小母线材质、规格 9. 屏边规格	台	按设计图示数量计算	1. 本体安装 2. 基础型钢制作、安装 3. 端子板安装 4. 焊、压接线端子 5. 盘柜配线、端子接线 6. 屏边安装 7. 补刷（喷）油漆 8. 接地
030404005	弱电控制返回屏				1. 本体安装 2. 基础型钢制作、安装 3. 端子板安装 4. 焊、压接线端子 5. 盘柜配线、端子接线 6. 小母线安装 7. 屏边安装 8. 补刷（喷）油漆 9. 接地
030404006	箱式配电室	1. 名称 2. 型号 3. 规格 4. 质量 5. 基础规格、浇筑材质 6. 基础型钢形式、规格	套	按设计图示数量计算	1. 本体安装 2. 基础型钢制作、安装 3. 基础浇筑 4. 补刷（喷）油漆 5. 接地
030404007	硅整流柜	1. 名称 2. 型号 3. 规格 4. 容量（A） 5. 基础型钢形式、规格	台	按设计图示数量计算	1. 本体安装 2. 基础型钢制作、安装 3. 补刷（喷）油漆 4. 接地
030404008	晶闸管柜	1. 名称 2. 型号 3. 规格 4. 容量（kW） 5. 基础型钢形式、规格			
030404009	低压电容器柜	1. 名称 2. 型号 3. 规格 4. 基础型钢形式、规格 5. 接线端子材质、规格 6. 端子板外部接线材质、规格 7. 小母线材质、规格 8. 屏边规格			1. 本体安装 2. 基础型钢制作、安装 3. 端子板安装 4. 焊、压接线端子 5. 盘柜配线、端子接线 6. 小母线安装 7. 屏边安装 8. 补刷（喷）油漆 9. 接地
030404010	自动调节励磁屏				
030404011	励磁灭磁屏				
030404012	蓄电池屏（柜）				
030404013	直流馈电屏				
030404014	事故照明切换屏				

续表

项目编码	项目名称	项目特征	计量单位	工程量计算规则	工作内容
030404015	控制台	1. 名称 2. 型号 3. 规格 4. 基础型钢形式、规格 5. 接线端子材质、规格 6. 端子板外部接线材质、规格 7. 小母线材质、规格	台	按设计图示数量计算	1. 本体安装 2. 基础型钢制作、安装 3. 端子板安装 4. 焊、压接线端子 5. 盘柜配线、端子接线 6. 小母线安装 7. 补刷（喷）油漆 8. 接地
030404016	控制箱	1. 名称 2. 型号 3. 规格 4. 基础形式、材质、规格 5. 接线端子材质、规格 6. 端子板外部接线材质、规格 7. 安装方式	台		1. 本体安装 2. 基础型钢制作、安装 3. 焊、压接线端子 4. 端子接线 5. 补刷（喷）油漆 6. 接地
030404017	配电箱				
030404018	插座箱	1. 名称 2. 型号 3. 规格 4. 安装方式	台		本体安装
030404019	控制开关	1. 名称 2. 型号 3. 规格 4. 接线端子材质、规格 5. 额定电流（A）	个		1. 本体安装 2. 焊、压接线端子 3. 接线
030404030	分流器	1. 名称 2. 型号 3. 规格 4. 容量（A） 5. 接线端子材质、规格	个	按设计图示数量计算	1. 本体安装 2. 焊、压接线端子 3. 接线
030404031	小电器	1. 名称 2. 型号 3. 规格 4. 接线端子材质、规格	个（套、台）		
030404032	端子箱	1. 名称 2. 型号 3. 规格 4. 安装部位	台		1. 本体安装 2. 接线
030404033	风扇	1. 名称 2. 型号 3. 规格 4. 安装方式	台		1. 本体安装 2. 调速开关安装
030404034	照明开关	1. 名称 2. 材质 3. 规格 4. 安装方式	个		1. 开关安装 2. 接线

项目编码	项目名称	项目特征	计量单位	工程量计算规则	工作内容
030404035	插座	1. 名称 2. 材质 3. 规格 4. 安装方式	个	按设计图示数量计算	1. 插座安装 2. 接线
030404036	其他电器	1. 名称 2. 规格 3. 安装方式	个（套、台）		1. 安装 2. 接线

注：1. 控制开关包括自动空气开关、刀开关、铁壳开关、胶盖刀闸开关、组合控制开关、万能转换开关、风机盘管三速开关、漏电保护开关等。

2. 小电器包括按钮、电笛、电铃、水位电气信号装置、测量表计、继电器、电磁锁、屏上辅助设备、辅助电压互感器、小型安全变压器等。

3. 其他电器安装指本节末列的电器项目。

4. 其他电器必须根据电器实际名称确定项目名称，明确描述工作内容、项目特征、计量单位、计算规则。

5. 盘、箱、柜的外部进出线预留长度见表 1.29。

表 1.29 盘、箱、柜的外部进出线预留长度　　　　　　　　单位：m/ 根

序号	项目	预留长度	说明
1	各种箱、柜、盘、板、盒	高 + 宽	盘面尺寸
2	单独安装的铁壳开关、自动开关、刀开关、启动器、箱式电阻器、变阻器	0.5	从安装对象中心算起
3	继电器、控制开关、信号灯、按钮、熔断器等小电器	0.3	从安装对象中心算起
4	分支接头	0.2	分支线预留

任务训练 7

1）在定额计价的基础上，进行分部分项工程量清单综合单价分析，并填写"分部分项工程量清单综合单价分析表"。

2）填写"分部分项工程量清单与计价表"。

3）填写"措施项目清单与计价表"。

4）填写"工程量清单计价汇总表"（附录7）。

【清单计价示例】

在定额计价的基础上，按照《通用安装工程工程量计算规范》（GB 50856—2013）的相关规定，进行综合单价分析。本书所给出的"综合单价分析表"为教学版，本着节能环保、便于教学的目的进行了重现编排，同学们可据此表进行学习、训练。

本项目（附录 1）分部分项工程项目清单综合单价分析表、分部分项工程项目清单计价表、措施项目（一）清单计价表、工程量清单计价汇总表见表 1.30 ～表 1.33。

表 1.30　分部分项工程项目清单综合单价分析表

专业工程名称：某办公楼电气照明工程

金额单位：元

序号	项目编码	项目名称	计量单位	工程量		合计	人工费	材料费	机械费	其中 管理费	规费	利润	未计价材料费
1	010101007001	管沟土方	m³	3.13	单价	84.44	49.92	0	0	2.11	22.07	10.34	
					合价	264.29	156.25	0	0	6.6	69.08	32.36	
	2-664	电缆沟挖填（一般土沟）	m³	3.13	单价	84.44	49.92	0	0	2.11	22.07	10.34	
					合价	264.29	156.25	0	0	6.6	69.08	32.36	
2	030408005001	铺砂、盖保护板（砖）	m	7.83	单价	34.1	6	23.95	0	0.25	2.65	1.24	
					合价	266.97	46.98	187.5	0	1.99	20.77	9.73	
	2-674	电缆沟铺砂盖保护板	100m	0.0783	单价	3409.54	600	2394.61	0	25.41	265.26	124.26	
					合价	266.97	46.98	187.5	0	1.99	20.77	9.73	
3	030408001001	电力电缆	m	16.74	单价	361.95	18.61	2.11	0.84	3.04	8.23	3.85	325.26
					合价	6059.01	311.57	35.32	14.13	50.86	137.74	64.53	5444.85
	2-538	铜芯电力电缆敷设（截面面积 120mm² 以内）	100m	0.1674	单价	36194.78	1861.22	211.02	84.40	303.85	822.85	385.46	32525.99
					合价	6059.01	311.57	35.32	14.13	50.86	137.74	64.53	5444.85
4	030408006001	电力电缆头	个	2	单价	398.72	103.96	47.1	0	16.97	45.96	21.53	163.2
					合价	797.44	207.92	94.2	0	33.94	91.92	43.06	326.4
	2-765	10kV 以内室内电缆终端头安装（截面面积 120mm² 以内）	个	2	单价	398.72	103.96	47.1	0	16.97	45.96	21.53	163.2
					合价	797.44	207.92	94.2	0	33.94	91.92	43.06	326.4
5	030408003001	电缆保护管	m	10.83	单价	98.81	8.93	3.43	1.55	1.46	3.95	1.85	77.66
					合价	1070.16	96.68	37.18	16.74	15.78	42.74	20.02	841.02
	2-570	电缆保护管地下敷设钢管直径 150mm	10m	1.083	单价	988.14	89.27	34.33	15.46	14.57	39.46	18.49	776.57
					合价	1070.16	96.68	37.18	16.74	15.78	42.74	20.02	841.02

续表

序号	项目编码	项目名称	计量单位	工程量		合计	人工费	材料费	机械费	其中			未计价材料费
										管理费	规费	利润	
6	30404017001	配电箱	台	1	单价	1052.58	179.67	50.4	6.54	29.33	79.43	37.21	670
					合价	1052.58	179.67	50.4	6.54	29.33	79.43	37.21	670
	2-265	成套配电箱安装悬挂嵌入式（半周长2.5）	台	1	单价	1052.58	179.67	50.4	6.54	29.33	79.43	37.21	670
					合价	1052.58	179.67	50.4	6.54	29.33	79.43	37.21	670
7	30404017002	配电箱	台	11	单价	808.72	149.16	38.38	0	24.35	65.94	30.89	500
					合价	8895.97	1640.76	422.18	0	267.85	725.38	339.8	5500
	2-264	成套配电箱安装悬挂嵌入式（半周长1.5）	台	11	单价	808.72	149.16	38.38	0	24.35	65.94	30.89	500
					合价	8895.97	1640.76	422.18	0	267.85	725.38	339.8	5500
8	30404017003	配电箱	台	1	单价	545.37	115.26	36.46	0	18.82	50.96	23.87	300
					合价	545.37	115.26	36.46	0	18.82	50.96	23.87	300
	2-263	成套配电箱安装悬挂嵌入式（半周长1.0）	台	1	单价	545.37	115.26	36.46	0	18.82	50.96	23.87	300
					合价	545.37	115.26	36.46	0	18.82	50.96	23.87	300
9	30411001001	配管	m	729.42	单价	15.52	3.84	2.35	0.00	0.63	1.70	0.80	6.21
					合价	11319.26	2802.43	1713.23	0	457.49	1238.95	580.38	4526.67
	2-1086	电线管敷设砖、混凝土结构暗配（DN20）	100m	7.2942	单价	1551.82	384.2	234.89	0	62.72	169.85	79.57	
					合价	11319.26	2802.43	1713.33	0	457.49	1238.95	580.38	4526.67
10	30411001002	配管	m	39.51	单价	24.41	5.49	2.08	0.00	0.90	2.43	1.14	12.38
					合价	964.49	216.98	82.02	0	35.42	95.93	44.94	489.21
	2-1087	电线管敷设砖、混凝土结构暗配（DN25）	100m	0.3951	单价	2441.13	549.18	207.59	0	89.66	242.79	113.74	12.02
					合价	964.49	216.98	82.02	0	35.42	95.93	44.94	489.21
11	30411001003	配管	m	153.17	单价	34.09	7.59	2.69	0.00	1.24	3.36	1.57	17.64
					合价	5222.15	1163.11	411.46	0.00	189.88	514.21	240.88	2702.6
	2-1089	电线管敷设砖、混凝土结构暗配（DN40）	100m	1.5317	单价	3409.381	759.36	268.63	0	123.97	335.71	157.26	1764.44
					合价	5222.15	1163.11	411.46	0.00	189.88	514.21	240.88	2702.6

续表

序号	项目编码	项目名称	计量单位	工程量	合计		人工费	材料费	机械费	管理费	规费	利润	未计价材料费
										其中			
12	30411004001	配线	m	1532.51	单价	4.38	0.92	0.23	0.00	0.15	0.40	0.19	2.49
					合价	6710.28	1402.71	345.89	0.00	228.96	620.14	290.50	3822.08
	2-1281	管内穿线照明线路（铜芯截面面积 2.5mm² 以内）	100m	15.3251	单价	437.86	91.53	22.57	0.00	14.94	40.47	18.96	249.40
					合价	6710.28	1402.71	345.89	0.00	228.96	620.14	290.50	3822.08
13	30411004002	配线	m	483.73	单价	4.88	0.61	0.22	0.00	0.10	0.27	0.13	3.55
					合价	2362.25	295.17	108.60	0.00	48.18	130.50	61.13	1718.68
	2-1282	管内穿线照明线路（铜芯截面面积 4mm² 以内）	100m	4.8373	单价	488.34	61.02	22.45	0.00	9.96	26.98	12.64	355.30
					合价	2362.25	295.17	108.60	0.00	48.18	130.50	61.13	1718.68
14	30411004003	配线	m	125.13	单价	6.39	0.71	0.06	0	0.12	0.31	0.15	5.04
					合价	799.78	89.08	7.66	0	14.54	39.38	18.45	630.67
	2-1285	管内穿线动力线路（铜芯截面面积 6mm² 以内）	100m	1.2513	单价	639.1592744	71.19	6.12	0	11.62	31.47	14.74	4.8
					合价	799.78	89.08	7.66	0	14.54	39.38	18.45	630.67
15	30411004004	配线	m	906.35	单价	15.5	0.92	0.08	0	0.15	0.4	0.19	13.76
					合价	14044.22	829.58	73.78	0	135.41	366.76	171.81	12466.88
	2-1287	管内穿线动力线路（铜芯截面面积 16mm² 以内）	100m	9.0635	单价	1549.53	91.53	8.14	0.00	14.94	40.47	18.96	
					合价	14044.22	829.58	73.78	0	135.41	366.76	171.81	12466.88
16	30412001001	普通灯具	套	23	单价	110.5	15.59	20.63	0	2.55	6.89	3.23	61.61
					合价	2541.49	358.66	474.4	0	58.56	158.56	74.28	1417.03
	2-1503	吸顶灯	10套	2.3	单价	1105.00	155.94	206.26	0	25.46	68.94	32.3	61
					合价	2541.49	358.66	474.4	0	58.56	158.56	74.28	1417.03
17	30412001002	普通灯具	套	7	单价	133.71	21.7	15.6	0	3.54	9.59	4.49	78.78
					合价	935.94	151.87	109.23	0	24.79	67.14	31.45	551.46

续表

序号	项目编码	项目名称	计量单位	工程量		合计	人工费	材料费	机械费	其中			未计价材料费
										管理费	规费	利润	
18	2-1518	防水防尘灯（吸顶式）	10套	0.7	单价	1337.06	216.96	156.04	0	35.42	95.92	44.93	78
					合价	935.94	151.87	109.23	0	24.79	67.14	31.45	551.46
	30412004001	装饰灯	套	8	单价	270.52	18.76	6.75	0	3.06	8.29	3.88	229.78
					合价	2164.16	150.06	53.98	0	24.5	66.34	31.08	1838.2
	2-1684	标志、诱导装饰灯安装（墙壁式）	10套	0.8	单价	2705.20	187.58	67.48	0	30.62	82.93	38.85	227.5
					合价	2164.16	150.06	53.98	0	24.5	66.34	31.08	1838.2
19	30412004002	装饰灯	套	4	单价	299.33	21.81	4.27	0	3.56	9.64	4.52	255.53
					合价	1197.32	87.24	17.08	0	14.24	38.57	18.07	1022.12
	2-1685	标志、诱导装饰灯安装（嵌入式）	10套	0.4	单价	2993.30	218.09	42.71	0	35.6	96.42	45.17	253
					合价	1197.32	87.24	17.08	0	14.24	38.57	18.07	1022.12
20	30412005001	荧光灯	套	63	单价	443.61	43.51	11.26	0	7.1	19.23	9.01	353.5
					合价	27947.22	2740.82	709.13	0	447.43	1211.72	567.62	22270.5
	2-1727	成套荧光灯安装（吸顶式双管）	10套	6.3	单价	4436.07	435.05	112.56	0	71.02	192.34	90.1	350
					合价	27947.22	2740.82	709.13	0	447.43	1211.72	567.62	22270.5
21	30412005002	荧光灯	套	9	单价	677.3	53.68	15.43	0	8.76	23.73	11.12	564.59
					合价	6095.74	483.08	138.86	0	78.87	213.57	100.05	5081.31
	2-1728	成套荧光灯安装（吸顶式三管）	10套	0.9	单价	6773.04	536.75	154.29	0	87.63	237.3	111.16	559
					合价	6095.74	483.08	138.86	0	78.87	213.57	100.05	5081.31
22	30404034001	照明开关	套	18	单价	42.32	10.06	0.43	0	1.64	4.45	2.08	23.66
					合价	761.8	181.03	7.74	0	29.56	80.03	37.49	425.95
	2-1762	扳式暗开关（单控双联）	10套	1.8	单价	423.22	100.57	4.3	0	16.42	44.46	20.83	23.2
					合价	761.8	181.03	7.74	0	29.56	80.03	37.49	425.95

续表

序号	项目编码	项目名称	计量单位	工程量	合计		人工费	材料费	机械费	其中 管理费	规费	利润	未计价材料费
23	3040403503001	插座	套	24	单价	37.09	12.43	2.33	0	2.03	5.5	2.57	12.24
					合价	890.27	298.32	55.82	0	48.7	131.89	61.78	293.76
	2-1782	单相暗插座 15A（5 孔）	10 套	2.4	单价	370.95	124.3	23.26	0	20.29	54.95	25.74	12
					合价	890.27	298.32	55.82	0	48.7	131.89	61.78	293.76
24	3040403503002	插座	套	17	单价	34.76	12.2	0.91	0	1.99	5.4	2.53	11.73
					合价	590.9	207.47	15.47	0	33.86	91.72	42.97	199.41
	2-1806	单相暗插座 30A（3 孔）	10 套	1.7	单价	347.59	122.04	9.1	0	19.92	53.95	25.27	11.5
					合价	590.9	207.47	15.47	0	33.86	91.72	42.97	199.41
25	30502004001	电视、电话插座	个	11	单价	80.77	20.34	0.48	0.00	3.32	8.99	4.21	43.42
					合价	888.43	223.74	5.28	0	36.52	98.91	46.34	477.64
	12-120	电话出线口（插座型单联）	个	11	单价	48.06	4.52	0.48	0	0.74	2.00	0.94	
					合价	528.62	49.72	5.28	0	8.14	21.98	10.30	433.2
	12 月 5 日	信息插座底盒（接线盒）	个	11	单价	32.71	15.82	0	0	2.58	6.99	3.28	44.44
					合价	359.81	174.02	0	0	28.38	76.93	36.04	
26	3041006001	接线盒	个	132	单价	11.79	3.5	1.36	0	0.57	1.55	0.73	4.08
					合价	1556.57	462.4	179.92	0	75.5	204.43	95.76	538.56
	2-1496	接线盒（暗装）	10 个	13.2	单价	117.92	35.03	13.63	0	5.72	15.49	7.25	4
					合价	1556.57	462.4	179.92	0	75.5	204.43	95.76	538.56
27	3041006002	接线盒	个	59	单价	11.47	3.73	0.63	0	0.61	1.65	0.77	4.08
					合价	676.72	220.01	37.23	0	35.93	97.27	45.56	240.72
	2-1497	开关盒（暗装）	10 个	5.9	单价	114.70	37.29	6.31	0	6.09	16.49	7.72	4
					合价	676.72	220.01	37.23	0	35.93	97.27	45.56	240.72

注："合价"数据存在误差，是保留两位小数导致的。

表 1.31 分部分项工程项目清单计价表

专业工程名称：某办公楼电气照明工程　　　　　　　　标段：

序号	项目编码	项目名称	项目特征描述	计量单位	工程量	金额 / 元		
						综合单价	合价	其中：规费
1	010101007001	管沟土方	1. 土壤类别：一般土 2. 挖土深度：0.8m	m³	3.13	84.44	264.29	69.08
2	030408005001	铺砂、盖保护板（砖）	1. 种类 2. 规格	m	7.83	34.10	267.00	20.77
3	030408001001	电力电缆	1. 名称：铜芯电力电缆 2. 型号 3. 规格：120mm² 以内 4. 材质 5. 敷设方式、部位	m	16.74	361.95	6059.01	137.74
4	030408006001	电力电缆头	1. 名称 2. 型号 3. 规格 3. 材质、类型 4. 安装部位 5. 电压等级（kV）	个	2	398.72	797.44	91.92
5	030408003001	电缆保护管	1. 名称 2. 材质 3. 规格 4. 敷设方式	m	10.83	98.81	1070.16	42.7445
6	030404017001	配电箱	配电箱［800×1000×300］	台	1	1052.58	1052.58	79.43
7	030404017002	配电箱	配电箱［600×500×300］	台	11	808.72	8895.97	725.38
8	030404017003	配电箱	配电箱［450×250×100］	台	1	545.37	545.37	50.96
9	030411001001	配管	1. 名称：电线管 2. 材质：KBG 3. 规格：20/16	m	729.42	15.52	11319.26	1238.954
10	030411001002	配管	1. 名称：电线管 2. 材质：KBG 3. 规格：25	m	39.51	24.41	964.49	95.93
11	030411001003	配管	1. 名称：电线管 2. 材质：KBG 3. 规格：40	m	153.17	34.09	5222.15	514.2117
12	030411004001	配线	1. 名称：管内穿线 2. 材质：ZRBV 3. 规格：2.5mm²	m	1532.51	4.38	6710.28	620.1381

续表

序号	项目编码	项目名称	项目特征描述	计量单位	工程量	金额／元		
						综合单价	合价	其中：规费
13	030411004002	配线	1. 名称：管内穿线 2. 材质：ZRBV 3. 规格：4mm²	m	483.73	4.88	2362.25	130.4956
14	030411004003	配线	1. 名称：管内穿线 2. 材质：ZRBV 3. 规格：6mm²	m	125.13	6.39	799.78	39.38
15	030411004004	配线	1. 名称：管内穿线 2. 材质：ZRBV 3. 规格：16mm²	m	906.35	15.50	14044.22	366.76
16	030412001002	普通灯具	吸顶灯	套	23	110.50	2541.49	158.56
17	030412001001	普通灯具	防水防尘吸顶灯	套	7	133.71	935.97	67.14
18	030412004002	装饰灯	标志、诱导装饰灯安装（墙壁式）	套	8	270.52	2164.16	66.34
19	030412004001	装饰灯	标志、诱导装饰灯安装（嵌入式）	套	4	299.33	1197.32	38.57
20	030412005002	荧光灯	成套荧光灯安装（吸顶式双管）	套	63	443.61	27947.43	1211.72
21	030412005001	荧光灯	吸顶灯成套荧光灯安装（吸顶式三管）	套	9	677.30	6095.74	213.57
22	030404034001	照明开关	扳式暗开关（单控双联）	套	18	42.32	761.80	80.03
23	030404035002	插座	单相暗插座15A（5孔）	套	24	37.09	890.16	131.89
24	030404035001	插座	单相暗插座30A（3孔）	套	17	34.76	590.92	91.72
25	030502004001	电视、电话插座	1. 名称 2. 安装方式 3. 底盒材质、规格	个	11	80.77	888.43	98.91
26	030411006001	接线盒	接线盒（暗装）	个	132	11.79	1556.57	204.43
27	030411006002	接线盒	开关盒（暗装）	个	59	11.47	676.72	97.27
		本页合计					106620.78	6684.04
		合计					106620.78	6684.04

表 1.32 措施项目（一）清单计价表

专业工程名称：某办公楼电气照明工程　　　　　　　　　　　　　　　　　　　　　年　　月　　日

序号	项目编码	项目名称	计算基础	金额/元	其中：规费/元
1	031301017001	脚手架措施费	人工费	742.17	93.57
2	031302001001	安全文明施工措施费	人工费＋材料费＋机械费	1341.13	90.78
3	0313001	竣工验收存档资料编制费	分部分项工程费中的人、材、机＋可计量的措施项目中的人、材、机	94.57	
		本页合计		2177.87	184.35
		本表合计［结转至工程量清单计价汇总表］		2177.87	184.35

注：本表适用于以"费率"计价的措施项目。

表 1.33 工程量清单计价汇总表

专业工程名称：某办公楼电气照明工程　　　　　　　　　　　　　　　　　　　　　年　　月　　日

序号	费用项目名称	计算公式	金额/元
1	分部分项工程量清单计价合计	∑（工程量×综合单价）	106620.78
2	其中：规费	∑（工程量×综合单价中规费）	6684.04
3	措施项目（一）清单计价合计	∑措施项目（一）金额	2177.87
4	其中：规费	∑措施项目（一）金额中规费	184.35
5	措施项目（二）清单计价合计	∑（工程量×综合单价）	
6	其中：规费	∑（工程量×综合单价中规费）	
7	规费	（2）＋（4）＋（6）	
8	税金	［（1）＋（3）＋（5）］×相应费率	3263.96
	含税总计［结至工程量清单总价汇总表］	（1）＋（3）＋（5）＋（8）	112062.61

子项目 2 防雷与接地装置

■ 项目发布

1）图纸：本项目中所附图纸。

2）预算编制范围：防雷与接地装置，包括避雷网敷设、引下线、接地极、户外接地母线敷设、断接卡子。

3）参考规范：

定额计价采用 2016 年版《天津市安装工程预算基价》第二册《电气设备安装工程》。

清单计价采用《通用安装工程工程量计算规范》（GB 50856—2013）。

未计价材料价格执行当前市场信息价格。

4）成果文件：防雷与接地装置工程量计算书。

【拍一拍】

雷电，对建筑物、设备具有很大的破坏作用，对人身和财产安全也易造成较大危害，因此，防雷与接地装置必不可少（图 1.16、图 1.17）。同学们可以拍一拍你身边的防雷装置。

图 1.16 闪电

图 1.17 故宫建筑屋脊处的避雷针

【想一想】

1）搜集关于"雷击事故"的新闻，思考"雷击的危害"。

2）作为个人，如何避免雷雨天的雷电伤害？

3）建筑物如何防止雷击危害？

任务1.5 认识防雷与接地装置

防雷与接地装置是指建筑物、构筑物等为了防止雷击的危害和预防人体接触电压及跨步电压，保证电气装置可靠运行等所设置的防雷及接地装置。防雷及接地装置可分为建筑物、构筑物的防雷接地装置、变配电系统接地装置、车间系统防雷接地装置、设备接地装置等。

民用建筑根据其重要程度不同，对防雷要求分为三类；工业建筑根据其生产特性，发生雷电事故的可能性及产生的后果，对防雷的要求也分为三类。建筑物的防雷措施主要包括装设独立避雷针，通过引下线接地；装设避雷网、避雷带，通过引下线接地；利用建筑物的结构组成避雷网及引下线；利用电缆进线以防雷电波的侵入。

防雷与接地装置的主要作用是将建筑物或构筑物所受雷电的袭击引入大地，使建筑物、构筑物免受雷电的破坏，所以无论什么级别的防雷接地装置，都由三大部分构成，分别是接闪器、引下线和接地体。

1.5.1 接闪器

接闪器是指直接接受雷击的金属构件。根据被保护物体形状、接闪器形状的不同，接闪器可分为避雷针、避雷带、避雷网等形式。

1. 避雷针

避雷针装在细高的建筑物或构筑物突出部位或独立装设的针形导体上，它通常用圆钢或钢管加工而成，所用圆钢及钢管的直径随着避雷针的长度增加而增大，一般要求圆钢直径不小于12mm，钢管直径不小于20mm，壁厚不小于3mm。避雷针的顶端应加工成尖形，以利于尖端放电（图1.18）。

2. 避雷带

避雷带是利用小截面圆钢或扁钢做成的条形长带，它作为接闪器装于建筑物易受雷击的部位，如屋脊、屋檐、

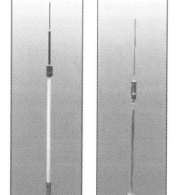

图1.18 避雷针

屋角、女儿墙和高层建筑物的上部垂直墙面上，是建筑物防直击雷较普遍采用的装置。避雷带由避雷线和支持卡子组成，支持卡子常埋设于女儿墙上或混凝土支座上。当避雷带水平敷设时，支持卡子间距为1～1.5m，转弯处为0.5m。高层建筑物的上部垂直墙面上，每三层在结构圈梁内敷设一条扁钢与引下线焊接成环状水平避雷带，以防止侧向雷击。避雷带及支架如图1.19和图1.20所示。

3．避雷网

当避雷带形成网状时就称为避雷网。避雷网用以保护建筑物屋顶部水平面不受雷击。

避雷带（网）可以采用镀锌圆钢或扁钢制成，圆钢直径大于等于 8mm；扁钢截面面积不小于 48mm²，厚度大于等于 4mm。避雷网如图 1.21 所示，避雷网在平屋顶上安装示意图如图 1.22 所示。

图 1.19   避雷带   图 1.20   避雷带支架   图 1.21   避雷网

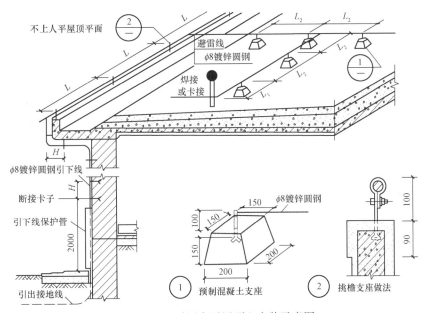

图 1.22   避雷网在平屋顶上安装示意图

1.5.2   引下线

引下线是连接接闪器与接地装置的金属导体，可以用圆钢或扁钢作单独的引下线，也可以利用建筑物柱筋或其他钢筋作引下线。

用圆钢或扁钢作引下线时，一般由引下线、引下线支持卡子、断接卡子、引下线保护管等组成。引下线在 2 根及以上时，需在距地面 0.3～1.8m 作断接卡子，供测量接地电阻使用。断接卡子以下的引下线需用套管进行保护。用圆钢或扁钢作引下线及断接卡子的实拍图如图 1.23 所示，安装示意图如图 1.24 所示。

图 1.23　引下线及断接卡子实拍图

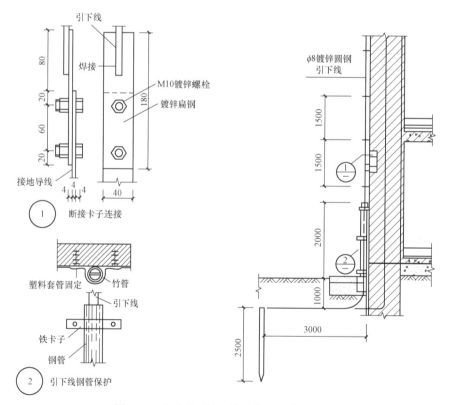

图 1.24　避雷引下线、接地装置安装示意图

利用建（构）筑物钢筋混凝土中的钢筋作为防雷引下线时，上部应与接闪器焊接，下部要与接地体连接。采用基础作接地体时，可不设断接卡子，但应在室内外的适当地点设若干连接板。该连接板可供测量、接人工接地体、等电位连接用。当仅利用钢筋作引下线并采用埋于土壤中的人工接地体时，应在每根引下线上距地面不小于 0.3m 处设接地体连

接板。采用埋于土壤中的人工接地体时应设断接卡子，其上端应与连接板或钢柱焊接，连接板处宜有明显标记。用柱主筋作引下线如图1.25所示。

1.5.3　接地体

接地体是埋入土壤或混凝土基础中作散流用的金属导体。接地体分为自然接地体和人工接地体。人工接地体一般由接地母线、接地极组成，常用的接地极可以是钢管、角钢、钢板、铜板等。自然接地体指利用基础里的钢筋作接地体的一种方式。

当接地母线遇有障碍时，需设接地跨接线，跨接线一般会出现在建筑物的变形缝处，钢轨作为接地体时，设在每节钢轨相连处，通风管道法兰盘连接处等。

图 1.25　柱主筋作引下线

任务1.6　识读防雷与接地施工图

防雷与接地施工图的识读方法与电气照明施工图类似，而且较为简单，因此不再赘述。请同学们参考图1.26，认识建筑物防雷与接地系统的组成。

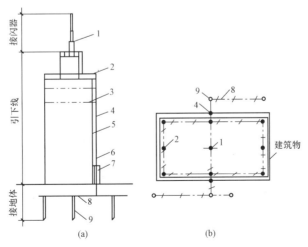

1—避雷针；2—避雷网；3—避雷带；4、5—引下线；6—断接卡子；7—引下线保护管；8—接地母线；9—接地极。

图 1.26　建筑物防雷与接地系统的组成

任务1.7 防雷与接地装置定额计量与计价

1.7.1 定额说明

1）本章（2016年版《天津市安装工程预算基价》第二册《电气设备安装工程》）适用范围：接地装置安装和避雷装置安装。接地装置安装包括生产、生活用的安全接地、防静电接地、保护接地等一切接地装置的安装。避雷装置包括建筑物、构筑物、金属塔器等防雷装置，由受雷体、引下线、接地干线、接地极组成一个系统。

2）本章不适于采用爆破法施工敷设接地线、安装接地极，也不包含高土壤电阻率地区采用换土或化学处理的接地装置及接地电阻的测定工作。

3）户外接地母线敷设是按自然地坪和一般土质综合考虑的，包含地沟的挖填土和夯实工作，执行本子目时不应再计算土方量。遇有石方、矿渣、积水、障碍物等情况时可另行计算。

4）本章中避雷针的安装、半导体少长针消雷装置安装均已考虑了高空作业的因素。

5）高层建筑物屋顶的防雷与接地装置应执行"避雷网安装"子目，电缆支架的接地线安装应执行户内接地母线敷设子目。

6）利用建筑物底板钢筋作接地板，执行"结构钢筋网接地"子目。

1.7.2 定额项目工程量计算规则

1．避雷针

避雷针工程量依据材质、规格、技术要求（安装部位），按设计图示数量计算，以根为计量单位。独立避雷针安装以"基"为计量单位。长度、高度、数量均按设计规定。套用下列定额子目。

（1）避雷针安装在烟囱上

避雷针安装在烟囱上，预算定额按照避雷针安装的高度，即烟囱的高度分别列出相应子目，工作内容包括预埋铁件、螺栓或支架，对其进行安装固定、补漆。

（2）避雷针安装在建筑物上

预算定额中根据针长，按装在平屋面上、装在墙上分别列出相应子目，工作内容同"安装在烟囱上"。

（3）避雷针安装在金属容器及构筑物上

定额中根据针长，按装在金属容器顶、壁和构筑物上（木杆上、水泥杆上、金属构架上）分别列项，工作内容同"安装在烟囱上"。如避雷针安装在木杆或水泥杆上，定额中已包括圆钢引下线安装及材料价值。

（4）独立避雷针安装

定额中，按照避雷针高度分别列项，以"基"计量。独立避雷针安装的工作内容包括组装、焊接、吊装、找正、固定、补漆。

2．接地母线、避雷线

接地母线、避雷线工程量依据材质、规格，按设计图示尺寸计算，以米为计量单位。在工程计价时，接地母线、避雷线敷设长度按设计图水平和垂直规定长度另加 3.9% 的附加长度（包括转弯、上下波动、避绕障碍物、搭接头所占长度）。

$$避雷网长度 = 按图示尺寸计算的长度 \times （1+3.9\%）$$
$$接地母线的长度 = 按图示尺寸计算的长度 \times （1+3.9\%）$$

【知识拓展】

沿混凝土块敷设时，需另计混凝土块制作。

计算主材费时应另增加规定的损耗率。

接地母线安装，一般以断接卡子所在高度为母线的计算起点，算至接地极处。

3．避雷引下线

避雷引下线沿建筑物、构筑物引下，按设计图示尺寸以长度计算，以米为计量单位。

在计算避雷引下线工程量时，应从接闪器算到断接卡子的部分，因此需注意断接卡子的位置。同时，不要忘记统计断接卡子的数量。

1）断接卡子的制作安装以套为计量单位，按设计规定装设的断接卡子数量计算，接地检查井内的断接卡子安装按每井一套计算。

2）避雷引下线可利用金属构件引下，可沿建筑物、构筑物引下，可利用建筑物主筋引下。当利用建筑物内主筋作接地引下线，每一柱子内按焊接两根主筋考虑，如果焊接主筋数超过两根，可按比例调整。

4．均压环

均压环敷设以米为单位计算，主要考虑利用圈梁内主筋作均压环接地连线。焊接时按两根主筋考虑，超过两根，可按比例调整。长度按设计需要作均压接地的圈梁中心线长度，以延长米计算。

5．柱子主筋与圈梁连接

柱子主筋与圈梁连接以处为计量单位，每处按两根主筋与两根圈梁钢筋分别焊接连接考虑。如果焊接主筋和圈梁钢筋超过两根，可按比例调整，需要连接的柱子主筋和圈梁钢筋处数按规定设计计算。

6．接地极

接地极依据材质、规格，按设计图示数量计算，以根为计量单位。其长度按设计长度计算，设计无规定时，每根长度按 2.5m 计算。若设计有管帽，管帽另按加工件计算。

7．接地跨接线

接地跨接线按设计图示数量计算，以处为计量单位。按规程规定凡需作接地跨接线的

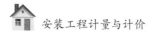

工程内容，每跨接一次按一处计算。户外配电装置构架均需接地，每副构架按一处计算。

定额中接地跨接线安装包括接地跨接线安装、构架接地、钢铝窗接地等 3 项。

1）接地跨接一般出现在建筑物伸缩缝、沉降缝处，吊车钢轨作为接地线时的轨与轨联接处、防静电管道法兰盘连接处、通风管道法兰盘连接处等。

2）钢铝窗接地以处为计量单位（高层建筑 6 层以上的金属窗设计一般要求接地），按设计规定接地的金属窗数进行计算，以处为计量单位。

3）金属线管通过箱、盘、柜、盒等焊接的连接线，线管与线管连接管箍处的连接线，定额已包括其安装工作，不得再算跨接。

8. 半导体少长针消雷装置

半导体少长针消雷装置依据型号、高度，按设计图示数量计算，以套为计量单位。

任务训练 8

图 1.27 所示为某防雷与接地工程，设计说明如下：

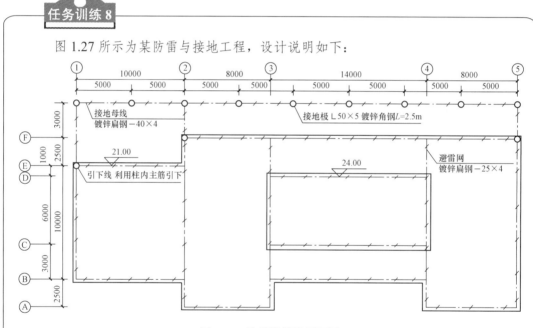

图 1.27 防雷及接地平面图

1）图示标高以室外地坪 ±0.00mm 计算。不考虑墙厚，也不考虑引下线与避雷网、引下线与断接卡子的连接耗量。

2）避雷网均采用—25×4 镀锌扁钢，ⓒ～Ⓓ／③～④部分标高为 24m，其余部分标高均为 21m。

3）引下线利用建筑物柱内主筋引下，每一处引下线均需焊接 2 根主筋。每一引下线离地坪 1.8m 处设一断接卡子。

4）户外接地母线均采用 40×4 镀锌扁钢，埋深 0.7m。

5）接地极采用 L 50×5 镀锌角钢制作，L=2.5m。

6）接地电阻要求小于 10Ω。

试计算避雷网、引下线、断接卡子、接地母线、接地极的工程量，并填写在工程量计算书中。

【计算过程示例】

1）避雷网敷设工程量为

$$[（2.5+10+2.5）×4+10+（10+8+14+8）×2+14×2+（24-21）×4]×（1+3.9\%）$$
$$=197.41（m）$$

2）引下线利用建筑物柱内主筋引下工程量为

$$（21-1.8）×3×（1+3.9\%）=59.85（m）$$

3）角钢接地极制作安装：9 根。

4）户外接地母线敷设工程量为

$$[（5×8）+（3+2.5）+3+3+（0.7+1.8）×3]×（1+3.9\%）=61.30（m）$$

5）断接卡子制作安装：3 套。

计价过程与"电气照明系统"一样，在此不再赘述。

 **防雷与接地装置清单计量与计价**

本部分内容以《通用安装工程工程量计算规范》(GB 50856—2013)附录 D "电气设备安装工程"中的 D.9 "防雷及接地装置"为依据。因清单计价模式下的工程量计算方法与定额计价模式下的计算方法类似，因此，本节不再对计算规则详细展开说明，只选取部分计算规则进行介绍。

防雷及接地装置的工程量计算规则见表 1.34。

表 1.34　防雷及接地装置（编码：030409）

项目编码	项目名称	项目特征	计量单位	工程量计算规则	工作内容
030409001	接地极	1. 名称 2. 材质 3. 规格 4. 土质 5. 基础接地形式	根（块）	按设计图示数量计算	1. 接地极（板、桩）制作、安装 2. 基础接地网安装 3. 补刷（喷）油漆

项目编码	项目名称	项目特征	计量单位	工程量计算规则	工作内容
030409002	接地母线	1. 名称 2. 材质 3. 规格 4. 安装部位 5. 安装形式	m	按设计图示尺寸以长度计算（含附加长度）	1. 接地母线制作、安装 2. 补刷（喷）油漆
030409003	避雷引下线	1. 名称 2. 材质 3. 规格 4. 安装部位 5. 安装形式 6. 断接卡子、箱材质、规格			1. 避雷引下线制作、安装 2. 断接卡子、箱制作、安装 3. 利用主钢筋焊接 4. 补刷（喷）油漆
030409004	均压环	1. 名称 2. 材质 3. 规格 4. 安装形式			1. 均压环敷设 2. 钢铝窗接地 3. 柱主筋与圈梁焊接 4. 利用圈梁钢筋焊接 5. 补刷（喷）油漆
030409005	避雷网	1. 名称 2. 材质 3. 规格 4. 安装形式 5. 混凝土块标号			1. 避雷网制作、安装 2. 跨接 3. 混凝土块制作 4. 补刷（喷）油漆
030409006	避雷针	1. 名称 2. 材质 3. 规格 4. 安装形式、高度	根	按设计图示数量计算	1. 避雷针制作、安装 2. 跨接 3. 补刷（喷）油漆
030409007	半导体少长针消雷装置	1. 型号 2. 高度	套		本体安装
030409008	等电位端子箱、测试板	1. 名称 2. 材质 3. 规格	台（块）		
030409009	绝缘垫		m²	按设计图示尺寸以展开面积计算	1. 制作 2. 安装
030409010	浪涌保护器	1. 名称 2. 规格 3. 安装形式 4. 防雷等级	个	按设计图示数量计算	1. 本体安装 2. 接线 3. 接地
030409011	降阻剂	1. 名称 2. 类型	kg	按设计图示数量以质量计算	1. 挖土 2. 施放降阻剂 3. 回填土 4. 运输

接地母线、引下线、避雷网附加长度见表 1.35。

表 1.35　地母线、引下线、避雷网附加长度

项目	预留长度 /m	说明
接地母线、引下线、避雷网附加长度	3.9%	接地母线、引下线、避雷网全长计算

■ 拓展练习

一、填空题

1. 按照 2016 年版《天津市安装工程预算基价》第二册《电气设备安装工程》的相关规定，电力电缆敷设均按_____考虑，五芯电力电缆敷设子目乘以系数_____，六芯电力电缆敷设子目乘以系数_____，每增加一芯子目增加_____，以此类推。

2. 按照 2016 年版《天津市安装工程预算基价》第二册《电气设备安装工程》的相关规定，照明线路中的导线截面面积大于或等于 6mm² 时，应执行_____子目。

3. 按照《通用安装工程工程量计算规范》（GB 50856—2013）的相关规定，避雷网安装的工程量以_____计量。

4. 沿墙暗配线的符号是_____。

5. 直埋电缆沟长 200m，沟内埋 3 根电缆，则电缆沟的挖土（石）方量为_____。

二、单选题

1. BV（3×16+1×4）SC32-WC 表示的部分含义为（　　）。
    A．铝芯塑料线，穿钢管理地敷设　　B．铜芯塑料线，穿钢管沿墙暗敷设
    C．铝芯橡胶线，穿钢管理地敷设　　D．铜芯橡胶线，穿钢管沿墙暗敷设

2. 电缆进入高压开关柜和低压配电盘、箱的预留长度为（　　）。
    A．2.0m　　　　B．0.5m　　　　C．高 + 宽　　　　D．1.5m

3. 电缆沟挖填土（石）方量，若沟底埋设 4 根电缆，电缆沟长 2m，则其土石方量为（　　）m³。
    A．0.9　　　　B．1.206　　　　C．1.512　　　　D．1.58

三、简答题

1. 简要说明建筑电气照明系统由哪几部分组成？各部分的作用是什么？

2. 常用的导线材料有哪些？它在工程中如何表示？

3. 常见的控制设备和低压电器有哪些？它们一般用于哪些情况？

4. 电气配管敷设的方式有哪几种？

5. 简述施工图中线路和灯具的标注方式。

6. 建筑照明电气安装配管工程量计算规则是什么？

7. 简要说明电气工程中配管配线工程量计算应遵循的顺序。

项目

建筑给排水工程计量与计价

■ 项目概述

建筑给排水系统是建筑给水系统和建筑排水系统的统称。建筑给水系统的任务是将城市市政给水管网中的水输送到建筑物内各个用水点上，并满足用户对水质、水量、水压的要求。建筑给水系统与市政管道之间以水表井为界，无水表井者以与市政管道碰头点为界。建筑给水系统包括室外给水系统和室内给水系统两部分，室内外以距建筑物外墙1.5m处为界，入口处设阀门者以阀门为界。

建筑排水系统的任务是将卫生器具和生产设备所产生的污水迅速排入城市市政污水管道中，并为污水的处理提供便利。建筑排水系统与市政管道之间以室外管道与市政管道碰头点为界。建筑排水系统也包括室外排水系统和室内排水系统两部分，室内外以出户第一个排水检查井为界。

通常意义上的建筑给排水工程预算指的是室内给排水系统的工程算，本书中的建筑给排水系统皆是室内给排水系统的简称。

■ 学习目标

知识目标	能力目标	素质目标
1. 了解建筑给排水工程管道尺寸及组成； 2. 了解建筑给排水工程常用材料和连接方式； 3. 掌握建筑给排水工程施工图识读方法； 4. 掌握建筑给排水工程定额内容及注意事项； 5. 掌握建筑给排水工程清单内容及注意事项； 6. 掌握建筑给排水工程工程量计算规则； 7. 掌握建筑给排水工程计价方法	1. 具备建筑给排水工程施工图识读的能力； 2. 具备建筑给排水工程列项的能力； 3. 能够依据建筑给排水工程工程量计算规则，熟练计算工程量； 4. 能够根据定额计价方法，编制建筑给排水工程预算文件； 5. 能够根据清单计价方法，编制建筑给排水工程工程量清单及招标控制价	1. 培养学生严谨求实、一丝不苟的学习态度； 2. 培养学生善于观察、善于思考的学习习惯； 3. 培养学生团结协作的职业素养； 4. 培养学生绿色节能的理念

■ 课程思政

通过观看我国著名的郑国渠、都江堰、灵渠、京杭大运河、钱塘江海塘等引水工程的展示，激发学生对我国劳动人民智慧的认同感，树立民族自信心和自豪感，增强"中国自信"；通过人类饮水发展史的介绍，增强学生对建筑给排水发展简史的认知，感受建筑给排水工程在人类发展中的重要作用，进一步增强学习兴趣；通过观看天津电视台出品的系列纪录片《饮水思源——纪念引滦入津工程 30 周年》，体会和学习精益求精、追求卓越的工匠精神。

▌项目发布

1）图纸：某办公楼给排水工程，地上 4 层，建筑高度 16.8m，结构形式为混凝土框架结构，建筑给排水工程图纸见附录 2。

2）预算编制范围：① 给排水管道；② 给排水附件、卫生器具等。

3）参考规范：

定额计价采用 2016 年版《天津市安装工程预算基价》第八册《给排水、采暖、燃气工程》。

清单计价采用《通用安装工程工程量计算规范》（GB 50856—2013）。

未计价材料价格执行当前市场信息价格。

4）成果文件：办公楼给排水工程定额计价文件一份、办公楼给排水工程清单计价文件一份。

【拍一拍】

给排水是生活中不可或缺的一部分，给我们的生活提供了无限的便利，如图 2.1 和图 2.2 所示。同学们可以拍一拍你身边的给排水设施，感受"水"的便利。

图 2.1　饮用水

图 2.2　生活用水

【想一想】

生活中的水从何而来，使用过的废水通过怎样的方式排出？

任务2.1 认识给排水系统

2.1.1 建筑给排水系统管道

建筑给水系统和建筑排水系统是两个独立运行的系统，两个系统在组成方面既有相同之处，也有局部差异，相同之处在于给排水系统大都由管道组成。

1. 建筑给排水管道的尺寸

建筑给水管道常见的尺寸主要有 D、De、DN 三种规格。D 是指管道内径，De 指管道外径，DN 指管道的公称直径，既不是外径也不是内径，是外径与内径的平均值，故又称平均内径。英寸（in）作为度量单位，也被普遍应用到管道尺寸中，$1in \approx 2.54cm$。在建筑给水管道中，常见的管道尺寸对照表见表 2.1。

表 2.1 常见管道尺寸对照表

公称直径 DN/mm	英寸	外径 De/mm	近似内径 D/mm	壁厚（普厚/加厚）/mm	相当于无缝管/mm
15	4 分	21.25	15	2.75/3.25	22
20	6 分	26.75	20	2.75/3.5	25
25	1 寸	33.5	25	3.25/4	32
32	1.2 寸	42.25	32	3.25/4	38
40	1.5 寸	48	40	3.5/4.25	45
50	2 寸	60	50	3.5/4.5	57
70	2.5 寸	75.5	70	3.75/4.5	76
80	3 寸	88.5	80	4/4.75	89
100	4 寸	114	106	4/5.0	108
125	5 寸	140	131	5/5.5	133
150	6 寸	165	156	5/5.5	159

2. 建筑给排水管道常用材料

在建筑给排水系统中，常用的管材有塑料管、复合管、钢管、不锈钢管、给水铸铁管、铜管等，具体如下。

（1）塑料管

塑料管（图 2.3）一般是以塑料树脂为原料，加入稳定剂、润滑剂等，以"塑"的方法在制管机内经挤压加工而成。建筑给排水系统中常用的塑料管材有硬聚氯乙烯管（UPVC）、三型聚丙烯管（PPR）、聚乙烯管（PE）、聚丙烯管（PP）、交联聚乙烯管（PEX）、聚丁烯管（PB）、氯化聚氯乙烯管（CPVC）、丙烯腈－丁二烯－苯乙烯共聚物管（ABS）等。

（2）复合管

复合管是金属与塑料复合型管材，由工作层、支承层、保护层组成。常用的复合管有钢塑复合管（图2.4）和铝塑复合管（图2.5）两种。

图 2.3　塑料管

图 2.4　钢塑复合管

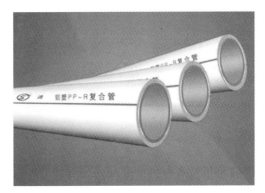

图 2.5　铝塑复合管

（3）钢管

钢管可以分为有缝钢管（图2.6）和无缝钢管（图2.7）两大类。有缝钢管又称焊接钢管，一般用于输水管道、煤气管道、暖气管道等。焊接钢管分为镀锌钢管和黑铁管（普通焊接钢管）两种。按壁厚不同，焊接钢管又分为普通钢管和厚壁钢管。钢管的长度不等，一般为4～6m。无缝钢管按照制造方法的不同，分为热轧无缝钢管和冷拔无缝钢管两种。

（4）不锈钢管

不锈钢管（图2.8）是以铁和碳为基础的铁-碳合金，并加入合金元素（其中主要是铬和镍），由特殊焊接工艺加工而成。

图 2.6　有缝钢管

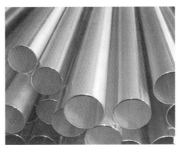

图 2.7　无缝钢管

图 2.8　不锈钢管

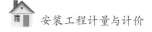

（5）给水铸铁管

给水铸铁管具有耐腐蚀、寿命长的优点，但管壁厚、质脆、强度较钢管差，多用于 *DN* 大于或等于75mm的给水管道，尤其适用于埋地敷设。近年来在大型高层建筑中，常将球墨铁管（图2.9）设计为总立管，应用于室内给水系统。

（6）铜管

铜管（图2.10）具有高强度、高可塑性等优点，同时经久耐用、水质卫生、水利条件好、热胀冷缩系数小、耐高温环境，适合输送热水。铜管的连接方式有焊接、螺纹连接和卡箍连接等。

图2.9　球墨铁管　　　　　　　　　　　　　图2.10　铜管

3. 建筑给排水管道常见的连接方式

建筑给排水管道常见的连接方式有承插连接、法兰连接、螺纹连接、沟槽连接、热熔连接与焊接等，具体如下。

（1）承插连接

承插连接就是将管子或管件一端的插口插入欲接件的承口内，并在环隙内采用坡充材料密封的连接方式。承插连接主要用于带承插接头的铸铁管、混凝土管、陶瓷管、塑料管等。承插连接接口主要有青铅接口、石棉水泥接口、膨胀性填料接口、胶圈接口等。承插连接分为刚性承插连接和柔性承插连接两种。刚性承插连接是用管道的插口插入管道的承口内，对位后，先用嵌缝材料嵌缝，然后用密封材料密封，使之成为一个牢固的封闭的整体。

（2）法兰连接

法兰连接就是把两个管道、管件或器材，先各自固定在一个法兰盘上，然后在两个法兰盘之间加上法兰垫，最后用螺栓将两个法兰盘拉紧使其紧密结合起来的一种可拆卸的接头。

（3）螺纹连接

螺纹连接又称丝扣连接，是指在管子端部按照规定的螺纹标准加工成外螺纹，并在必要时与有内螺纹的管件拧紧在一起的一种连接方式。

（4）沟槽连接（卡箍连接）

沟槽连接是一种新型钢管连接方式，也称卡箍连接，起连接密封作用的沟槽连接管件主要由密封橡胶圈、卡箍和锁紧螺栓三部分组成。位于内层的橡胶密封圈置于被连接管道的外侧，并与预先滚制的沟槽相吻合，再在橡胶圈的外部扣上卡箍，然后用 2 个螺栓紧固即可。由于其橡胶密封圈和卡箍采用特有的可密封的结构设计，因此沟槽连接件具有良好的密封性，并且随管内流体压力的升高，其密封性相应增强。

（5）热熔连接

在钢结构工程中，常将两根金属钢筋，通过电加温设备进行热熔连接。金属热熔连接后的连接点，一定要在常温状态下冷却，才能达到原金属材料的抗拉应力。热熔连接不得淬火，以免接点碳化变脆，失去原有金属材料的抗拉应力。热熔连接主要分为热熔承插连接和热熔对焊连接。

（6）焊接

焊接也称熔接或镕接，是一种以加热、高温或者高压的方式接合金属或其他热塑性材料（如塑料）的制造工艺及技术。

以上几种连接方式各有特点，具体见表 2.2。

表 2.2　给排水管道常见连接方式对比

名称	特点	适用范围
承插连接	很容易漏水	适用于铸铁管道
法兰连接	缺点：操作复杂，安装速度慢，法兰成本高 优点：拆卸方便、密封性能好	铸铁管、非铁金属管和法兰阀门等的连接
螺纹连接	缺点：承压能力小，螺纹处容易漏水 优点：安装方便	适用于小口径的管道连接（$DN<100$）
沟槽连接（卡箍连接）	操作简单，管道原有的特性不受影响，有利于施工安全，系统稳定性好，经济性好	可用于连接钢管、铜管、不锈钢管、衬塑钢管、球墨铸铁管、厚壁塑料管及带有钢管接头盒、法兰接头的软管和阀件
热熔连接	连接简便、使用年限久、不易腐蚀	广泛应用于塑料管等新型管材的连接
焊接	焊口牢固、耐久，严密性好，焊缝强度一般可达到管子强度的 85% 以上，甚至超过母材强度，管段间直接焊接，不需要接头配件，构造简单，成本低，管路整齐美观，使用后运行可靠，不需要经常维修，施工进度快，劳动强度低	广泛应用于钢管、铜管等的连接

2.1.2　建筑给水系统组成

建筑给水系统是由管道、水表节点、给水附件、升压和贮水设备、给水局部处理设施、室内消防设备等构成的供水体系。

1. 管道

（1）引入管

引入管又称进户管，是建筑给水工程预算计算的开端，在建筑物中起着联络室外给水管网与室内给水管网的作用，具体指第一个给水阀门井到室内给水总阀门或室内进户总水

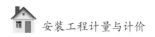

表之间的管段。

（2）建筑给水干管

建筑给水干管在引入管与建筑给水立管之间起连接作用，将水从室内总阀门或水表沿水平方向或者竖直方向输送到各个建筑给水立管。

（3）建筑给水立管

建筑给水立管是垂直于建筑物各楼层的管道，将水从建筑给水干管沿竖直方向输送到各个用水楼层的横支管。

（4）建筑给水支管

建筑给水支管，是同层内配水的管道，将给水立管送来的水送至各配水点的配水龙头或卫生器具的配水阀门。

2．水表节点

水表节点在建筑给水系统中起着测量水使用量、辅助系统检修、便于拆换水表等作用，包括安装在引入管上的水表及其前后设置的阀门、泄水装置等。水表节点分为设有旁通管的水表节点（图2.11）和无旁通管的水表节点（图2.12）两种，旁通管能够起到检修时不影响供水的作用，但是也容易引发偷水事件，一般用于特别重要的供水系统。

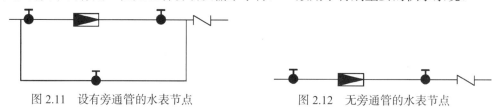

图2.11　设有旁通管的水表节点　　　　　　图2.12　无旁通管的水表节点

3．给水附件

给水附件是指给水管道系统上装设的阀门、止回阀、消火栓及水龙头等。它主要用于控制管道中的水流，以满足用户的使用要求。

（1）阀门

阀门是流体输送系统中的控制部件，具有截止、调节、导流、防止逆流、稳压、分流或溢流泄压等功能。

（2）止回阀

止回阀又称单向阀或逆止阀，其作用是防止管路中的介质倒流。水泵吸水管的底阀也属于止回阀类。止回阀属于自动阀类，主要用于介质单向流动的管道上，只允许介质向一个方向流动，以防止发生事故。

（3）消火栓

消火栓分室内消火栓和室外消火栓，是一种固定式消防设施，主要作用是控制可燃物、隔绝助燃物、消除着火源。消防系统包括室外消火栓系统、室内消火栓系统、灭火器系统、自动喷淋系统、水炮系统、气体灭火系统、火探系统、水雾系统等。消火栓主要供消防车从市政给水管网或室外消防给水管网取水实施灭火，也可以直接连接水带、水枪出水灭火。所以，室内外消火栓系统也是扑救火灾的重要消防设施之一。

（4）水龙头

水龙头是一个控制水流大小的阀门。按材料来分，可分为 SUS304 不锈钢、铸铁、全塑、黄铜、锌合金材料水龙头，高分子复合材料水龙头等类别；按功能来分，可分为面盆、浴缸、淋浴、厨房水槽水龙头；按结构来分，又可分为单联式、双联式和三联式等几种水龙头；按开启方式来分，可分为螺旋式、扳手式、抬启式和感应式等。

4．升压和贮水设备

当用户对水压的稳定性和供水的可靠性要求较高时，室内给水系统中通常还需要设置水池、水泵、水箱、气压给水装置等。

5．给水局部处理设施

当建筑物因给水水质要求很高，超出生活饮用水水质标准或其他原因致使水质不能满足要求时，需要通过专门的水泵房和过滤、净化等给水局部处理设施对给水进行深度处理。

2.1.3　建筑排水系统组成

建筑排水系统是由污水收集设备、排水管道系统、通气装置、清通设备等构成。

1．污水收集设备

污水收集设备接纳各种污水，是建筑排水系统的起点。常见的污水收集设备主要为卫生器具，主要包括便溺器，盥洗、沐浴器具，洗涤器具，地漏等。

（1）便溺器

便溺器是日常生活中必备的重要污水收集设备，主要用来收集人体排泄物。常见的便溺器有大便器、小便器等。其中大便器可分为蹲式大便器、坐式大便器；小便器又可分为斗式、落地式、壁挂式等，形式多样，价格不一。

（2）盥洗、沐浴器具

盥洗、沐浴器具是日常生活中用来保持人体清洁的设备，也是安装工程中重要的排水源之一。常见的盥洗、沐浴器具有洗脸盆、盥洗槽、浴盆、沐浴器等。

（3）洗涤器具

洗涤器具是为日常生活或工作提供清洗平台的场所。常见的洗涤器具有用作洗涤碗碟、蔬菜、水果等食物的洗涤盆，洗涤拖把或倾倒污水的污水盆以及用于工厂、科学研究机关、学校化验室的化验盆等。

（4）地漏

地漏是连接排水管道系统与室内地面的重要接口。作为住宅中排水系统的重要部件，它的性能好坏直接影响室内空气的质量，对卫浴间的异味控制非常重要。

2．排水管道系统

它主要由排出管、排水立管、排水横支管、连接管等组成，具体如下。

（1）排出管

排出管是将排水立管或排水横支管送来的建筑排水排入室外检查井（窨井）并坡向检查井的横管。其管径应大于或等于排水立管（或排水横支管）的管径，坡度为 1% ～ 3%，

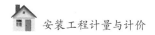

最大坡度不宜大于15%，在条件允许的情况下，尽可能取高限，以利尽快排水。

（2）排水立管

排水立管即接纳排水横支管的排水并转送到排水排出管（有时送到排水横支管）的竖直管段。其管径不能小于50mm或所连横支管管径。

（3）排水横支管

排水横支管接纳连接管的排水并将排水转送到排水立管，且坡向排水立管。若与大便器连接管相接，排水横支管管径应不小于100mm，坡向排水立管的标准坡度为2%。

（4）连接管

连接管又称卫生器具排水管，是连接卫生器具及地漏等泄水口与排水横支管的短管，除坐式大便器、钟罩式地漏外，均包括存水弯。

3. 通气装置

通气装置通常由通气管、通气帽等组成。建筑物内一般以排水立管向上延伸出建筑物屋面的形式设置普通通气管，而通气帽设置在通气管顶端，其作用是防止杂物落入管中。

（1）通气管

通气管的设置利于水流畅通，且能保护存水弯水封，是顶层检查口以上的立管管段，用于排除有害气体，并向排水管网补充新鲜空气。其管径一般与排水立管的管径相同。通气管高出屋面的高度不小于300mm，同时必须大于屋面最大积雪厚度。

（2）通气帽

不与外界相连通的厕所污水管气压会把马桶中的水封抽掉，所以厕所污水管必须通出屋顶，以便放气。室外的污水管又容易因进入雨水、灰尘、腐叶等造成管道堵塞，因此，必须要在通出屋顶的污水管上加上通气帽。同理，建筑排水系统中还有很多管道需要通到外面，这些管道上方也必须加通气帽。

4. 清通设备

清通设备主要有检查口、清扫口及检查井等。检查口与清扫口同属于管道检查、清堵装置，其中，检查口可作检查和双向清通管道维修口之用，而清扫口只可单向清通。

（1）检查口

检查口是装设在排水立管及较长横管段上的作检查和清通之用的配件，带可开启检查盖。通常立管上的检查口之间的距离不大于10m，每隔一层必须设一个检查口，且底层和顶层必须设置检查口，其中心一般距离相应楼（地）面1.00m，高出该层卫生器具上边缘0.15m。

（2）清扫口

清扫口一般装于横管上，在管道被堵时起到疏通管道的作用，相当于管道尽头的堵头，某些时候可以用地漏代替，主要有地面清扫口和堵头清扫口两种形式。清扫口安装需与地面平齐，排水横管起点设置的清扫口一般与墙面保持不小于0.15m的距离。当采用堵头代替清扫口时，与墙面距离不得小于0.4m。

（3）检查井

建筑排水检查井在室内排水排出管与室外排水管的连接处设置，将室内排水安全地输至室外排水管道中。

5. 排水管附件

排水管附件主要有存水弯、排水栓等。存水弯一般设在排水支、立管上，防止管道内的污浊空气进入室内。排水栓一般设在盥洗槽、污水盆的下水口处，防止大颗粒的污染物堵塞管道。

（1）存水弯

存水弯是在卫生器具内部或器具排水管段上设置的一种内有水封的配件，存水弯的水封将隔绝和防止有害、易燃气体及虫类通过卫生器具泄水口侵入室内。常用的管式存水弯有 S 形、P 形和 U 形。

（2）排水栓

排水栓是卫生器具如洗脸盆、浴盆底部起到堵水或放水作用的下水口阀门。

任务训练 1

通过以上给排水基础知识的学习，仔细观察日常生活中常见的给排水系统，完成以下任务：

1）查看日常生活中所见的管道，拍取照片，判断是给水管道还是排水管道。

2）查看学校卫生间的管道，分析管道的尺寸及材料是怎样的？

3）查看学校卫生间的管道，其连接方式属于哪一种？

4）通过对学校周边及内部管道布置的观察，试描述建筑给排水工程的组成，并判断引入管、排水管、管道系统、附件及卫生器具的大概位置。

任务2.2　识读给排水工程施工图

2.2.1　建筑给排水施工图的表示

在建筑施工图纸中，往往运用建筑施工图例进行工程总体布局及细部构造的表达，常用图例详见表 2.3。

表 2.3　建筑给排水工程常用图例

名称	图形	备注	名称	图形	备注
生产生活给水管	——— J ———		中水给水管	——— ZJ ———	
消火栓给水管	——— XH ———		通气管	——— T ———	
雨水管	——— Y ———		管道立管	XL-1 平面　系统 XL-1	X：管道类别 L：立管 1：编号
闸阀			化验盆 洗涤盆		
截止阀	DN≥50　DN<50		污水池		
延时自闭冲洗阀			带沥水板洗涤盆		不锈钢制品
减压阀		左侧为高压段	盥洗盆		
球阀			妇女卫生盆		
止回阀			立式小便器		
消音止回阀			壁挂式小便器		
蝶阀			蹲式大便器		
柔性防水套管			坐式大便器		
立管检查口			小便槽		
清扫口	平面　系统		水表		
通气帽	成品　铅丝球		水表井		
圆形地漏		通用，如为无水封，地漏应加存水弯	雨水口		单口
方形地漏			水泵	平面　系统	
可曲挠橡胶接头			防回流污染止回阀		

【知识拓展】

2019 年 6 月，中华人民共和国住房和城乡建设部发布了《住房和城乡建设部关于发布国家标准〈建筑给水排水设计标准〉的公告》，《建筑给水排水设计标准》（GB 50015—2019）是建筑给排水工程识图的基础依据，同学们可以自行查看全文。建筑给排水工程的图例有很多，并不仅限于本书所列，且一直在不断更新中，具有一定的广泛性和时效性，因此，同学们在课后要补充学习，并实时关注相关信息，确保识图准确性。

2.2.2 建筑给排水工程施工图的组成

室内给排水施工图通常由图纸目录、设备材料表、施工及设计说明、施工平面图、施工图系统图、大样图或详图及标准图组成。本书以某厂区办公楼给排水工程（附录 2）为例进行施工图识读讲解。

1. 图纸目录

图纸目录列举了整个建筑给排水工程中的所有图纸，在识读给排水工程整体施工图前，通常要根据图纸目录核查图纸是否齐全。

2. 设备材料表

给排水设备材料表是工程项目中所涉及的设备及材料总列表，是相应设计单位在进行工程设计时对本工程中所需要的管道、附件、卫生器具等的预估量。它对建筑给排水工程预算文件的编制有一定的参考作用，但所列举的相应工程量并不准确。

3. 施工及设计说明

施工及设计说明是工程项目的大概情况说明。在本案例工程中，施工及设计说明主要包括某厂区办公楼给排水工程的设计依据、工程概况、设计范围、给排水系统概况、节能、节水、其他及图例等内容。

4. 施工平面图

施工平面图是工程项目平面上的总体布局表示，不仅包括各种用水设备的平面位置、管道的平面布置和立管位置与编号，还包括给水引入管和排水排出管的位置、水表节点等内容。

5. 施工系统图

施工系统图是工程项目立面上的总体布局表示，它表明了给排水管道的具体空间走向、水平管道的安装高度、阀门的安装位置、管径的变化情况、管道与卫生器具的连接方式以及地漏和清扫口位置等内容。

6. 大样图或详图及标准图

通过以上图纸和说明还无法表达清楚的管道节点构造、卫生器具和设备的安装图等需要用大样图或详图及标准图来表示。

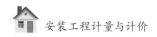

2.2.3 识读建筑给排水工程施工图

建筑给排水施工图的识读是弄清建筑给排水管道、附件等在建筑物中的分布、安装位置及安装高度等具体信息的过程。其中，平面图主要体现水平管的管径、位置及走向等具体信息，立管只能通过圆圈体现其在建筑物中的位置而没有具体信息，立管相应的标高、管径等只能在系统图中体现，因而，在识读建筑给排水工程施工图时要将施工平面图和施工系统图两个结合起来看。

依据本项目图纸（附录2），详细识读系统图和平面图，完成以下任务：

1）了解此建筑物的层数、层高及平面布置情况，每间房间的开间和进深尺寸。

2）将平面图和系统图结合起来确认此建筑给水工程引入管、干管、立管、支管管道的具体位置，并判断管道的材质、管径和连接方式。

3）将平面图和系统图结合起来确认此建筑排水工程干管、立管、支管、排出管管道的具体位置，并判断管道的材质、管径和连接方式。

4）该建筑给水工程有几根立管？各立管分别为哪种卫生器具供水？

5）该建筑排水工程的分部特点与建筑给水工程有何不同？

6）该建筑排水工程有几个系统？分别为什么卫生器具排水？

任务2.3 给排水工程定额计量与计价

2.3.1 定额说明及费用系数

本书中的给排水工程定额计量与计价以2016年版《天津市安装工程预算基价》第八册《给排水、采暖、燃气工程》为主要依据。

1）给排水工程包括给排水采暖管道安装，管道支架制作安装，卫生器具制作安装，供暖器具安装，燃气管道、附件、器具安装，人防设备安装等7章，共1257条基价子目。

2）给排水工程定额适用于新建、扩建工程中的生活用给水、排水、燃气、采暖热源管道及附件配件安装和小型容器的制作安装。

2.3.2 给排水工程定额计量

依据2016年版《天津市安装工程预算基价》第八册《给排水、采暖、燃气工程》，结合实际将给排水管道安装工程量的计算部分分为管沟土石方及回填、给排水管道安装、管道支架制作安装、管道附件安装及卫生器具制作安装五个模块。

1. 管沟土石方及回填

（1）定额说明

建筑给排水系统管道在安装的过程中常常会涉及埋地，特别是建筑给水系统中的引入管和建筑排水系统中的排出管安装，本书室外管道沟土方及管道基础定额计量，参照2016 年版《天津市建筑工程预算基价》相应子目。

（2）工程量计算规则

1）管沟土方。

管沟土方工程量按设计图示尺寸以体积计算，管沟长度按管道中心线长度计算（不扣除检查井所占长度）；管沟深度有设计时，平均深度以沟垫层底表面标高至交付施工场地标高计算；无设计时，直埋深度应按管底外表面标高至交付施工场地标高的平均高度计算；管沟底宽度如无规定者可按表 2.4 计算。

表 2.4　管沟底宽度

管径 /mm	铸铁管、钢管、石棉水泥管	混凝土管、钢筋混凝土管、预应力钢筋混凝土管	缸瓦管
50～75	0.6	0.8	0.7
100～200	0.7	0.9	0.8
250～350	0.8	1.0	0.9
400～450	1.0	1.3	1.1
500～600	1.3	1.5	1.4

注：本表为埋设深度为 1.5m 以内沟槽的宽度，当深度在 2m 以内，有支撑时，表中数值应增加 0.1m；当深度在 3m 以内，有支撑时，表中数值应增加 0.2m。

2）管沟石方。

管沟石方工程量按设计图示尺寸以体积计算，管沟长度按管道中心线长度计算（不扣除检查井所占长度）。管沟深度有设计时，平均深度以沟垫层底表面标高至交付施工场地标高计算；无设计时，直埋管深度应按管底外表面标高至交付施工场地标高的平均高度计算；管沟底宽度如无规定者可按管沟底宽度表（表 2.4）计算。

3）管沟回填。

管沟回填工程量按挖土体积减去垫层和管径大于 500mm 的管道体积。管径大于 500mm 时，按表 2.5 规定扣除管道所占体积。

表 2.5　各种管道应减土方量表

管道直径 /mm	501～600	601～800	801～1000	1001～1200	1201～1400	1401～1600
钢管	0.21	0.44	0.71			
铸铁管	0.24	0.49	0.77			
钢筋混凝土管	0.33	0.60	0.92	1.15	1.35	1.55

2．给排水管道安装

（1）定额说明

1）管道安装基价包括以下工作内容。

① 管道及接头零件安装。

② 水压试验、灌水试验或通球试验。

③ DN32 以内钢管（包括管卡及托钩）的制作安装。

④ 钢管（包括弯管）制作与安装，无论是现场煨制或成品弯管均不得换算。

⑤ 铸铁排水管、雨水管及塑料排水管（均包括管卡及托吊支架、臭气帽、雨水漏斗）制作安装。

⑥ 穿墙及过楼板铁皮套管安装。

2）管道安装基价不包括以下内容。

① 室外管道沟土方及管道基础，参照 2016 年版《天津市建筑工程预算基价》相应子目。

② 管道安装中不包括法兰、阀门及补偿器的制作安装。

③ 室内外给水、雨水铸铁管包括接头零件所需的人工费，接头零件价格另计。

3）本章所列堵洞项目，适用于管道在穿墙、楼板不安装套管时的洞口封堵。

4）水压试验项目仅适用于因工程需要而发生的管道水压试验。管道安装基价中包括一次水压试验，不得重复计算。

5）机械穿孔项目是按混凝土墙体及混凝土楼板考虑的，厚度系数为综合取定的。如实际墙体厚度超高 300mm，楼板厚度超过 220mm，则按基价乘以系数 1.2，砖墙及砌体墙钻孔按机械钻孔项目乘以系数 0.4。

6）管道除锈、刷油参照 2016 年版《天津市建筑工程预算基价》第十一册《刷油、防腐蚀、绝热工程》中相应子目。

① 管道除锈。

a．本章定额适用于金属表面的手工、动力工具、干喷射除锈及化学除锈工程。

b．各种管件、阀门及设备上人孔、管口凸凹部分的除锈已综合考虑在本基价内，不得另行增加。

c．喷射除锈按 Sa2.5 级标准确定。若变更级别标准，如按 Sa3 级则人工、材料、机械乘以系数 1.10；按 Sa2 级或 Sa1 级则人工、材料、机械乘以系数 0.9。

d．手工、半机械除锈分轻、中、重 3 种，区分标准如下。

轻锈：部分氧化皮开始破裂脱落，红锈开始发生。

中锈：部分氧化皮破裂脱落，呈堆粉状，除锈后用肉眼能见到腐蚀小凹点。

重锈：大部分氧化皮脱落，呈片状锈层或凸起的锈斑，除锈后出现麻点或麻坑。

e．喷砂除锈标准如下。

Sa3 级：除净金属表面的油脂、氧化皮、锈蚀产物等一切杂物，呈现均一的金属本色，并有一定的粗糙度。

Sa2.5 级：完全除去金属表面的油脂、氧化皮、锈蚀产物等一切杂物，可见的阴影条纹、斑痕等残留物不得超过单位面积的 5%。

Sa2 级：除去金属表面的油脂、锈皮、松疏氧化皮、浮锈等杂物，允许有附紧的氧化皮。

f. 基价不包括除微锈（标准：氧化皮完全紧附，仅有少量锈点），发生时执行轻锈定额乘以系数 0.20。

g. 因施工需要发生的二次除锈，其工程量另行计算。

h. 管廊金属结构除锈按相应子目乘以系数 0.75。

② 管道刷油。

a. 基价适用于金属面、管道、设备、通风管道、金属结构与玻璃布面、石棉布面、玛蒂脂面、抹灰面等刷（喷）油漆工程。

b. 金属表面刷油不包括除锈。

c. 各种管件、阀件和设备上人孔、管口凹凸部分的刷油已综合考虑在本基价内，不得另行增加。

d. 基价按安装地点就地刷（喷）油漆考虑，如安装前管道集中刷油，人工乘以系数 0.7（暖气片除外）。

e. 定额子目的主材与稀干料可以换算，但人工与材料消耗量不变。

f. 标志色环等零星刷油，执行本章定额相应项目，其人工乘以系数 2.0。

g. 管廊金属结构刷油按相应子目乘以系数 0.75。

（2）工程量计算规则

1）给排水管道。

镀锌钢管、钢管、承插铸铁管、柔性抗震铸铁管、塑料管、塑料复合管、不锈钢管、铜管，按设计图示管道中心线长度以延长米计算，不扣除阀门、管件（包括减压器、疏水器、水表、补偿器等组成安装）及各种井类所占长度；方形补偿器以其所占长度按管道安装工程量计算，以米为计量单位。

2）管件。

钢管（沟槽连接）安装不包括管件安装，管件安装应根据不同的管径，按设计图示数量计算，以个为计量单位。

3）金属软管。

按设计图示数量计算，以根为计量单位。

4）一般套管。

按介质管道的公称直径执行基价子目，以个为计量单位。

5）管道消毒、冲洗、管道水压试验。

依据不同的管径，按管道延长米计算，以米为计量单位。

6）剔堵槽沟。

区分砖结构及混凝土结构，按截面尺寸，以米为计量单位。

7）机械钻孔。

区分混凝土楼板钻孔及混凝土墙体钻孔，按钻孔直径，以个为计量单位。

8）预留孔洞、堵洞。

按工作介质管道直径，分规格以个为计量单位。

9）警示带、示踪线安装。

按设计图示长度计算，以米为计量单位。

10）地面警示标志桩。

按设计图示数量计算，以个为计量单位。

11）管道除锈。

① 除锈工程中，设备、管道按面积计算，以平方米为计量单位。一般金属结构按质量计算，以千克为计量单位。

② 除锈工程量算法。

a. 设备简体、管道表面积计算公式：

$$S=\pi DL$$

式中　π——圆周率；

D——设备或管道直径；

L——设备简体高度或按延长米计算的管道长度。

b. 计算设备简体、管道表面积时已包括各种管件、阀门、人孔、管口凹凸部分，不再另外计算。

12）管道刷油。

① 刷油工程中，设备、管道按面积计算，以平方米为计量单位。一般金属结构按质量计算，以千克为计量单位。

② 刷油工程量算法。

a. 设备简体、管道表面积计算公式：

$$S=\pi DL$$

式中　π——圆周率；

D——设备或管道直径；

L——设备简体高度或按延长米计算的管道长度。

b. 计算设备简体、管道表面积时已包括各种管件、阀门、人孔、管口凹凸部分，不再另外计算。

3. 管道支架制作安装

（1）定额说明

管道支架制作安装适用范围：室内外给排水、采暖、燃气管道支架的制作、安装。

（2）工程量计算规则

管道支架制作安装按设计图示质量计算，以千克为计量单位。

4. 管道附件安装

（1）定额说明

1）适用范围：室内外生活用给排水、采暖、燃气管道中各类阀门、法兰、计量表、补偿器、PVC 排水管、消声器和伸缩节、水位标尺的安装。

2）螺纹阀门安装适用于各种内外螺纹连接的阀门安装。

3）法兰阀门安装适用于各种法兰阀门的安装，如仅为一侧法兰连接，基价中的法兰、带帽螺栓及钢垫圈数量减半。

4）各种法兰用连接垫片均按照石棉橡胶板计算。如用其他材料不做调整。

5）FQ-II 型浮标液面计安装参照《采暖通风国家标准图集》（N102-3）计算。

6）水塔、水池浮漂水位标尺制作安装参照《全国通用给水排水标准图集》（S318）计算。

7）减压器、疏水器组成与安装参照《采暖通风国家标准图集》（N108）计算，如实际组成与此不同，阀门和压力表数量可按实际调整，其余不变。

8）法兰水表安装参照《全国通用给水排水标准图集》（S145）计算。基价内包括旁通管及止回阀，如实际安装形式与此不同，阀门及止回阀可按实际调整，其余不变。

（2）工程量计算规则

1）阀门。

螺纹阀门，螺纹法兰阀门，焊接法兰阀门，带短管甲、乙的法兰阀，自动排气阀，安全阀，电磁阀，散热器温控阀（包括浮球阀、手动排气阀、液压式水位控制阀、不锈钢阀门、煤气减压阀、液相自动转换阀、过滤阀等），依据不同的类型、材质、型号、规格，按设计图示数量计算，以个为计量单位。

2）减压器、疏水器、水表。

依据不同材质、型号、规格、连接方式，按设计图示数量计算，以组为计量单位。

3）法兰安装。

依据不同材质、型号、规格、连接方式，按设计图示数量计算，以副为计量单位。

4）补偿器。

依据不同类型、材质、型号、规格、连接方式，按设计图示数量计算，以个为计量单位（方形补偿器的两臂，按臂长的 2 倍合并在管道安装长度内计算）。

5）浮标液面计。

依据不同型号、规格，按设计图示数量计算，以组为计量单位。

6）浮漂水位标尺。

依据不同用途、型号、规格，按设计图示数量计算，以套为计量单位。

7）排水管阻水圈。

依据不同型号、规格，按设计图示数量计算，以个为计量单位。

8）橡胶软接头。

依据不同型号、规格、连接方式，按设计图示数量计算，以个为计量单位。

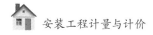

5．卫生器具制作安装

（1）定额说明

1）适用范围：各种卫生器具的制作安装。

2）所有卫生器具安装项目均参照《全国通用给水排水标准图集》中有关标准图集计算，除以下说明者外，设计无特殊要求均不做调整。

3）成组安装的卫生器具，基价均已按标准图计算了与给水、排水管道连接的人工和材料。

4）浴盆安装适用于各种型号的浴盆，但浴盆支座和浴盆周边的砌砖、瓷砖粘贴可另行计算。

5）洗脸盆、洗手盆、洗涤盆适用于各种型号。

6）化验盆安装中的鹅颈水嘴和化验单嘴、双嘴适用于成品件安装。

7）洗脸盆肘式开关安装不分单双把，均执行同一子目。

8）脚踏开关安装包括弯管和喷头的安装人工和材料费。

9）淋浴器铜制品安装适用于各种成品淋浴器安装。

10）蒸汽－水加热器安装项目中包括了莲蓬头安装，但不包括支架制作安装，阀门和疏水器安装，可按相应项目计算。

11）冷热水混合器安装项目中包括了温度计安装，但不包括支座制作安装，可按相应项目计算。

12）小便槽冲洗管制作安装基价中，不包括阀门安装，可按相应项目另行计算。

13）大、小便槽水箱托架安装已按标准图计算在基价内，不得另行计算。

14）高（无）水箱蹲式大便器、低水箱坐式大便器安装适用于各种型号。

15）电热水器、电开水炉安装基价内只考虑了本体安装，连接管、连接件等可按相应项目另行计算。

16）饮水器安装的阀门和脚踏开关安装，可按相应项目另行计算。

17）容积式水加热器安装，基价内已按标准图计算了其中的附件，但不包括安全阀安装、本体保温、刷油和基础砌筑。

18）水箱安装按成品水箱考虑，适用于玻璃钢、不锈钢、钢板等各种材质，不分圆形、方形，均按箱体容积执行相应项目。水箱消毒冲洗及注水试验用水按设计图示容积或施工方案计算。组装水箱的连接材料是按随水箱配套供应考虑。

（2）工程量计算规则

1）浴盆、净身盆、洗脸盆、洗手盆、洗涤盆、化验盆。

依据不同材质、组装形式、型号、开关，按设计图示数量计算，以组为计量单位。

注意：计算起点为给水水平管和支管交接处，止点为排水管至存水弯交接处，如图2.13和图2.14所示。

2）淋浴器。

依据不同材质、组装方式、型号、规格，按设计图示数量计算，以组为计量单位。

注意：计算起点为给水水平管和支管交接处。

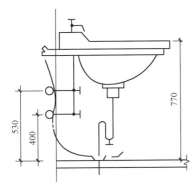

图2.13　浴盆安装示意图（单位：mm）

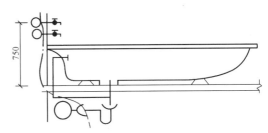

图2.14　洗脸盆安装示意图（单位：mm）

3）大便器、小便器。

依据不同材质、组装方式、型号、规格，按设计图示数量计算，以套为计量单位。

注意：计算起点为给水水平管和支管交接处，止点为排水管至存水弯交接处，如图2.15～图2.19所示。

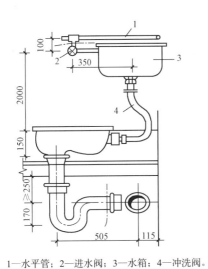

1—水平管；2—进水阀；3—水箱；4—冲洗阀。

图2.15　高水箱蹲式大便器（单位：mm）

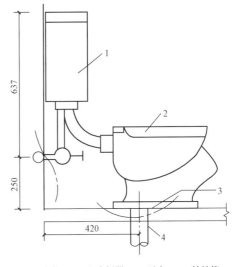

1—水箱；2—坐式便器；3—油灰；4—铸铁管。

图2.16　低水箱坐式大便器（单位：mm）

4）水箱安装。

按水箱设计容量，以个为计量单位；钢板水箱制作区分型号、设计容量，按箱体金属质量计算，以千克为计量单位。

5）大、小便槽自动冲洗水箱制作。

按设计图示尺寸计算质量，以千克为计量单位。大便槽、小便槽自动冲洗水箱安装分容积按设计图示数量计算，以套为计量单位。

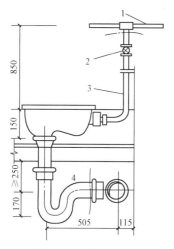

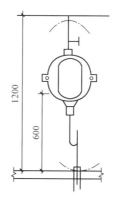

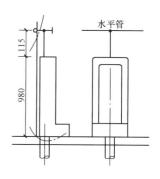

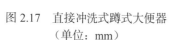

1—水平管；2，3—冲洗阀；4—存水弯。

图 2.17　直接冲洗式蹲式大便器　　　　图 2.18　挂式小便器　　　　图 2.19　立式小便器
（单位：mm）　　　　　　　　　（单位：mm）　　　　　　　（单位：mm）

6）排水栓。

依据不同材质、型号、规格及是否带存水弯，按设计图示数量计算，以组为计量单位。

7）水龙头、地漏、地面扫除口。

依据不同材质、型号、规格，按设计图示数量计算，以个为计量单位。

8）小便槽冲洗管制作安装。

依据不同材质、型号、规格，按设计图示长度计算，以米为计量单位。

9）热水器。

依据不同能源种类、规格、型号，按设计图示数量计算，以台为计量单位。

10）开水炉、容积式热交换器。

依据不同类型、型号、规格、安装方式，按设计图示数量计算，以台为计量单位。

11）蒸汽–水加热器、冷热水混合器、电消毒器、消毒锅、饮水器。

依据不同类型、型号、规格，按设计图示数量计算，以套或台为计量单位。

12）感应式冲水器。

依据不同安装方式（明装、暗装），按设计图示数量计算，以组为计量单位。

13）水处理器。

依据不同材质、型号、规格，按设计图示数量计算，以套为计量单位。

14）隔油器。

依据安装方式和进水管径，按设计图示数量计算，以套为计量单位。

15）气压罐。

依据不同型号、规格，按设计图示数量计算，以台为计量单位。

任务训练 3

根据定额工程量计量规则，结合任务训练 2 中图纸识别的结果（附录 2），完成以下任务：

1）对建筑给水工程中的管沟土方及回填部分分别进行列项并计量。

2）对建筑给水工程、建筑排水工程中的管道系统部分分别进行列项并计量。

3）对建筑给水工程、建筑排水工程中的管道支吊架部分分别进行列项并计量。

4）对建筑给水工程、建筑排水工程中的管道附件部分分别进行列项并计量。

5）对建筑给水工程、建筑排水工程中的卫生器具部分分别进行列项并计量。

【定额计量示例】

本工程为某厂区办公楼给排水工程，详见附录 2 给排水工程施工图纸。试根据本项目所学，计算该工程中给水管道系统和排水管道系统的工程量，工程量计算书及工程量汇总表见表 2.6 和表 2.7。

说明：1）本施工图预算按某厂区办公楼给排水施工图及设计说明计算工程量。

2）定额采用 2016 年版《天津市安装工程预算基价》第八册《给排水、采暖、燃气工程》、第十一册《刷油、防腐蚀、绝热工程》。

3）洗脸盆安装高度按距地 1.3m 考虑。

4）管道长度的计算运用比例尺法进行。

表 2.6　定额工程量计算书

专业工程名称：某厂区办公楼给排水工程

序号	项目名称	计算式	单位	数量
（一）		管沟土石方及回填		
1	管沟土方	给水系统 1： 管沟长度：3+0.3×2.24+1.3=4.97（m） 管沟深度：1.3−0.45=0.85（m） 宽度由表 2.5 查得：0.6m 管沟土方工程量：4.97×0.85×0.6=2.54（m³） 排水系统 1： 管沟长度：3+0.5×2.24+0.9×2.24+1.3=7.44（m） 管沟深度：1.3−0.45=0.85（m） 宽度由表 2.5 查得：0.7m 管沟土方工程量：7.44×0.85×0.7=4.43（m³） 排水系统 2： 〔（0.8+0.9）×2.24+3+1.3〕×0.7×0.85=4.82（m³） 排水系统 3： 〔（0.3+0.8）×2.24+3+1.3〕×0.7×0.85=4.02（m³） 排水系统 4： 〔（0.3+0.6）×2.24+3+1.3〕×0.7×0.85=3.76（m³） 管沟土方工程量总计： 2.54+4.43+4.82+4.02+3.76=19.57（m³）	m³	19.57

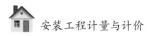

续表

序号	项目名称	计算式	单位	数量
2	管沟回填	引入管与排出管管径皆小于500mm，管沟回填工程量不扣减，管沟回填工程量总计： 2.54+4.43+4.82+4.02+3.76=19.57（m³）	m³	19.57
（二）		管道系统		
1	给水系统1			
（1）	引入管	类型：DN70的钢丝网骨架塑料（聚乙烯）热熔连接复合管材 水平长度：3+0.3×2.24=3.67（m） 垂直长度：1.3m 长度合计：3.67+1.3=4.97（m）	m	4.97
（2）	干管	类型：DN70的内外涂环氧丝扣连接复合钢管 水平长度：（0.9+0.2+0.7+0.2+0.9）×2.24=6.50（m） 垂直长度：2.8m 长度合计：6.50+2.8=9.3（m）	m	9.3
		类型：DN50的内外涂环氧丝扣连接复合钢管 水平长度：（13.9+0.3）×2.24=31.81（m） 垂直长度：0m 长度合计：31.81m	m	31.81
		类型：DN20的内外涂环氧丝扣连接复合钢管 水平长度：1.2×2.24=2.69（m） 垂直长度：3-2.8=0.2（m） 长度合计：2.69+0.2=2.89（m）	m	2.89
（3）	立管	类型：DN70的内外涂环氧丝扣连接复合钢管 水平长度：0m 垂直长度：4.5-2.8=1.7（m） 长度合计：1.7m	m	1.7
		类型：DN40的内外涂环氧丝扣连接复合钢管 水平长度：0m 垂直长度：15-4.5=10.5（m） 长度合计：10.5m	m	10.5
		类型：DN20的内外涂环氧丝扣连接复合钢管 水平长度：0m 垂直长度：4.5-3=1.5（m） 长度合计：1.5m	m	1.5
		类型：DN15的内外涂环氧丝扣连接复合钢管 水平长度：0m 垂直长度：8.4-4.5=3.9（m） 长度合计：3.9m	m	3.9

续表

序号	项目名称	计算式	单位	数量
（4）	支管	类型：DN15 的内外涂环氧丝扣连接复合钢管 水平长度：（0.25+0.25+0.25+0.25+0.8+0.25+0.25×3）×2.24=6.27（m） 垂直长度：（15−12.3）×2+（1.3−0.3）×6=11.4（m） 长度合计：6.27+11.4=17.67（m）	m	17.67
		类型：DN25 的内外涂环氧丝扣连接复合钢管 水平长度：（1.65+0.2×2）×2.24=4.59（m） 垂直长度：0m 长度合计：4.59m	m	4.59
		类型：DN20 的内外涂环氧丝扣连接复合钢管 水平长度：［1.65+0.2+3×（0.35+0.1+1+0.75+0.2）］×2.24=20.27（m） 垂直长度：（15−12.3）×3=8.1（m） 长度合计：20.27+8.1=28.37（m）	m	28.37
（5）	套管	类型：DN100 钢丝网骨架塑料（聚乙烯）复合管材套管 数量：2 个	个	2
		类型：DN100 内外涂环氧复合钢管套管 数量：3 个	个	3
		类型：DN70 内外涂环氧复合钢管套管 数量：2 个	个	2
		类型：DN40 内外涂环氧复合钢管套管 数量：2 个	个	2
		类型：DN32 内外涂环氧复合钢管套管 数量：2 个	个	2
		类型：DN25 内外涂环氧复合钢管套管 数量：1 个	个	1
2		排水系统 1		
（1）	排出管	类型：DN100 的 HRS 加强型螺旋消音管材（柔性承插连接或胶结） 水平长度：3+0.5×2.24+0.9×2.24=6.14（m） 垂直长度：1.3 长度合计：6.14+1.3=7.44（m）	m	7.44
（2）	立管	类型：DN100 的 HRS 加强型螺旋消音管材（柔性承插连接或胶结） 水平长度：0m 垂直长度：15.9+0.7+1.3=17.9（m） 长度合计：17.9m	m	17.9
（3）	支管	类型：DN100 的 HRS 加强型螺旋消音管材（柔性承插连接或胶结） 水平长度：（1.2+0.25+1.7+0.2）×2.24=7.50（m） 垂直长度：0m 长度合计：7.50m	m	7.50

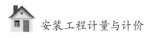

续表

序号	项目名称	计算式	单位	数量
（4）	连接管	类型：DN50 的 HRS 加强型螺旋消音管材（柔性承插连接或胶结） 水平长度：0m 垂直长度：0.7×2=1.4（m） 长度合计：1.4m	m	1.4
（5）	套管	类型：DN150 的 HRS 加强型螺旋消音管材套管 数量：7 个	个	7
3		排水系统 2		
（1）	排出管	类型：DN100 的 HRS 加强型螺旋消音管材（柔性承插连接或胶结） 水平长度：（0.8+0.9）×2.24+3=6.81（m） 垂直长度：1.3m 长度合计：6.81+1.3=8.11（m）	m	8.11
（2）	立管	类型：DN100 的 HRS 加强型螺旋消音管材（柔性承插连接或胶结） 水平长度：0m 垂直长度：15.9+0.7+1.3=17.9（m） 长度合计：17.9m	m	17.9
（3）	支管	类型：DN100 的 HRS 加强型螺旋消音管材（柔性承插连接或胶结） 水平长度：（0.3+1.7+0.3+0.2+0.4）×2.24=6.50（m） 垂直长度：0m 长度合计：6.50m	m	6.50
（4）	连接管	类型：DN50 的 HRS 加强型螺旋消音管材（柔性承插连接或胶结） 水平长度：0m 垂直长度：0.7×2=1.4（m） 长度合计：1.4m	m	1.4
（5）	套管	类型：DN150 的 HRS 加强型螺旋消音管材套管 数量：7 个	个	7
4		排水系统 3		
（1）	排出管	类型：DN100 的 HRS 加强型螺旋消音管材（柔性承插连接或胶结） 水平长度：（0.3+0.8）×2.24+3=5.46（m） 垂直长度：1.3m 长度合计：5.46+1.3=6.76（m）	m	6.76
（2）	立管	类型：DN100 的 HRS 加强型螺旋消音管材（柔性承插连接或胶结） 水平长度：0m 垂直长度：15.9+0.7+1.3=17.9（m） 长度合计：17.9m	m	17.9
（3）	支管	类型：DN100 的 HRS 加强型螺旋消音管材（柔性承插连接或胶结） 水平长度：（0.3+1.7+0.3+0.2+0.4+1.7+0.2）×2.24=10.75（m） 垂直长度：0m 长度合计：10.75m	m	10.75
（4）	连接管	类型：DN50 的 HRS 加强型螺旋消音管材（柔性承插连接或胶结） 水平长度：0m 垂直长度：0.7×4=2.8（m） 长度合计：2.8m	m	2.8

序号	项目名称	计算式	单位	数量
（5）	套管	类型：DN150 的 HRS 加强型螺旋消音管材套管 数量：7 个	个	7
5		排水系统 4		
（1）	排出管	类型：DN100 的 HRS 加强型螺旋消音管材（柔性承插连接或胶结） 水平长度：（0.3+0.6）×2.24+3=5.02（m） 垂直长度：1.3m 长度合计：5.02+1.3=6.32（m）	m	6.32
（2）	立管	类型：DN100 的 HRS 加强型螺旋消音管材（柔性承插连接或胶结） 水平长度：0m 垂直长度：15.9+0.7+1.3=17.9（m） 长度合计：17.9m	m	17.9
（3）	支管	类型：DN100 的 HRS 加强型螺旋消音管材（柔性承插连接或胶结） 水平长度：（0.5+0.2）×2×2.24=3.14（m） 垂直长度：0m 长度合计：3.14m	m	3.14
（4）	连接管	类型：DN50 的 HRS 加强型螺旋消音管材（柔性承插连接或胶结） 水平长度：0m 垂直长度：0.7×4=2.8（m） 长度合计：2.8m	m	2.8
（5）	套管	类型：DN150 的 HRS 加强型螺旋消音管材套管 数量：6 个	个	6
6		管道冲洗消毒		
	给水系统 1	类型：DN70 管道消毒、冲洗 数量：11+4.97=15.97（m）	m	15.97
		类型：DN50 管道消毒、冲洗 数量：31.81m	m	31.81
		类型：DN40 管道消毒、冲洗 数量：10.5m	m	10.5
		类型：DN25 管道消毒、冲洗 数量：4.59m	m	4.59
		类型：DN20 管道消毒、冲洗 数量：2.89+1.5+28.37=32.76（m）	m	32.76
		类型：DN15 管道消毒、冲洗 数量：3.9+17.67=21.57（m）	m	21.57
（三）		管道支吊架		
1	管道支架制作安装	工程量在没有详细说明的情况下按 3m/kg 计算，管道支架制作安装工程量： 58.28/3≈19.43（kg）	kg	19.43
2	管道支架刷油	（4.97+11+31.81+10.5+4.59+32.76+21.57+31.54+2.1）/3=50.28（kg）	kg	50.28

续表

序号	项目名称	计算式	单位	数量
（四）		管道附件安装		
1	DN70 蝶阀	2+0+0+0	个	2
2	水表 LXS-50	1+0+0+0	组	1
3	DN70 止回阀	1+0+0+0	个	1
4	DN40 截止阀	0+0+1+0	个	1
5	DN25 截止阀	0+0+0+2	个	2
6	DN20 截止阀	0+0+0+4	个	4
7	DN15 截止阀	0+3+2+6	个	11
（五）		卫生器具		
1	洗脸盆	0+2+1+3	组	6
2	蹲式大便器	0+0+0+3	套	3
3	DN50 圆形地漏	0+2+1+3	个	6

表 2.7 定额工程量汇总表

专业工程名称：某厂区办公楼给排水工程

序号	项目名称	单位	数量
1	管沟土方	m³	19.57
2	管沟回填	m³	19.57
3	DN70 钢丝网骨架塑料（聚乙烯）复合管（热熔连接）	m	4.97
4	DN70 内外涂环氧复合钢管（丝扣连接）	m	11
5	DN50 内外涂环氧复合钢管（丝扣连接）	m	31.81
6	DN40 内外涂环氧复合钢管（丝扣连接）	m	10.5
7	DN25 内外涂环氧复合钢管（丝扣连接）	m	4.59
8	DN20 内外涂环氧复合钢管（丝扣连接）	m	32.76
9	DN15 内外涂环氧复合钢管（丝扣连接）	m	21.57
10	DN100 钢丝网骨架塑料（聚乙烯）复合管材套管	个	2
11	DN100 内外涂环氧复合钢管套管	个	3
12	DN70 内外涂环氧复合钢管套管	个	2
13	DN40 内外涂环氧复合钢管套管	个	2

序号	项目名称	单位	数量
14	DN32 内外涂环氧复合钢管套管	个	2
15	DN25 内外涂环氧复合钢管套管	个	1
16	DN70 管道消毒、冲洗	m	15.97
17	DN50 管道消毒、冲洗	m	31.81
18	DN40 管道消毒、冲洗	m	10.5
19	DN25 管道消毒、冲洗	m	4.59
20	DN20 管道消毒、冲洗	m	32.76
21	DN15 管道消毒、冲洗	m	21.57
22	DN100 的 HRS 加强型螺旋消音管材（柔性承插连接或胶结）	m	128.12
23	DN50 的 HRS 加强型螺旋消音管材（柔性承插连接或胶结）	m	8.4
24	DN150 的 HRS 加强型螺旋消音管材套管	个	27
25	管道支架制作安装	kg	19.43
26	管道支架刷油	kg	50.28
27	DN70 蝶阀	个	2
28	水表 LXS-50	组	1
29	DN70 止回阀	个	1
30	DN40 截止阀	个	1
31	DN25 截止阀	个	2
32	DN20 截止阀	个	4
33	DN15 截止阀	个	11
34	洗脸盆	组	6
35	蹲式大便器	套	3
36	DN50 圆形地漏	个	6

2.3.3　给排水工程定额计价

建筑给排水工程的费用由人工费、材料费、施工机具使用费、管理费、规费、利润、税金组成，其中施工图预算子目合计由人工费、材料费、施工机具使用费、管理费组成，直接工程费由人工费、材料费、施工机具使用费组成。

任务训练4

根据定额工程量计价程序，结合任务训练3中工程量计算的结果（附录2）和附录5中的2016年版《天津市安装工程定额基价》，完成以下任务（相关参数参考案例工程）：

1）对建筑排水工程中的管沟土方及回填部分分别进行定额的套取。

2）对建筑给水工程、建筑排水工程中的管道系统部分分别进行定额的套取。

3）对建筑给水工程、建筑排水工程中的管道支吊架部分分别进行定额的套取。

4）对建筑给水工程、建筑排水工程中的管道附件部分分别进行定额的套取。

5）对建筑给水工程、建筑排水工程中的卫生器具部分分别进行定额的套取。

6）完成建筑给水工程、建筑排水工程中安全文明措施费的计算。

7）完成建筑给水工程、建筑排水工程中脚手架措施费的计算。

8）完成建筑给水工程、建筑排水工程中竣工验收存档资料编制的计算。

9）完成建筑给水工程、建筑排水工程中含税造价的总计。

【定额计价示例】

结合定额计量案例中列项和计量结果，编制定额施工图预算文件，即填写主要材料费用表（表2.8）、分部分项工程计价（预算子目）（表2.9）、措施项目（一）预（结）算计价表（表2.10）、施工图预（结）算计价汇总表（表2.11）。

说明：1）本施工图预算按某厂区办公楼给排水施工图及设计说明计算工程量。

2）定额采用2016年版《天津市安装工程预算基价》第八册《给排水、采暖、燃气工程》、第十一册《刷油、防腐蚀、绝热工程》。

3）管道支吊架按刷两道金属结构防锈漆和两道金属结构调和漆考虑。

表2.8 主要材料费用表

专业工程名称：某厂区办公楼给排水工程

序号	项目名称	单位	数量	单价/元	金额/元
1	钢丝网骨架塑料（聚乙烯）复合管 DN70	m	4.97×1.016=5.05	128.00	646.36
2	钢丝网骨架塑料（聚乙烯）复合管热熔管件 DN70	个	4.97×0.60=3.00	125.00	374.61
3	内外涂环氧复合钢管 DN70	m	11×1.02=11.22	117.00	1312.74
4	内外涂环氧复合钢管 DN50	m	31.81×1.02=32.45	108.00	3504.19

续表

序号	项目名称	单位	数量	单价/元	金额/元
5	内外涂环氧复合钢管 DN40	m	10.5×1.02=10.71	96.00	1028.16
6	内外涂环氧复合钢管 DN25	m	4.59×1.02=4.68	55.00	257.50
7	内外涂环氧复合钢管 DN20	m	32.76×1.02=33.42	40.00	1336.61
8	内外涂环氧复合钢管 DN15	m	21.57×1.02=22	27.00	594.04
9	钢丝网骨架塑料（聚乙烯）复合管 DN100	m	2×0.318=0.64	156.00	99.22
10	内外涂环氧复合钢管 DN100	m	3×0.318=0.95	133.00	126.88
11	内外涂环氧复合钢管 DN70	m	2×0.318=0.64	117.00	74.41
12	内外涂环氧复合钢管 DN40	m	2×0.318=0.64	96.00	61.06
13	内外涂环氧复合钢管 DN32	m	2×0.318=0.64	78.00	49.61
14	内外涂环氧复合钢管 DN25	m	0.318×1=0.32	55.00	17.49
15	HRS 加强型螺旋消音排水管 DN100	m	128.12×0.95=121.71	56.40	6864.67
16	HRS 加强型螺旋消音排水管管件 DN100	个	128.12×1.156=148.11	52.10	7716.36
17	HRS 加强型螺旋消音排水管 DN50	m	8.4×1.012=8.50	21.20	180.22
18	HRS 加强型螺旋消音排水管管件 DN50	个	8.4×0.69=5.80	18.60	107.81
19	HRS 加强型螺旋消音管材 DN150	m	27×0.318=8.59	82.90	711.78
20	型钢	kg	19.43×1.06=20.60	4.26	87.74
21	螺纹蝶阀 DN70	个	2×1.01=2.02	125.00	252.50
22	止回阀 DN70	个	1×1.01=1.01	146.00	147.46
23	截止阀 DN25	个	2×1.01=2.02	42.00	84.84
24	截止阀 DN40	个	1×1.01=1.01	58.00	58.58
25	截止阀 DN20	个	4×1.01=4.04	33.00	133.32
26	截止阀 DN15	个	11×1.01=11.11	25.00	277.75
27	LXS-50 水表	个	1.00	360.00	360.00
28	台式洗脸盆	个	6×1.01=6.06	420.00	2545.20
29	蹲式大便器	个	3×1.01=3.03	220.00	666.60
30	地漏 DN50	个	6.00	18.00	108.00

表2.9　分部分项工程计价（预算子目）

专业工程名称：某厂区办公楼给排水工程

金额单位：元

序号	定额编号	项目名称	工程量		工程造价	未计价材料费		总价分析							
			单位	数量	合价	单价	合价	人工费		材料费		机械费		管理费	
								单价	合价	单价	合价	单价	合价	单价	合价
1	1-4	人工挖地槽	10m³	1.96	1071.70			503.04	984.45	0	0	0	0	43.75	85.62
2	1-48	人工回填土	10m³	1.96	487.94			211.20	413.32	0	0	18.10	35.42	20.03	39.20
3	8-404	塑料给水管（热熔连接DN75以内）<埋地部分>	10m	0.50	118.22			200.01	99.40	4.94	2.46	0.26	0.13	32.65	16.23
		钢丝网骨架塑料（聚乙烯）复合管DN70	m	5.05	646.34	128.00	646.34								
		钢丝网骨架塑料（聚乙烯）复合管热熔管件DN70	个	3.00	374.61	125.00	374.61								
4	8-180	镀锌钢管（螺纹连接，DN80以内）	10m	1.10	532.35			327.70	360.47	98.35	108.19	4.40	4.84	53.50	58.85
		内外涂环氧复合钢管DN70	m	11.22	1312.74	117.00	1312.74								
5	8-178	镀锌钢管（螺纹连接，DN50以内）	10m	3.18	1320.59			302.84	963.33	59.77	190.13	3.10	9.86	49.44	157.27
		内外涂环氧复合钢管DN50	m	32.45	3504.19	108.00	3504.19								
6	8-177	镀锌钢管（螺纹连接，DN40以内）	10m	1.05	405.84			296.06	310.86	41.00	43.05	1.12	1.18	48.33	50.75
		内外涂环氧复合钢管DN40	m	10.71	1028.16	96.00	1028.16								

续表

序号	定额编号	项目名称	工程量 单位	工程量 数量	工程造价 合价	未计价材料费 单价	未计价材料费 合价	总价分析 人工费 单价	人工费 合价	材料费 单价	材料费 合价	机械费 单价	机械费 合价	管理费 单价	管理费 合价
7	8-175	镀锌钢管（螺纹连接，DN25以内）	10m	0.46	152.42			248.60	114.11	41.76	19.17	1.12	0.51	40.58	18.63
		内外涂环氧复合钢管 DN25	m	4.68	257.50	55.00	257.50								
8	8-174	镀锌钢管（螺纹连接，DN20以内）	10m	3.28	895.36			206.79	677.44	32.76	107.32	0.00	0.00	33.76	110.60
		内外涂环氧复合钢管 DN20	m	33.42	1336.61	40.00	1336.61								
9	8-173	镀锌钢管（螺纹连接，DN15以内）	10m	2.16	586.70			206.79	446.05	31.45	67.84	0.00	0.00	33.76	72.82
		内外涂环氧复合钢管 DN15	m	22.00	594.04	27.00	594.04								
10	8-457	一般塑料套管制作安装（De160以内）	个	2	185.04			15.82	31.64	74.12	148.24	0.00	0.00	2.58	5.16
		钢丝网骨架塑料（聚乙烯）复合管 DN100	m	0.64	99.22	156.00	99.22								
11	8-445	一般钢套管制作安装（DN100以内）	个	3	292.95			38.42	115.26	51.36	154.08	1.60	4.80	6.27	18.81
		内外涂环氧复合钢管 DN100	m	0.95	126.88	133.00	126.88								
12	8-444	一般钢套管制作安装（DN80以内）	个	2	166.98			28.25	56.50	49.28	98.56	1.35	2.70	4.61	9.22
		内外涂环氧复合钢管 DN70	m	0.64	74.41	117.00	74.41								

续表

序号	定额编号	项目名称	单位	数量	工程造价 合价	未计价材料费 单价	未计价材料费 合价	人工费 单价	人工费 合价	材料费 单价	材料费 合价	机械费 单价	机械费 合价	管理费 单价	管理费 合价
13	8-442	一般钢套管制作安装（DN50以内）	个	2	73.20			15.82	31.64	17.16	34.32	1.04	2.08	2.58	5.16
		内外涂环氧复合钢管DN40	m	0.64	61.06	96.00	61.06								
14	8-441	一般钢套管制作安装（DN32以内）	个	3	65.31			11.30	33.90	7.67	23.01	0.96	2.88	1.84	5.52
		内外涂环氧复合钢管DN32	m	0.64	49.61	78.00	49.61								
		内外涂环氧复合钢管DN25	m	0.32	17.49	55.00	17.49								
15	8-479	管道消毒冲洗（DN100以内）	100m	0.16	24.55			76.84	12.27	64.37	10.28	0.00	0.00	12.54	2.00
16	8-478	管道消毒冲洗（DN50以内）	100m	1.01	109.93			58.76	59.48	40.24	40.73	0.00	0.00	9.59	9.71
17	8-379	塑料排水管（黏接，DN100以内）	10m	12.81	3549.82			226.00	2895.51	14.09	180.52	0.08	1.02	36.90	472.76
		HRS加强型螺旋消音排水管DN100	m	121.71	6864.67	56.40	6864.67								
		HRS加强型螺旋消音排水管件DN100	个	148.11	7716.36	52.10	7716.36								
18	8-377	塑料排水管（黏接，DN50以内）	10m	0.84	163.02			160.46	134.79	7.37	6.19	0.04	0.03	26.20	22.01
		HRS加强型螺旋消音排水管DN50	m	8.50	180.22	21.20	180.22								
		HRS加强型螺旋消音排水管件DN50	个	5.80	107.81	18.60	107.81								

续表

序号	定额编号	项目名称	工程量		工程造价	未计价材料费		总价分析							
			单位	数量	合价	单价	合价	人工费		材料费		机械费		管理费	
								单价	合价	单价	合价	单价	合价	单价	合价
19	8-458	一般塑料套管套管制作安装（De200 以内）	个	27	2596.86			16.95	457.65	76.46	2064.42	0.00	0.00	2.77	74.79
		HRS 加强型螺旋消音管管材 DN150	m	8.59	711.78	82.90	711.78								
20	8-558	一般管架制作安装	100kg	0.19	274.72			751.45	146.01	248.77	48.34	291.02	56.55	122.68	23.84
		型钢	kg	20.60	87.74	4.26	87.74								
21	11-111	金属结构刷防锈漆第一遍	100kg	0.50	20.73			22.60	11.36	14.93	7.51	0	0	3.69	1.86
22	11-112	金属结构刷防锈漆第二遍	100kg	0.50	18.35			20.34	10.23	12.83	6.45	0	0	3.32	1.67
23	11-118	金属结构刷调和漆第一遍	100kg	0.50	15.95			20.34	10.23	8.07	4.06	0	0	3.32	1.67
24	11-119	金属结构刷调和漆第二遍	100kg	0.50	15.47			20.34	10.23	7.11	3.57	0	0	3.32	1.67
25	8-566	螺纹阀门安装（蝶阀，DN80 以内）	个	3	326.58			56.50	169.50	43.14	129.42	0	0	9.22	27.66
		螺纹蝶阀 DN70	个	2.02	252.50	125.00	252.50								
		止回阀 DN70	个	1.01	147.46	146.00	147.46								
26	8-561	螺纹阀门安装（截止阀，DN25 以内）	个	2	43.08			13.56	27.12	5.77	11.54	0	0	2.21	4.42
		截止阀 DN25	个	2.02	84.84	42.00	84.84								

续表

序号	定额编号	项目名称	工程量 单位	工程量 数量	工程造价 合价	未计价材料费 单价	未计价材料费 合价	人工费 单价	人工费 合价	材料费 单价	材料费 合价	机械费 单价	机械费 合价	管理费 单价	管理费 合价
27	8-563	螺纹阀门安装（截止阀，DN40以内）	个	1	42.92			28.25	28.25	10.06	10.06	0	0	4.61	4.61
		截止阀 DN40	个	1.01	58.58	58.00	58.58								
28	8-560	螺纹阀门安装（截止阀，DN20以内）	个	4	68.88			11.30	45.20	4.08	16.32	0	0	1.84	7.36
		截止阀 DN20	个	4.04	133.32	33.00	133.32								
29	8-559	螺纹阀门安装（截止阀，DN15以内）	个	11	178.75			11.30	124.30	3.11	34.21	0	0	1.84	20.24
		截止阀 DN15	个	11.11	277.75	25.00	277.75								
30	8-743	螺纹水表组成与安装（DN50以内）	组	1	164.88			90.40	90.40	59.72	59.72	0	0	14.76	14.76
		LXS-50水表	个	1	360.00	360.00	360.00								
31	8-821	洗脸盆安装（铜管冷热水）	10组	0.6	1331.784			596.64	357.984	1525.6	915.36	0	0	97.4	58.44
		台式洗脸盆	个	6.06	2545.2	420	2545.2								
32	8-858	蹲式大便器安装（自闭式冲洗，25）	10套	0.3	818.49			814.73	244.419	1780.56	534.168	0	0	133.01	39.903
		蹲式大便器	个	3.03	666.6	220	666.6								
33	8-917	地漏安装（DN50以内）	10个	0.6	136.422			180.8	108.48	17.05	10.23	0	0	29.52	17.712
		地漏 DN50	个	6	108	18	108								
		合计			46039.82				9581.78		5089.46		122.01		1460.90

注："合价"数据存在误差，是保留两位小数导致的。

表 2.10　措施项目（一）预（结）算计价表

专业工程名称：某办公楼给排水工程　　　　　　　　　　　　　　　　　年　月　日

序号	项目名称	计算基础	费率 /%	金额 / 元	其中：人工费
1	脚手架措施费	人工费	4	383.27	134.14
2	安全文明施工措施费	人工费 + 材料费 + 机械费	1.28	189.35	32.19
3	竣工验收存档资料编制费	分部分项工程中的人、材、机 + 可计量的措施项目中的人、材、机	0.1	14.79	0
	本页小计			587.42	166.34
	本表合计 [结转至施工图预（结）算计价汇总表]			587.42	166.34

注：企业管理费按该项措施费中所含人工费的 16.33% 计取。据此确定竣工验收存档资料编制费。

表 2.11　施工图预（结）算计价汇总表

专业工程名称：某办公楼给排水工程　　　　　　　　　　　　　　　　　年　月　日

序号	费用项目名称	计算公式	费率	金额 / 元
1	分部分项工程项目预（结）算计价合计	$\sum$（工程量 × 编制期预算基价）		46039.82
2	其中：人工费	$\sum$（工程量 × 编制期预算基价中人工费）		9581.78
3	措施项目（一）预（结）算计价合计	$\sum$ 措施项目（一）金额		587.42
4	其中：人工费	$\sum$ 措施项目（一）金额中人工费		166.34
5	措施项目（二）预（结）算计价合计	$\sum$（工程量 × 编制期预算基价）		0
6	其中：人工费	$\sum$（工程量 × 编制期预算基价中人工费）		0
7	规费	［（2）+（4）+（6）］× 相应费率	44.21%	4309.64
8	利润	［（2）+（4）+（6）］× 相应利润率	20.71%	2018.84
9	其中：施工装备费	［（2）+（4）+（6）］× 相应施工装备费率	9.11%	888.05
10	税金	［（1）+（3）+（5）+（7）+（8）］× 征收率或税率	3%（简易计税方法计取增值税）	1588.67
11	含税总计	（1）+（3）+（5）+（7）+（8）+（10）		54544.39

任务2.4 给排水工程清单计量与计价

2.4.1 清单介绍及相关问题

1. 清单介绍

建筑给排水清单工程量计算规则是以《建设工程工程量清单计价规范》（GB 50500—2013）附录J"给排水、采暖、燃气工程"为主要依据的。建筑给排水工程由给排水、采暖、燃气管道（编码：031001），支架及其他（编码：031002），管道附件（编码：031003），卫生器具（编码：031004），供暖器具（编码：031005），采暖、给排水设备（编码：031006），燃气器具及其他（编码：031007），医疗气体设备及附件（编码：031008），采暖、空调工程系统调试（编码：031009），相关问题及说明组成。

2. 建筑给排水工程其他相关问题

1）管道界限的划分。

① 给水管道室内外界限划分：以建筑物外墙皮1.5m为界，入口处设阀门者以阀门为界。与市政给水管道以水表井为界；无水表井的，应以与市政给水管道碰头点为界。

② 排水管道室内外界限划分：应以出户第一个排水检查井为界。室外排水管道与市政排水管道应以与市政给水管道碰头井为界。

2）凡涉及管沟及井类的土石方开挖、垫层、基础、砌筑、抹灰、井盖板预制安装、回填、运输，路面开挖及修复、管道支墩等，应按《房屋建筑与装饰工程工程量计算规范》（GB 50854—2013）、《市政工程工程量计算规范》（GB 50857—2013）相关项目编码列项。

3）凡涉及管道热处理、无损探伤的工作内容，均应按《房屋建筑与装饰工程工程量计算规范》（GB 50854—2013）附录H"工业管道工程"相关项目编码列项。

4）医疗气体管道及附件，应按《房屋建筑与装饰工程工程量计算规范》（GB 50854—2013）附录H"工业管道工程"相关项目编码列项。

5）凡涉及管道、设备及支架除锈、刷油、保温的工作内容除注明外，均应按《房屋建筑与装饰工程工程量计算规范》（GB 50854—2013）附录L"刷油、防腐蚀、绝热工程"相关项目编码列项。

6）凿槽（沟）、打洞项目，应按《房屋建筑与装饰工程工程量计算规范》（GB 50854—2013）附录D"电气设备安装工程"相关项目编码列项。

2.4.2 给排水工程清单计量

本书中的建筑给排水工程主要涉及《通用安装工程工程量计算规范》（GB 50856—2013）附录K"给排水、采暖、燃气工程"中给排水、采暖、燃气管道，支架及其他，管道附件及卫生器具的内容，其相应的清单计量规则详见表2.12。

表 2.12　建筑给排水工程清单计量规则

项目编码	项目名称	分项工程项目	计算规则
031001	给排水、采暖、燃气管道	镀锌钢管、钢管、不锈钢管、铜管、铸铁管、塑料管、复合管、直埋式保温管、承插陶瓷缸瓦管、承插水泥管	按设计图示管道中心线以长度计算
		室外管道碰头	按设计图示以处计算

注：① 安装部位指管道安装在室内、室外。

② 输送介质包括给水、排水、中水、雨水、热媒体、燃气、空调水等。

③ 方形补偿器制作安装，应包含在管道安装综合单价中。

④ 铸铁管安装适用于承插铸铁管、球墨铸铁管、柔性抗震铸铁管等。

⑤ 塑料管安装：

a. 适用于 UPVC、PVC、PP–C、PP–R、PE、PB 管等塑料管材。

b. 项目特征应描述是否设置阻火圈或止水环，按设计图纸或规范要求计入综合单价中。

⑥ 复合管安装适用于钢塑复合管、铝塑复合管、钢骨架复合管等复合型管道安装。

⑦ 直埋保温管包括直埋保温管件安装及接口保温。

⑧ 排水管道安装包括立管检查口、通气帽。

⑨ 室外管道碰头：

a. 适用于新建或扩建工程热源、水源、气源管道与原（旧）有管道碰头。

b. 室外管道碰头包括挖工作坑、土方回填及暖气沟局部拆除及修复。

c. 带介质管道碰头包括开关闸、临时放水管线铺设等费用。

d. 热源管道碰头每处包括供、回水两个接口。

e. 碰头形式指带介质碰头、不带介质碰头。

⑩ 管道工程量计算不扣除阀门、管件（包括减压器、疏水器、水表、伸缩器等组成安装）及附属构筑物所占长度；方形补偿器以其所占长度列入管道安装工程量。

⑪ 压力试验按设计要求描述试验方法，如水压试验、气压试验、泄漏性试验、闭水试验、通球试验、真空试验等。

⑫ 吹、洗按设计要求描述吹扫、冲洗方法，如水冲洗、消毒冲洗、空气吹扫等。

031002	支架及其他	管道支吊架、设备支吊架	1. 以千克计量，按设计图示质量计算 2. 以套计量，按设计图示数量计算
		套管	按设计图示数量计算
		减震装置制作安装	按设计图示，以需要减震的设备数量计算

注：① 单件支架质量 100kg 以上的管道支吊架执行设备支吊架制作安装。

② 成品支吊架安装执行相应管道支吊架或设备支吊架项目，不再计取制作费，支吊架本身价值含在综合单价中。

③ 套管制作安装，适用于穿基础、墙、楼板等部位的防水套管、填料套管、无填料套管及防火套管等，应分别列项。

④ 减震装置制作、安装，项目特征要描述减震器型号、规格及数量。

| 031003 | 管道附件 | 螺纹阀门、螺纹法兰阀门、焊接法兰阀门、带短管甲乙阀门、塑料阀门、减压器、疏水器、除污器（过滤器）、补偿器、软接头（软管）、法兰、水表、倒流防止器、热量表、塑料排水管消声器、浮标液面计、浮标水位标尺 | 按设计图示数量计算 |

注：① 法兰阀门安装包括法兰安装，不得另计法兰安装。阀门安装如仅为一侧法兰连接，应在项目特征中描述。

② 塑料阀门连接形式需注明热熔连接、黏接、热风焊接等方式。

③ 减压器规格按高压侧管道规格描述。

④ 减压器、疏水器、除污器（过滤器）项目包括组成与安装，项目特征应描述所配阀门、压力表、温度计等附件的规格和数量。

⑤ 水表安装项目，项目特征应描述所配阀门等附件的规格和数量。

⑥ 所有阀门、仪表安装中均不包括电气接线及测试，发生时按本规范附录 D "电气设备安装工程" 相关项目编码列项。

续表

项目编码	项目名称	分项工程项目	计算规则
031004	卫生器具	浴缸、净身盆、洗脸盆、洗涤盆、化验盆、大便器、小便器、其他成品卫生器具、烘手器、淋浴间、桑拿浴房、大小便槽自动冲洗水箱制作安装、给排水附件、小便槽冲洗管制作安装、蒸汽－水加热器制作安装、冷热水混合器制作安装、饮水器、隔油器	按设计图示数量计算

注：① 成品卫生器具项目中的附件安装，主要指给水附件（包括水嘴、阀门、喷头等），排水配件包括存水弯、排水栓、下水口等及配备的连接管。

② 浴缸支座和浴缸周边的砌砖、瓷砖粘贴，应按《房屋建筑与装饰工程工程量计算规范》（GB 50854—2013）相关项目编码列项；功能性浴缸不含电机接线和调试，应按本规范附录 D "电气设备安装工程"相关项目编码列项。

③ 洗脸盆项目适用于洗脸盆、洗发盆、洗手盆安装。

④ 器具安装中若采用混凝土或砖基础，应按《房屋建筑与装饰工程工程量计算规范》（GB 50854—2013）相关项目编码列项。

2.4.3　给排水工程清单计价

建筑给排水工程清单计价以《建设工程工程量清单计价规范》（GB 50500—2013）和《通用安装工程工程量计算规范》（GB 50856—2013）为计价依据，其中，消耗量及取费标准依据2016 年版《天津市安装工程预算基价》第八册《给排水、采暖、燃气工程》、第十一册《刷油、防腐蚀、绝热工程》，材料价格参考当地当月信息价，无信息价则参考市场价。

任务训练 5

根据清单计价原理与程序，结合任务训练 1～3 中的训练结果（附录 2），完成以下任务：

1）完成分部分项工程量清单与计价表。

2）完成分部分项工程量清单综合单价分析表。

3）完成措施项目清单与计价。

4）完成工程量清单计价汇总表。

【清单计价示例】

结合定额计量案例和定额计价案例中的计算结果，参照《建设工程工程量清单计价规范》（GB 50500—2013）附录 J "给排水、采暖、燃气工程"进行案例工程工程量清单计价，编写分部分项工程项目清单综合单价分析表（表 2.13）、分部分项工程项目清单计价表（表 2.14）、措施项目（一）清单计价表（表 2.15），工程量清单计价汇总表（表 2.16）。

表 2.13　分部分项工程项目清单综合单价分析表

专业工程名称：某厂区办公楼给排水工程　　　　金额单位：元

序号	项目编码	项目名称	计量单位	工程量		合计	人工费	材料费	机械费	其中 管理费	规费	利润	未计价材料费
1	010101007001	管沟土方	m	33.60	单价	73.38	41.60	0.00	1.05	3.71	18.39	8.62	
					合价	2465.44	1397.77	0.00	35.42	124.82	617.95	289.48	
	1-4	人工挖地槽	10m³	1.96	单价	873.36	503.04	0.00	0.00	43.75	222.39	104.18	
					合价	1709.17	984.45	0.00	0.00	85.62	435.23	203.88	
	1-48	人工回填土	10m³	1.96	单价	386.44	211.20	0.00	18.10	20.03	93.37	43.74	
					合价	756.27	413.32	0.00	35.42	39.20	182.73	85.60	
2	031001006001	塑料管	m	4.97	单价	244.23	20.77	1.14	0.03	3.39	9.18	4.30	205.42
					合价	1213.82	103.22	5.65	0.13	16.85	45.64	21.38	1020.95
	8-404	塑料给水管（热熔连接 DN75 以内，埋地部分）	10m	0.50	单价	2421.93	200.01	4.94	0.26	32.65	88.42	41.42	2054.23
					合价	1203.70	99.40	2.46	0.13	16.23	43.95	20.59	1020.95
	8-479	管道消毒冲洗（DN100以内）	100m	0.05	单价	203.63	76.84	64.37	0.00	12.54	33.97	15.91	
					合价	10.12	3.82	3.20	0.00	0.62	1.69	0.79	
3	031001001001	复合管	m	11	单价	191.05	33.54	10.48	0.44	5.48	14.83	6.95	119.34
					合价	2101.50	368.92	115.27	4.84	60.23	163.10	76.40	1312.74
	8-180	镀锌钢管（螺纹连接，DN80 以内）	10m	1.10	单价	1890.09	327.70	98.35	4.40	53.50	144.88	67.87	1193.40
					合价	2079.10	360.47	108.19	4.84	58.85	159.36	74.65	1312.74
	8-479	管道消毒冲洗（DN100以内）	100m	0.11	单价	203.63	76.84	64.37	0.00	12.54	33.97	15.91	
					合价	22.40	8.45	7.08	0.00	1.38	3.74	1.75	
4	031001001002	复合管	m	31.81	单价	172.80	30.87	6.38	0.31	5.04	13.65	6.39	110.16
					合价	5496.86	982.03	202.93	9.86	160.32	434.15	203.38	3504.19

续表

序号	项目编码	项目名称	计量单位	工程量		合计	人工费	材料费	机械费	管理费	规费	利润	未计价材料费
										其中			
	8-178	镀锌钢管（螺纹连接，DN50以内）	10m	3.18	单价	1713.35	302.84	59.77	3.10	49.44	133.89	62.72	1101.60
					合价	5450.18	963.33	190.13	9.86	157.27	425.89	199.51	3504.19
	8-478	管道消毒冲洗（DN50以内）	100m	0.32	单价	146.74	58.76	40.24	0.00	9.59	25.98	12.17	
					合价	46.68	18.69	12.80	0.00	3.05	8.26	3.87	
5	031001001003	复合管	m	10.50	单价	157.26	30.19	4.50	0.11	4.93	13.35	6.25	97.92
					合价	1651.22	317.03	47.28	1.18	51.75	140.16	65.66	1028.16
	8-177	镀锌钢管（螺纹连接，DN40以内）	10m	1.05	单价	1557.91	296.06	41.00	1.12	48.33	130.89	61.31	979.20
					合价	1635.81	310.86	43.05	1.18	50.75	137.43	64.38	1028.16
	8-478	管道消毒冲洗（DN50以内）	100m	0.11	单价	146.74	58.76	40.24	0.00	9.59	25.98	12.17	
					合价	15.41	6.17	4.23	0.00	1.01	2.73	1.28	
6	031001001004	复合管	m	4.59	单价	106.91	25.45	4.58	0.11	4.15	11.25	5.27	56.10
					合价	490.73	116.80	21.01	0.51	19.07	51.64	24.19	257.50
	8-175	镀锌钢管（螺纹连接，DN25以内）	10m	0.46	单价	1054.45	248.60	41.76	1.12	40.58	109.91	51.49	561.00
					合价	483.99	114.11	19.17	0.51	18.63	50.45	23.63	257.50
	8-478	管道消毒冲洗（DN50以内）	100m	0.05	单价	146.74	58.76	40.24	0.00	9.59	25.98	12.17	
					合价	6.74	2.70	1.85	0.00	0.44	1.19	0.56	
7	031001001005	复合管	m	32.76	单价	83.02	21.27	3.68	0.00	3.47	9.40	4.40	40.80
					合价	2719.84	696.69	120.50	0.00	113.74	308.01	144.29	1336.61
	8-174	镀锌钢管（螺纹连接，DN20以内）	10m	3.28	单价	815.56	206.79	32.76	0.00	33.76	91.42	42.83	408.00
					合价	2671.77	677.44	107.32	0.00	110.60	299.50	140.30	1336.61

续表

序号	项目编码	项目名称	计量单位	工程量		合计	其中						未计价材料费
							人工费	材料费	机械费	管理费	规费	利润	
8	8-478	管道消毒冲洗（DN50以内）	100m	0.33	单价	146.74	58.76	40.24	0.00	9.59	25.98	12.17	
					合价	48.07	19.25	13.18	0.00	3.14	8.51	3.99	
	31001001006	复合管	m	21.57	单价	69.63	21.27	3.55	0.00	3.47	9.40	4.40	27.54
					合价	1501.97	458.72	76.52	0.00	74.89	202.80	95.00	594.04
	8-173	镀锌钢管（螺纹连接，DN15以内）	10m	2.16	单价	681.65	206.79	31.45	0.00	33.76	91.42	42.83	275.40
					合价	1470.32	446.05	67.84	0.00	72.82	197.20	92.38	594.04
	8-478	管道消毒冲洗（DN50以内）	100m	0.22	单价	146.74	58.76	40.24	0.00	9.59	25.98	12.17	
					合价	31.65	12.67	8.68	0.00	2.07	5.60	2.62	
9	031002003001	套管	个	2	单价	152.40	15.82	74.12	0.00	2.58	6.99	3.28	49.61
					合价	304.80	31.64	148.24	0.00	5.16	13.99	6.55	99.22
	8-457	一般塑料套管制作安装（De160以内）	个	2	单价	152.40	15.82	74.12	0.00	2.58	6.99	3.28	49.61
					合价	304.80	31.64	148.24	0.00	5.16	13.99	6.55	99.22
10	31002003002	套管	个	3	单价	164.89	38.42	51.36	1.60	6.27	16.99	7.96	42.29
					合价	494.66	115.26	154.08	4.80	18.81	50.96	23.87	126.88
	8-445	一般钢套管制作安装（DN100以内）	个	3	单价	164.89	38.42	51.36	1.60	6.27	16.99	7.96	42.29
					合价	494.66	115.26	154.08	4.80	18.81	50.96	23.87	126.88
11	31002003003	套管	个	2	单价	139.03	28.25	49.28	1.35	4.61	12.49	5.85	37.21
					合价	278.07	56.50	98.56	2.70	9.22	24.98	11.70	74.41
	8-444	一般钢套管制作安装（DN80以内）	个	2	单价	139.03	28.25	49.28	1.35	4.61	12.49	5.85	37.21
					合价	278.07	56.50	98.56	2.70	9.22	24.98	11.70	74.41

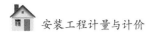

续表

序号	项目编码	项目名称	计量单位	工程量	合计		人工费	材料费	机械费	管理费	规费	利润	未计价材料费
										其中			
12	31002003004	套管	个	2	单价	77.40	15.82	17.16	1.04	2.58	6.99	3.28	30.53
					合价	154.80	31.64	34.32	2.08	5.16	13.99	6.55	61.06
	8-442	一般钢套管制作安装（DN50以内）	个	2	单价	77.40	15.82	17.16	1.04	2.58	6.99	3.28	30.53
					合价	154.80	31.64	34.32	2.08	5.16	13.99	6.55	61.06
13	31002003005	套管	个	2	单价	53.91	11.30	7.67	0.96	1.84	5.00	2.34	24.81
					合价	107.82	22.60	15.34	1.92	3.68	9.99	4.68	49.61
	8-441	一般钢套管制作安装（DN32以内）	个	2	单价	53.91	11.30	7.67	0.96	1.84	5.00	2.34	24.81
					合价	107.82	22.60	15.34	1.92	3.68	9.99	4.68	49.61
14	31002003006	套管	个	1	单价	46.60	11.30	7.67	0.96	1.84	5.00	2.34	17.49
					合价	46.60	11.30	7.67	0.96	1.84	5.00	2.34	17.49
	8-441	一般钢套管制作安装（DN32以内）	个	1	单价	46.60	11.30	7.67	0.96	1.84	5.00	2.34	17.49
					合价	46.60	11.30	7.67	0.96	1.84	5.00	2.34	17.49
15	31002003007	套管	个	27	单价	133.55	16.95	76.46	0.00	2.77	7.49	3.51	26.36
					合价	3605.75	457.65	2064.42	0.00	74.79	202.33	94.78	711.78
	8-458	一般塑料套管制作安装（De200以内）	个	27	单价	133.55	16.95	76.46	0.00	2.77	7.49	3.51	26.36
					合价	3605.75	457.65	2064.42	0.00	74.79	202.33	94.78	711.78
16	31001006002	塑料管	m	128.12	单价	156.19	22.60	1.41	0.01	3.69	9.99	4.68	113.81
					合价	20010.62	2895.51	180.52	1.02	472.76	1280.11	599.66	14581.03
	8-379	塑料排水管（黏接，DN100以内）	10m	12.81	单价	1561.87	226.00	14.09	0.08	36.90	99.91	46.80	1138.08
					合价	20010.62	2895.51	180.52	1.02	472.76	1280.11	599.66	14581.03

续表

序号	项目编码	项目名称	计量单位	工程量		合计	人工费	材料费	机械费	其中 管理费	规费	利润	未计价材料费
17	31001006003	塑料管	m	8.40	单价	64.11	16.05	0.74	0.00	2.62	7.09	3.32	34.29
					合价	538.54	134.79	6.19	0.03	22.01	59.59	27.91	288.02
	8-377	塑料排水管（黏接，DN50以内）	10m	0.84	单价	641.12	160.46	7.37	0.04	26.20	70.94	33.23	342.88
					合价	538.54	134.79	6.19	0.03	22.01	59.59	27.91	288.02
18	31002001001	管道支架	kg	50.28	单价	11.04	3.74	1.39	1.12	0.61	1.65	0.77	1.75
					合价	555.04	188.05	69.93	56.55	30.70	83.14	38.95	87.74
	8-558	一般管架制作安装	100kg	0.19	单价	2353.33	751.45	248.77	291.02	122.68	332.22	155.63	451.57
					合价	457.25	146.01	48.34	56.55	23.84	64.55	30.24	87.74
	11-111	金属结构刷防锈漆第一遍	100kg	0.50	单价	55.89	22.60	14.93	0.00	3.69	9.99	4.68	
					合价	28.10	11.36	7.51	0.00	1.86	5.02	2.35	
	11-112	金属结构刷防锈漆第二遍	100kg	0.50	单价	49.69	20.34	12.83	0.00	3.32	8.99	4.21	
					合价	24.99	10.23	6.45	0.00	1.67	4.52	2.12	
	11-118	金属结构调和漆第一遍	100kg	0.50	单价	44.93	20.34	8.07	0.00	3.32	8.99	4.21	
					合价	22.59	10.23	4.06	0.00	1.67	4.52	2.12	
	11-119	金属结构调和漆第二遍	100kg	0.50	单价	43.97	20.34	7.11	0.00	3.32	8.99	4.21	
					合价	22.11	10.23	3.57	0.00	1.67	4.52	2.12	
19	31003001001	螺纹阀门	个	2	单价	271.79	56.50	43.14	0.00	9.22	24.98	11.70	126.25
					合价	543.58	113.00	86.28	0.00	18.44	49.96	23.40	252.50
	8-566	螺纹阀门安装（蝶阀，DN80以内）	个	2	单价	271.79	56.50	43.14	0.00	9.22	24.98	11.70	126.25
					合价	543.58	113.00	86.28	0.00	18.44	49.96	23.40	252.50
20	31003001002	螺纹阀门	个	1	单价	293.00	56.50	43.14	0.00	9.22	24.98	11.70	147.46
					合价	293.00	56.50	43.14	0.00	9.22	24.98	11.70	147.46

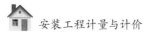

续表

序号	项目编码	项目名称	计量单位	工程量	合计		人工费	材料费	机械费	管理费	规费	利润	未计价材料费
										其中			
20	8-566	螺纹阀门安装（蝶阀，DN80以内）	个	1	单价	293.00	56.50	43.14	0.00	9.22	24.98	11.70	147.46
					合价	293.00	56.50	43.14	0.00	9.22	24.98	11.70	147.46
21	31003001003	螺纹阀门	个	1	单价	119.84	28.25	10.06	0.00	4.61	12.49	5.85	58.58
					合价	119.84	28.25	10.06	0.00	4.61	12.49	5.85	58.58
	8-563	螺纹阀门安装（截止阀，DN40以内）	个	1	单价	119.84	28.25	10.06	0.00	4.61	12.49	5.85	58.58
					合价	119.84	28.25	10.06	0.00	4.61	12.49	5.85	58.58
22	31003001004	螺纹阀门	个	2	单价	72.76	13.56	5.77	0.00	2.21	5.99	2.81	42.42
					合价	145.53	27.12	11.54	0.00	4.42	11.99	5.62	84.84
	8-561	螺纹阀门安装（截止阀，DN25以内）	个	2	单价	72.76	13.56	5.77	0.00	2.21	5.99	2.81	42.42
					合价	145.53	27.12	11.54	0.00	4.42	11.99	5.62	84.84
23	31003001005	螺纹阀门	个	4	单价	57.89	11.30	4.08	0.00	1.84	5.00	2.34	33.33
					合价	231.54	45.20	16.32	0.00	7.36	19.98	9.36	133.32
	8-560	螺纹阀门安装（截止阀，DN20以内）	个	4	单价	57.89	11.30	4.08	0.00	1.84	5.00	2.34	33.33
					合价	231.54	45.20	16.32	0.00	7.36	19.98	9.36	133.32
24	31003001006	螺纹阀门	个	11	单价	48.84	11.30	3.11	0.00	1.84	5.00	2.34	25.25
					合价	537.20	124.30	34.21	0.00	20.24	54.95	25.74	277.75
	8-559	螺纹阀门安装（截止阀，DN15以内）	个	11	单价	48.84	11.30	3.11	0.00	1.84	5.00	2.34	25.25
					合价	537.20	124.30	34.21	0.00	20.24	54.95	25.74	277.75

续表

序号	项目编码	项目名称	计量单位	工程量	合计		其中						未计价材料费
							人工费	材料费	机械费	管理费	规费	利润	
25	31003011001	水表	组	1	单价	583.57	90.40	59.72	0.00	14.76	39.97	18.72	360.00
					合价	583.57	90.40	59.72	0.00	14.76	39.97	18.72	360.00
25	8-743	螺纹水表组成与安装（DN50以内）	组	1	单价	583.57	90.40	59.72	0.00	14.76	39.97	18.72	360.00
					合价	583.57	90.40	59.72	0.00	14.76	39.97	18.72	360.00
26	31004003001	洗脸盆	组	6	单价	684.90	59.66	152.56	0.00	9.74	26.38	12.36	424.20
					合价	4109.39	357.98	915.36	0.00	58.44	158.26	74.14	2545.20
	8-821	洗脸盆安装（铜管冷热水）	10组	0.6	单价	6848.98	596.64	1525.6	0.00	97.4	263.77	123.56	4242.00
					合价	4109.39	357.98	915.36	0.00	58.44	158.26	74.14	2545.20
27	31004006001	大便器	组	3	单价	547.92	81.47	178.06	0.00	13.30	36.02	16.87	222.20
					合价	1643.77	244.42	534.17	0.00	39.90	108.06	50.62	666.60
	8-858	蹲式大便器安装（自闭式冲洗，DN25）	10套	0.3	单价	5479.22	814.73	1780.56	0.00	133.01	360.19	168.73	2222.00
					合价	1643.77	244.42	534.17	0.00	39.90	108.06	50.62	666.60
28	31004014001	给排水附件	个	6	单价	52.47	18.08	1.71	0.00	2.95	7.99	3.74	18.00
					合价	314.85	108.48	10.23	0.00	17.71	47.96	22.47	108.00
	8-917	地漏安装（DN50以内）	10个	0.6	单价	524.75	180.8	17.05	0.00	29.52	79.93	37.44	180.00
					合价	314.85	108.48	10.23	0.00	17.71	47.96	22.47	108.00
		合计				52260.32	9581.78	5089.46	122.01	1460.90	4236.11	1984.39	29785.68

注："合价"数据存在误差，是保留两位小数导致的。

表 2.14　分部分项工程项目清单计价表

专业工程名称：某厂区办公楼给排水工程

序号	项目编码	项目名称	项目特征	计量单位	工程量	金额／元		
						综合单价	合价	其中：规费
1	010101007001	管沟土方	1. 土壤类别：一般 2. 管外径：De75.5 3. 挖沟深度：1.3m 4. 回填要求：±0.000	m	33.60	73.38	2465.44	617.95
2	031001006001	塑料管	1. 安装部位：室内（埋地） 2. 介质：给水 3. 材质、规格：DN70 钢丝网骨架塑料（聚乙烯）复合管 4. 连接形式：热熔连接	m	4.97	244.23	1213.82	45.64
3	031001001001	复合管	1. 安装部位：室内 2. 介质：给水 3. 材质、规格：DN70 内外涂环氧复合钢管 4. 连接形式：丝扣连接	m	11	191.05	2101.50	163.10
4	031001001002	复合管	1. 安装部位：室内 2. 介质：给水 3. 材质、规格：DN50 内外涂环氧复合钢管 4. 连接形式：丝扣连接	m	31.81	172.80	5496.86	434.15
5	031001001003	复合管	1. 安装部位：室内 2. 介质：给水 3. 材质、规格：DN40 内外涂环氧复合钢管 4. 连接形式：丝扣连接	m	10.50	157.26	1651.22	140.16
6	031001001004	复合管	1. 安装部位：室内 2. 介质：给水 3. 材质、规格：DN25 内外涂环氧复合钢管 4. 连接形式：丝扣连接	m	4.59	106.91	490.73	51.64
7	031001001005	复合管	1. 安装部位：室内 2. 介质：给水 3. 材质、规格：DN20 内外涂环氧复合钢管 4. 连接形式：丝扣连接	m	32.76	83.02	2719.84	308.01
8	031001001006	复合管	1. 安装部位：室内 2. 介质：给水 3. 材质、规格：DN15 内外涂环氧复合钢管 4. 连接形式：丝扣连接	m	21.57	69.63	1501.97	202.80
9	031002003001	套管	1. 类型：套管 2. 材质：钢丝网骨架塑料（聚乙烯）复合管材 3. 规格：DN100	个	2	152.40	304.80	13.99

续表

序号	项目编码	项目名称	项目特征	计量单位	工程量	金额／元		
						综合单价	合价	其中：规费
10	031002003002	套管	1. 类型：套管 2. 材质：内外涂环氧复合钢管 3. 规格：DN100	个	3	164.89	494.66	50.96
11	031002003003	套管	1. 类型：套管 2. 材质：内外涂环氧复合钢管 3. 规格：DN70	个	2	139.03	278.07	24.98
12	031002003004	套管	1. 类型：套管 2. 材质：内外涂环氧复合钢管 3. 规格：DN40	个	2	77.40	154.80	13.99
13	031002003005	套管	1. 类型：套管 2. 材质：内外涂环氧复合钢管 3. 规格：DN32	个	2	53.91	107.82	9.99
14	031002003006	套管	1. 类型：套管 2. 材质：内外涂环氧复合钢管 3. 规格：DN25	个	1	46.60	46.60	5.00
15	031002003007	套管	1. 类型：套管 2. 材质：HRS 加强型螺旋消音管材 3. 规格：DN150	个	27	133.55	3605.75	202.33
16	031001006002	塑料管	1. 安装部位：室内 2. 介质：排水 3. 材质、规格：DN100 的 HRS 加强型螺旋消音管材 4. 连接形式：柔性承插连接或胶结	m	128.12	156.19	20010.62	1280.11
17	031001006003	塑料管	1. 安装部位：室内 2. 介质：排水 3. 材质、规格：DN50 的 HRS 加强型螺旋消音管材 4. 连接形式：柔性承插连接或胶结	m	8.4	64.11	538.54	59.59
18	031002001001	管道支吊架	1. 材质：型钢 2. 管架形式：一般	kg	50.28	11.04	555.04	83.14
19	031003001001	螺纹阀门	1. 类型：蝶阀 2. 规格：DN70 3. 连接形式：螺纹	个	2	271.79	543.58	49.96
20	031003001002	螺纹阀门	1. 类型：止回阀 2. 规格：DN70 3. 连接形式：螺纹	个	1	293.00	293.00	24.98
21	031003001003	螺纹阀门	1. 类型：截止阀 2. 规格：DN40 3. 连接形式：螺纹	个	1	119.84	119.84	12.49

续表

序号	项目编码	项目名称	项目特征	计量单位	工程量	金额/元		
						综合单价	合价	其中:规费
22	031003001004	螺纹阀门	1. 类型:截止阀 2. 规格:DN25 3. 连接形式:螺纹	个	2	72.76	145.53	11.99
23	031003001005	螺纹阀门	1. 类型:截止阀 2. 规格:DN20 3. 连接形式:螺纹	个	4	57.89	231.54	19.98
24	031003001007	螺纹阀门	1. 类型:截止阀 2. 规格:DN15 3. 连接形式:螺纹	个	11	48.84	537.20	54.95
25	031003011001	水表	1. 安装部位:室内 2. 型号、规格:DN50 LXS-50 3. 连接形式:螺纹	组	1	583.57	583.57	39.97
26	031004003001	洗脸盆	1. 类型:台式洗脸盆 2. 附件名称、数量:水龙头6个 金属软管:6根	组	6	684.90	4109.39	158.26
27	031004006001	大便器	蹲式大便器安装(自闭阀冲洗,25)	组	3	547.92	1643.77	108.06
28	031004014001	给排水附件	地漏 DN50	个	6	52.47	314.85	47.96

注:"合价"数据存在误差,是保留两位小数导致的。

表 2.15 措施项目(一)清单计价表

专业工程名称:某厂区办公楼给排水工程

序号	项目编码	项目名称	计算基础	金额/元	其中:规费/元
1	031301017001	脚手架措施费	9581.78	383.27	59.31
2	031302001001	安全文明施工措施费	14793.25	189.35	14.23
3	031301018001	竣工验收存档资料编制费	14793.25	14.79	
		本页合计		587.42	73.54
	本表合计 [结转至工程量清单计价汇总表]			587.42	73.54

注:本表适用于以"费率"计价的措施项目。

表 2.16　工程量清单计价汇总表

专业工程名称：某厂区办公楼给排水工程

序号	费用项目名称	计算公式	金额 / 元
1	分部分项工程量清单计价合计	∑（工程量×综合单价）	52260.32
2	其中：规费	∑（工程量×综合单价中规费）	4236.11
3	措施项目（一）清单计价合计	∑措施项目（一）金额	695.40
4	其中：规费	∑措施项目（一）金额中规费	73.54
5	措施项目（二）清单计价合计	∑（工程量×综合单价）	
6	其中：规费	∑（工程量×综合单价中规费）	
7	规费	（2）+（4）+（6）	4309.65
8	税金	［（1）+（3）+（5）］×相应费率	1588.67
含税总计［转至工程量清单总价汇总表］		（1）+（3）+（5）+（8）	54544.39

拓展练习

一、填空题

1. 图例 "—◎　〒" 在给排水工程施工图中表示_____。

2. 图例 "▶" 在给排水工程施工图中表示_____。

3. 室内外排水管道界线，以_____为界。

4. 确定给排水管道长度时，水平敷设管道，在图_____中获得，垂直敷设管道，在_____图中获得。

5. 根据 2016 年版《天津市安装工程预算基价》，建筑给排水工程定额中操作高度均以_____m 为界限。

二、单选题

1. 根据 2016 年版《天津市安装工程预算基价》，给排水管道工程量按设计图示（　　　　）。

　　A. 管道中心线长度以延长米计算

　　B. 管道横截面以面积计算

　　C. 管道横截面面积乘以长度以体积计算

　　D. 管道外表皮长度以延长米计算

2. 根据 2016 年版《天津市安装工程预算基价》，螺纹阀门安装工程量以（　　　）为计量单位。

　　A. 个　　　　　　B. 组　　　　　　C. 套　　　　　　D. 安装面积

3. 根据 2016 年版《天津市安装工程预算基价》，浴盆、洗脸盆、洗手盆按设计图示数量计算，以（　　　）为计量单位。

　　A. 个　　　　　　B. 组　　　　　　C. 套　　　　　　D. 千克

4. 根据 2016 年版《天津市安装工程预算基价》，螺纹水表、焊接法兰水表（带旁通管及止回阀）按公称直径不同，以（　　）为单位进行计算。

A. 个　　　　　　B. 组　　　　　　C. 千克　　　　　　D. 长度

三、简答题

1. 简述建筑给排水工程施工图的组成及各组成部分的作用。

2. 在建筑给排水工程中，管径有哪几种常用的表示方法？

3. 建筑给排水管道常用的连接方式有哪些？它们分别有什么优缺点？

4. 在识读建筑给排水工程图纸的过程中，管道的管径如何确定？遇到没有明确标注管径的情况如何解决？

项 目

建筑采暖工程计量与计价

▌ 项目概述

建筑采暖工程计量与计价是安装工程计量与计价的重要组成部分之一，主要研究贮存升压设备组成、采暖管网设置、管道附件及散热器安装等的工程量计算规则及计价方法。本项目以计量规则和计价方法为主线，结合工程实例，应用最新的定额和规范，介绍了运用定额计价和清单计价方法编制建筑采暖工程计价文件。

▌ 学习目标

知识目标	能力目标	素质目标
1. 了解建筑采暖工程分类、组成； 2. 了解建筑采暖工程常用材料和设备； 3. 掌握建筑采暖工程施工图识读方法； 4. 掌握建筑采暖工程定额内容及注意事项； 5. 掌握建筑采暖工程清单内容及注意事项； 6. 掌握建筑采暖工程工程量计算规则； 7. 掌握建筑采暖工程计价方法	1. 具备建筑采暖工程施工图识读的能力； 2. 具备建筑采暖工程定额与清单列项的能力； 3. 能够依据建筑采暖工程工程量计算规则，熟练计算工程量； 4. 能够根据定额计价方法，编制建筑采暖工程预算文件； 5. 能够根据清单计价方法，编制建筑采暖工程工程量清单及招标控制价	1. 培养学生严谨求实、一丝不苟的学习态度； 2. 培养学生善于观察、善于思考的学习习惯； 3. 培养学生团结协作的职业素养； 4. 培养学生绿色节能的理念

▌ 课程思政

通过学习目前各类建筑场所采用的多样化采暖方式，了解新能源、新技术在采暖工程中的应用与更替过程，感受科技创新给建筑采暖工程带来的巨大进步，体会我国科学技术及国民经济的快速发展；重点学习热水采暖、蒸汽采暖、地板辐射采暖三种采暖系统的组成，以及热水采暖工程计量计价方法，了解我国城镇采暖管网规划布置的思路及规模，从而认识我国在改善国民生活条件方面所取得的巨大成就。积极响应国家"节能降耗"的倡议，树立"点点滴滴降成本，分分秒秒增效益"的节能意识，为我国能源合理有效开发利用做出自己的贡献。

课前观看视频《环保系列——燃煤采暖危害大》纪录片。

▌项目发布

1）图纸：某办公楼室内采暖工程，主体建筑4层，钢筋混凝土框架结构，采暖工程图见附录3。

2）预算编制范围：①室内采暖系统采暖管道；②室内采暖系统采暖设备。

3）参考规范：

定额计价采用2016年版《天津市安装工程预算基价》第八册《给排水、采暖、燃气工程》。

清单计价采用《通用安装工程工程量计算规范》（GB 50856—2013）。

未计价材料价格执行当前市场信息价格。

4）成果文件：办公楼室内采暖工程定额计价文件一份、办公楼室内采暖工程清单计价文件一份。

【拍一拍】

采暖设施极大地改善了冬季室内温度，让我们在寒冷的冬天也能在舒适的环境中生活、学习、工作（图3.1和图3.2）。同学们可以观察周围室内的采暖方式，拍一拍你身边的采暖设备及管道。

图3.1　暖气片采暖

图3.2　地暖采暖

【想一想】

暖气是怎样输送热量的？

任务3.1　认识建筑采暖系统

为了保证人们冬季能够在室内一定温度条件下正常从事生活和生产活动，建筑采暖工程将热源（锅炉房）产生的热量通过室外供热管网输送到建筑物室内采暖系统。采暖工程包括锅炉房部分、室外供热管网和室内采暖系统三大部分。

3.1.1　建筑采暖系统的分类

我国的采暖方式经过近几十年的发展，出现了多种热源和热媒，由此可将采暖方式分为热水采暖、蒸汽采暖、热风采暖（中央空调）、辐射采暖、太阳能采暖、电热采暖、热泵采暖等方式。

1．热水采暖系统

热水采暖系统是依靠热水循环散热方法达到取暖目的的采暖系统。它的特点是节能、供暖效果好，为民用和公用建筑的主要采暖形式，也用于工业建筑中。热水采暖按供水温度可分为一般热水采暖（供水温度95℃，回水温度70℃）和高温热水采暖（供水温度96～130℃，回水温度70℃）两种。

2．蒸汽采暖系统

蒸汽采暖系统是以水汽化后的水蒸气散热冷凝的循环过程取暖的采暖系统。它的特点是温度变化大，易造成室内干燥，卫生效果差。按压力大小不同可分为低压蒸汽采暖（蒸汽工作压力不大于0.07MPa）和高压蒸汽采暖（蒸汽工作压力大于0.07MPa）两种。

3．热风采暖系统

热风采暖系统是以加热后的热空气通过对流方式保持室内所需温度的。送入室内的空气只经加热和加湿（也可以不加湿）处理，而不经冷却处理。热风采暖的主要设备为暖风机，这种系统只在寒冷地区具有采暖要求的大空间建筑中应用。

4．辐射采暖系统

辐射采暖系统利用热水、蒸汽、电和可燃气体等加热辐射板表面形成辐射能，满足室内采暖需求。辐射采暖可以分为低温辐射采暖、中温辐射采暖和高温辐射采暖。辐射采暖的主要设备为辐射板。

5．太阳能采暖系统

太阳能采暖系统是将分散的太阳能通过太阳能集热器转换成热水，通过将热水输送到发热末端来满足建筑供热需求的一种采暖系统。太阳能采暖的主要设备为太阳能集热器、水箱及输送管路等。

6. 电热采暖系统

电热采暖系统是在室内或吊顶中贴挂电热毯或辐射热电缆，通电产生热能来达到取暖效果。

7. 热泵采暖系统

热泵采暖系统将空气、土壤、水、太阳能、工业废热等热源转化为可利用的高位热源。热泵可分为空气源型热泵、水源型热泵、土壤地源型热泵。

【知识拓展】

2006 年以来，我国加强节能减排，提高新能源利用率，我国太阳能热利用市场逐渐广阔，太阳能热产品性能日益提高，太阳能供暖逐渐受到人们的重视。2019 年 5 月，我国住房和城乡建设部修订了 2009 年发布的《太阳能供热采暖工程技术规范》，新标准为《太阳能供热采暖工程技术标准》（GB 50495—2019），以便指导太阳能供热采暖工程顺利发展。

3.1.2　热水采暖系统

1. 热水采暖系统的组成

热水采暖系统由以下三部分组成：热源、室外供热管网、室内采暖系统。

（1）热源

热源是能够提供热量的设备，常见的热源有热水锅炉、蒸汽锅炉房、热交换器等。

（2）室外供热管网（输热管道）

室外供热管网是热源至各采暖点之间（入口装置以外）的管道，其任务是将供热站生产的热能，通过蒸汽、热水等热媒输送到室内采暖系统，以满足生产、生活的需要。室外供热管网根据输送的介质不同，可分为蒸汽管网和热水管网两种；按其工作压力不同可分为低压、中压和高压三种。

（3）室内采暖系统（散热设备）

室内采暖系统一般是由包括入口装置在内的管道、散热器（或者暖风机）、排气装置等设施所组成的供热系统。室内采暖系统根据室内供热管网输送的介质不同也可分为热水采暖系统和蒸汽采暖系统两大类。

1）热水采暖系统。

按热水在系统内循环的动力可分为自然循环系统（靠水的重度差进行循环）和机械循环系统（靠水泵作用进行循环）两种；按系统的每组主管根数分为单管系统和双管系统，分别如图 3.3 和图 3.4 所示。

2）蒸汽采暖系统。

按照蒸汽采暖中供气压力大小可分为高压蒸汽采暖（供气表压力高于 70kPa），如图 3.5 所示；低压蒸汽采暖（供气表压力不高于 70kPa），如图 3.6 所示；按照回水动力不同可分为重力回水采暖和机械回水采暖；蒸汽采暖系统的热惰性小，水静压力小，适用于高层建筑采暖，但运行费用高，使用寿命短。

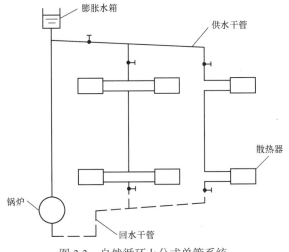

图 3.3　自然循环上分式单管系统

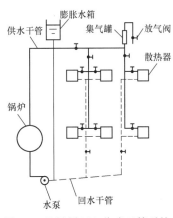

图 3.4　机械循环上分式双管系统

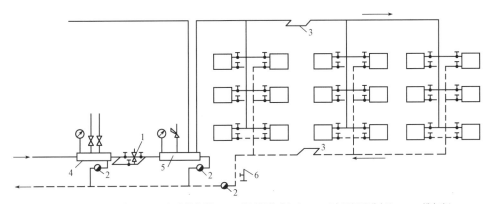

1—减压装置；2—疏水器；3—方形补偿器；4—减压阀前分气缸；5—减压阀后分气缸；6—排气阀。

图 3.5　高压蒸汽采暖系统

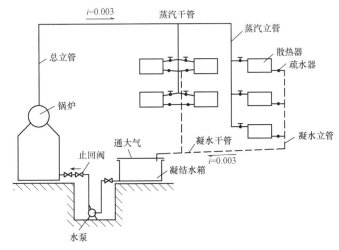

图 3.6　低压蒸汽采暖系统

2. 室内热水采暖系统的组成

室内热水采暖系统由入口装置、室内采暖管道、管道附件、散热器等组成。

（1）入口装置

室外采暖管道进入室内采暖系统需设置入口装置，用来控制（接通或切断）热媒，以及减压或者观察热媒的输送参数。入口装置通常由阀门、仪表和减压装置等组成。热水采暖系统设调压板的入口装置，如图3.7所示；蒸汽采暖凝结水管的减压装置如图3.8所示。

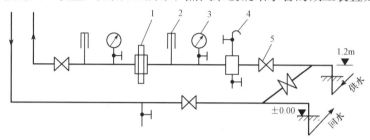

1—调压板；2—温度计；3—压力表；4—除污器；5—阀门。

图3.7 热水采暖系统设调压板的入口装置

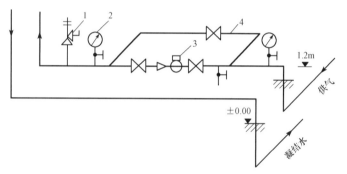

1—安全阀；2—压力表；3—减压阀；4—旁通阀。

图3.8 蒸汽采暖凝结水管的减压装置

在入口装置及入口处常设低压设备减压器与疏水器。减压器是靠阀门孔的启闭对通过的介质进行节流来达到减压目的的。减压阀是以阀门组的形式安装的。阀门组由减压阀、前后控制阀、压力表、安全阀、冲洗管、冲洗阀、旁通管、旁通阀及螺纹连接的三通、弯头、活接头等管件组成，此阀门组称为减压阀。疏水器与减压阀相类似，它也是由疏水器及前后的控制阀、旁通装置、冲洗和检查装置等组成的阀门组的合称，如图3.9所示。

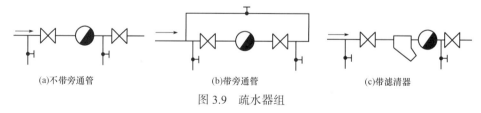

(a)不带旁通管 (b)带旁通管 (c)带滤清器

图3.9 疏水器组

减压阀、疏水器、安全阀、压力表等有时根据需要也可单体安装，如图3.10所示。

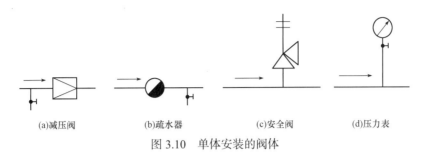

(a)减压阀　　　(b)疏水器　　　(c)安全阀　　　(d)压力表

图 3.10　单体安装的阀体

（2）室内采暖管道

室内采暖管道是由供水干管、立管及支管组成的。室内采暖系统输送热媒的干管和立管的设计布置形式称为供热方式。在采暖工程中，管道的布置形式很多，根据供热管道水平干管的位置不同分为上供下回式、上供上回式、下供上回式、下供下回式、水平式、中分式等。

上供下回式指供热管在上，回水管在下，如图 3.11（a）所示；上供上回式指供热管和回水管均在上，如图 3.11（b）所示；下供上回式指供热管在下，回水管在上，如图 3.11（c）所示；下供下回式指供热管和回水管均在下，如图 3.11（d）所示；水平式分为水平串联式和水平跨越式，如图 3.12 所示。

根据供暖立管的根数分为单立管式和双立管式。供水和回水同在一根立管中运行的，称为单立管式，如图 3.13 所示；供水和回水各自在一根立管中运行的，称为双立管式，如图 3.14 所示。

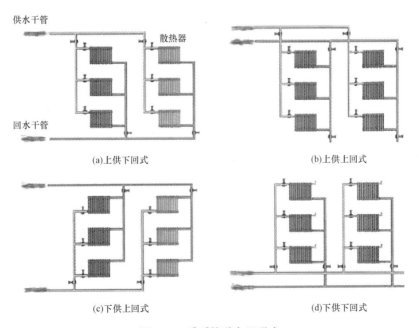

(a)上供下回式　　　　　　　　　　(b)上供上回式

(c)下供上回式　　　　　　　　　　(d)下供下回式

图 3.11　采暖管道布置形式

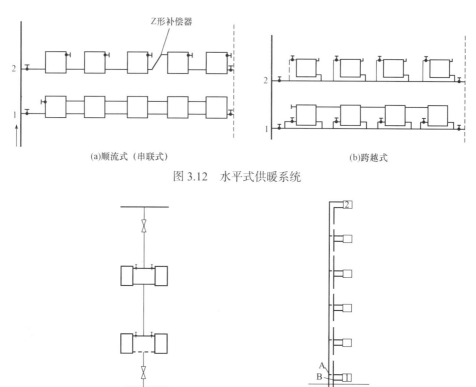

(a)顺流式（串联式）　　　　　　　　　　　　(b)跨越式

图 3.12　水平式供暖系统

图 3.13　单立管式　　　　　　图 3.14　双立管式

（3）管道附件

采暖管道上的附件有阀门、放气阀、集气罐、膨胀水箱、补偿器等。

放气阀一般设在供气干管上的最高点，当管道水压试验前充水和系统启动时，可利用此阀排除管道内的空气。集气罐一般装在热水采暖管道系统中供水干管的末端（高点），用于排除系统中的空气。集气罐一般采用 $DN100 \sim 250mm$ 的钢管制成，分立式和卧式两种。但也可装排气阀和膨胀水箱，来排除系统及散热器组内的空气。

补偿器是采暖管道每隔一定距离设置的膨胀补偿装置，以保证管道在热状态下稳定、安全工作，减少并释放管道热胀冷缩时产生的应力变形。管路中设置的法兰套筒补偿器如图 3.15 所示；波形补偿器如图 3.16 所示；方形补偿器如图 3.17 所示，方形补偿器是钢管煨弯制成的。

图 3.15　法兰套筒补偿器

图 3.16　波形补偿器

图 3.17　方形补偿器

近年来，在采暖管网中经常采用橡胶软接头代替膨胀补偿装置，解决金属管道因受热膨胀或遇冷缩短的问题，以减少管子的温度应力。橡胶软接头中间由软橡胶压制而成，两端与管路可以法兰连接或者螺纹连接，如图 3.18 所示。

图 3.18　橡胶软接头

（4）管道支架

采暖工程中管道的安装固定方式有滑动支架、固定支架和其他支架三种形式。

1）滑动支架：用于因温度变化而膨胀移动的管道上，如图 3.19 所示。

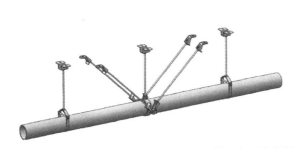
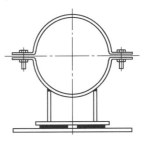

图 3.19　立管、水平管道滑动支架

2）固定支架：为均匀分布伸缩器之间管道的热伸长，使伸缩器能正常工作，防止采暖管道受热应力过大而变形，多采用角钢架，如图 3.20 所示。

3）其他支架：室内采暖立管、水平管道的固定件，如图 3.21 所示。

（5）散热器

散热器是将热水或水蒸气的热能散发到室内空间，使室内气温升高的设备。散热器的种类很多，常用的有铸铁散热器、钢制板式散热器、钢制闭式对流散热器、钢制光排管式散热器、钢制柱形散热器等。

图 3.20　角钢架

图 3.21　立管、水平管固定件

1）铸铁散热器。铸铁散热器分为柱形、翼形、柱翼形等。柱形散热器又有二柱、四柱、五柱和六柱之分，如图 3.22 所示。

图 3.22　铸铁散热器

二柱散热器的规格以宽度表示，如 M-132 型，其宽度为 132mm；四柱、五柱、六柱散热器的规格以高度来表示，分带足和不带足两种，如四柱 813 型，其高度为 813mm。

柱形散热器每片散热面积小，安装前应按照设计规定，将数片散热器组成一组，然后进行水压试验。

翼型散热器有长翼型、圆翼型等。长翼型散热器根据翼片多少可分为大 60 和小 60 两种，大 60 是 14 个翼片，每片长 280mm，小 60 是 10 个翼片，每片长 200mm，它们的高度均为 600mm；圆翼型散热器按长度可分为 1000mm 和 750mm 两种。

柱翼型散热器是目前使用较多的散热器，柱翼型灰铁铸铁散热器（定向）型号表示方法：TDD1 － 6 － 5（8）。T 表示灰铸铁；第一个 D 表示单面；第二个 D 表示定向；1 表示 1 柱；6 表示上、下水口中心距 600mm；5 表示压力 0.5MPa；（8）表示加稀土的高压片。

2）钢制板式散热器，如图3.23所示。

图 3.23　钢制板式散热器

3）钢制闭式对流散热器如图 3.24 所示。

4）钢制光排管式散热器如图 3.25 所示。

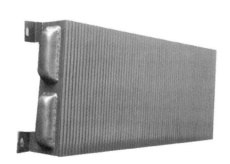

图 3.24　钢制闭式对流散热器

图 3.25　钢制光排管式散热器

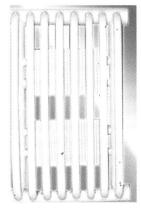

图 3.26　钢制柱形散热器

5）钢制柱形散热器：钢制柱形散热器是仿铸铁散热器形状的钢制散热器。该散热器是将钢板冲压成所需的形状，再经焊接组成散热器片，如图 3.26 所示。

散热器安装：散热器通常安装在室内外墙的窗台下（居中），走廊和楼梯间等处。安装一般先设置托架（钩），然后将散热器组挂在托架上，如果是带足柱式散热器，直接搁置在地面或楼面上。

（6）散热器支架、托架

散热器支架、托架如图 3.27 所示。其支架、托架数量应符合表 3.1 的规定。

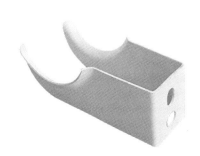

图 3.27　散热器支架、托架

表 3.1　散热器支架、托架数量

序号	散热器形式	安装方式	每组片数	上部脱钩或卡架数	下部脱钩或卡架数	合计
1	长翼型	挂墙	2～4	1	2	3
			5	2	2	4
			6	2	3	5
			7	2	4	6
2	柱形、柱翼型	挂墙	3～8	1	2	3
			9～12	1	3	4
			13～16	2	4	6
			17～20	2	5	7
			21～25	2	6	8
3	柱形、柱翼型	带足落地型	3～8	1	—	1
			9～12	1	—	1
			13～16	2	—	2
			17～20	2	—	2
			21～25	2	—	2

（7）分户热水计量装置

集中供热的住宅建筑，室内采暖系统分户计量热水，分户分室可采取温度调节的形式，每户设置一套热水计量表，安装在楼梯间专设的管道井内。

3．采暖管道敷设与连接

室内采暖管道一般采用明装敷设或暗装敷设。在有地下室和管道井的建筑内，干管可敷设在地下室顶棚，立管可敷设在管道井内。常用的管材为焊接钢管，大管径管道（一般直径不小于32mm）连接方式为焊接，小管径管道（一般直径小于32mm）连接方式为丝扣连接。

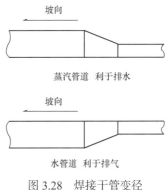

图 3.28　焊接干管变径

干管连接：不同的系统干管敷设位置不同，一般采用焊接。干管变径时热水供暖系统采用上平偏心变径，蒸汽供暖系统采用下平偏心变径，凝结水管采用同心变径，立管位置距变径处 200 ～ 300mm，如图 3.28 所示。

立管连接：竖井敷设或明设，穿楼板时预留洞或现打孔洞，楼板处加套管。套管有镀锌薄钢板套管和钢套管两种。套管下端与下层天棚平齐，上端高出地面 50mm 左右。大管径立管用支架固定，小管径立管用管卡固定。

支管连接：支管与散热器连接处均应有活接头，以利于安装。

3.1.3　低温地板辐射采暖系统

近年来，地板辐射采暖以舒适、节能、高效、环保的优势，在各类建筑物中得到广泛使用。低温地板辐射采暖系统是以温度不高于 60℃ 的热水作为热源，在埋置于地板下的盘管系统内循环流动，来加热整个地板，通过地面均匀地向室内辐射散热的一种供暖方式。

地暖系统主要包括热水供热管网、分水器、集水器、地暖温控器、地暖专用盘管、保温层、反射层等。地暖系统组成如图 3.29 所示。

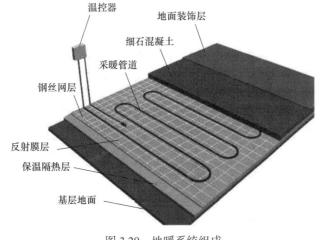

图 3.29　地暖系统组成

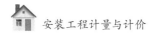

（1）热水供热管网

热水供热管网包括建筑物内输送热水的供水、回水干管与立管和支管。

（2）分水器、集水器

分水器是在地辐射采暖系统中，用于连接各路供水管的配水装置，并将支管热水分配到各个环路，内置调节阀可调节各环路的水流量，从而达到控制采暖温度的目的。

集水器是在地辐射采暖系统中，用于连接各路加热管、回水管的汇水装置，如图 3.30 所示。

（3）地暖温控器

地暖温控器是为了控制安装于地板之中的取暖设备而研制的。它根据物体的热胀冷缩原理，在设定温度情况下，对环境温度进行加温或者降温的调节。它可分为电地暖温控器和水地暖温控器两种，如图 3.31 所示。

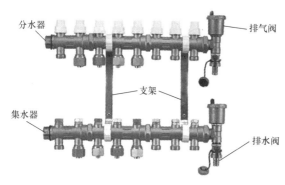

图 3.30　分水器、集水器

图 3.31　地暖温控器

（4）钢丝网

钢丝网用来固定地热管线，均匀辐射热量，避免局部温度过高。

（5）地暖专用盘管

地暖专用盘管是通过热水循环，加热底边层，以辐射方式向室内散热的管道。

地暖专用盘管常用管材如下。

1）交联铝塑复合（XPAP）管。

2）聚丁烯（PB）管。

3）交联聚乙烯（PE）管。

4）聚丙烯（PPR）管。

5）耐热聚乙烯（PTRT）管。

以上地暖专用塑料盘管常用的布置形式有平行排管式、蛇形排管式及蛇形盘管式三种，如图 3.32 所示。

（6）保温层

设置保温层的目的主要是防止和减少热量向地下散失，提高热利用率。保温层通常采用聚苯乙烯泡沫板或发泡水泥制成。

（7）反射层

反射层可加强保温层的隔热性能。此外，可以有效地分散管内温水所传递的热量，从而使热量均匀地散布在整个平面上，以减少管路下部的局部高温老化的影响，提高整个地暖结构层的使用寿命。反射层常用材料为铝箔。

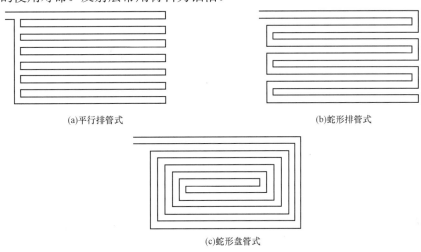

(a)平行排管式　　　　　　　　　　(b)蛇形排管式

(c)蛇形盘管式

图 3.32　地暖专用盘管

（8）填充层

填充层一般采用豆石混凝土浇制，起到均热、蓄热作用。

（9）隔离层

设置隔离层的目的是防止建筑地面上各种液体或潮气透过地面的构造层。一般仅在潮湿房间内使用隔离层。

（10）面层

面层指建筑物地面或楼地面的装饰面。

任务训练 1

通过以上建筑工程采暖基础知识的学习，大家可以仔细观察周边建筑采暖系统，完成以下任务：

1）查看自己家里和宿舍供暖采用的热媒是什么？

2）对自己家里或者宿舍、教室的采暖设备拍取照片，说一说其采暖设备的类型及安装方式。

3）查看学校及家里供热管道的敷设，拍取照片，标记其敷设位置，了解所用管道支架类型，并识别管道中的附件及各种阀门类型。

4）观察周围的建筑采暖管道有没有采取防腐措施？采用的措施是什么？

任务3.2 识读建筑采暖工程施工图

采暖工程施工图由文字部分和图示部分组成。文字部分包括图纸目录、设计施工说明、图例及设备材料表等；图示部分包括施工平面图、采暖系统图、采暖施工详图及大样图。

3.2.1 图纸组成

1. 设计施工说明

从设计施工说明中可以了解以下内容。

1）建筑物的采暖面积、热源种类、热媒参数、系统总热负荷。

2）供暖系统形式和进出口压力差。

3）散热器的型号及安装要求。

4）采暖管道的材料、管道连接方式及敷设方式。

5）管道、支架、设备的防腐和保温做法。

6）在施工图上未说明的管道附件安装情况，如在供暖立管上是否安装阀门等。

7）在安装和调试运转时应遵循的标准和规范。

2. 图纸目录

按照一定顺序依次列出设计人员绘制的图纸和所选用的标准图部分。

3. 图例

采暖施工图中的管道及附件、管道连接、阀门、采暖设备及仪表等，采用《暖通空调制图标准》(GB/T 50114—2010) 中统一的图例表示，凡在标准图例中未列入的可自设，但在图纸上应专门画出图例，并加以说明。表3.2列出了室内采暖工程中的部分图例。

表 3.2 图例表

名称	图形与符号	名称	图形与符号
采暖供水管	 ——————	过滤器	
采暖回水管	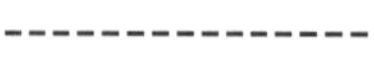 - - - - - - -	自力式压差控制阀	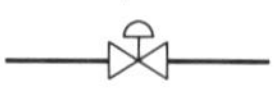
供水立管	○	回水立管	●
球阀	 —▷◁—	热计量表	 ◀▶

续表

名称	图形与符号	名称	图形与符号
蝶阀		放气阀	
压力表		闸板阀	
温度计		管道固定架	

4. 主要设备材料表

为了便于施工备料，保证安装质量和避免浪费，施工单位能按设计要求选用设备和材料，一般的施工图均应附有设备及主要材料表。简单项目的设备材料表可列在主要图纸内。设备材料表的主要内容有编号、名称、型号、规格、单位、数量、质量、附注等。

5. 室内采暖施工平面图（与系统图对照看）

室内采暖施工平面图是采暖工程施工图纸中最基本和最重要的图纸，主要表示采暖管道、管道附件及散热器在建筑物平面上的位置及它们相互之间的关系。识读时要掌握的主要内容和注意事项如下。

1）了解建筑物的平面布置、房间主要尺寸、楼地面标高等与采暖系统施工安装有关的尺寸。

2）查明热媒入口及入口地沟情况。如果施工图上画有入口装置节点图，可按平面图标注的节点图编号查找热媒入口放大图进行识读；如果入口装置是按标准图设计的，则在平面图上注有规格及标准图号，识读时可按标准图号查阅标准图；当热媒入口无节点图时，平面图纸上一般将入口装置组成的各配件、阀门（如减压阀、控制阀等的管径、规格及热媒来源、流向、参数）等表示清楚。

3）了解水平干管的布置方式、干管上的阀门、固定支架、补偿器等的平面位置和型号，以及干管的管径。

要了解干管是敷设在建筑物的顶层、中间层还是底层。供水、供气干管布置在顶层称为上分式系统；供水、供气干管布置在中间层称为中分式系统；供水、供气干管布置在底层称为下分式系统；在底层平面图上还会出现回水干管或凝结水干管（虚线），识读时也应该注意。识读时还应弄清补偿器的种类、形式和固定支架的形式、安装要求及平面位置等。

4）通过立管编号查清采暖系统立管的数量和布置位置。

5）了解建筑物内散热器（暖风机、辐射板等）的平面位置、类型、数量和安装方式（明装、暗装或者半暗装）。

散热器一般设置在各个房间的窗台下，有的也沿内墙布置。散热器以明装较多，只有

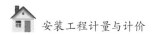

对美观要求较高或因热媒温度高需防止烫伤时才采用暗装。暗装或半暗装一般会在图纸说明中注明，识读时需注意。

散热器的种类较多，有柱形、翼型、板式、光排管式、辐射板及暖风机等多种。采用哪种散热器，除用图例识别外，一般在设计说明书中已注明。散热器的片数标注在散热器旁，便于识读。

6）在热水采暖系统平面图上还标有膨胀水箱、集气罐等设备的位置、型号以及设备连接管道的平面布置和管道直径。

7）在蒸汽采暖系统平面图上还有疏水装置的平面位置及其规格尺寸。水平管的末端常积存凝结水，为了排除这些凝结水，在系统末端设有疏水装置。另外，当水平干管局部抬高时，在转弯处也要设疏水器。识读时要了解疏水器的规格及疏水装置的组成。

6. 系统图

采暖系统图以轴测投影法绘制，表示从热媒入口至出口的管道、散热器、主要设备、附件的空间位置和相互关系。识读采暖管道系统图时，要注意以下几点。

1）采暖系统图中清楚表示出干管与立管之间以及立管、支管与散热器之间的连接方式、阀门安装位置及数量。要了解各管段管径、坡度坡向、水平管的标高、管道的连接方法及立管编号等。

2）了解散热器类型及片数。

3）要查清各种阀门、附件与设备在系统中的位置，凡有规格型号者，要与平面图和材料明细表进行核对。

4）查明热媒入口处各种设备、附件、阀门、仪表之间的关系及热媒的来源、流向、标高、管径等。如有节点详图，要查明详图编号。

7. 详图的识读

在供暖平面图和系统图上表达不清楚、用文字也无法说明的地方，可用详图画出。室内采暖施工图的详图包括标准图和节点图两种。标准图是具有通用性质的详图，一般由国家或有关部委给出标准图案，作为国家标准或部委标准的一部分颁发。在平面图、系统图中无法表达清楚，标准图中又没有的情况下，由设计人员绘制局部节点详图。

任务训练 2

依据本项目图纸（附录3），详细识读建筑采暖工程系统图和平面图，完成以下任务：

1）了解此建筑物的层数、层高及平面布置情况，每间房间的开间和进深尺寸。

2）了解散热器的类型及片数，及其在平面图中的具体位置。

3）平面图和系统图结合起来确认此建筑物供暖干管、立管管道的布置形式；指出各供暖干管、立管、支管的位置，分清楚有几根供暖立管，有几根回水立管及每根立管供暖或回水的范围。

4）平面图和系统图结合起来找出供暖管道入口、回水管道出口；并按照此供暖管道系统的热源流势列出所有管段管径、管材及连接方式。

　　5）查明并列出供暖入口、回水出口装置中各种设备、附件、阀门、仪表的规格及类型。

　　6）查清楚此系统中干管与立管、立管与支管之间的连接方式，阀门位置，并列出各种阀门、附件及设备类型、规格型号、数量。

3.2.2　建筑室内采暖施工图识读

本工程的采暖施工图为附录 3 所附图纸，即某办公建筑室内采暖施工图。

1）本工程采用低温水供暖，供回水温度为 85℃ /60℃。

2）本工程采暖系统采用上供下回双管同程式系统，建筑物设一个供暖入口。

3）管道采用镀锌钢管螺纹连接。

4）采暖设备选用 GLYZ9-8/6 钢铝压铸复合柱翼型散热器，每组散热器设手动跑风阀一个。

5）供水、回水干管考虑保温措施，保温材料采用离心玻璃棉（不燃）。

6）室内、外地沟断面宽度为 600mm，深度依照管道标高计算。

7）系统图中未注明管径的立管其管径均为 DN20。

8）设计图中所注的管道安装标高均以管中为准。

9）管道穿基础、楼板及剪力墙应预留孔洞、预埋套管，套管直径比管道直径大二号。

10）管道试压：供暖系统安装完毕后应进行注水试压，试验压力为 0.6MPa。

11）管道冲洗：供暖系统安装完毕并经试压合格后应对系统反复注水、排水，直至排出水中不含泥沙、铁屑等杂质，且水色不浑浊方为合格。

12）系统调试：供暖系统经试压和冲洗合格后，即可进行试运行和调试。

13）其余未说明部分，按《建筑给水排水及采暖工程施工质量验收规范》(GB 50242—2017）及有关管道施工验收规范的规定进行。

1．平面图

识读平面图的主要目的是了解管道、设备及附件的平面位置和规格、数量等。

在一层平面图（附录 3）中，热力入口设在靠近⑦ ～ⓒ轴线交叉位置，供水干管引入室内后，在地沟内敷设，通至供水主立管。供水主立管设在⑦ ～ⓒ轴线交叉处，在四层采暖平面图上才可以看到供水主立管与水平供暖干管连接，将热源分至① ～ ⑪ 分立管，由此可知供水主立管直接供暖至建筑物顶层形成上供式。在一层平面图中回水干管连接① ～ ⑪ 分立管，收集回水至回水主立管，连接回水干管从建筑物西东门侧排出室外形成下回式，回水干管同供暖干管在地沟内敷设。

在一、二、三、四层平面图（附录 3）中，供水、回水干管每隔一定距离均设有固定支架，且干管末端分别设置自动排气阀（DN20）。

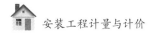

建筑物内各房间散热器均设置在外墙窗下；散热器为 GLYZ9-8/6 钢铝压铸复合柱翼型散热器，各组片数标注在散热器上侧或下侧。

2．系统图

识读供暖系统图时，一般从热力入口起，先弄清干管的走向，再逐一看各立管、支管。

参照附录 3 中的采暖系统图，供暖系统热力入口供水干管为 DN50，标高为 −1.200m，埋地敷设。引入室内后，供水给主立管（管径 DN50），经主立管引到四层顶部的水平干管，设有 0.002 上升的坡度，管道标高为 15.450 ～ 15.650m。供水干管末端为最高点，设自动排气阀，阀门直径为 DN20。

各立管采用双管同程式，上下端设阀门。图中未标注的立管、支管管径详见设计说明（管径均为 DN20）。

回水干管同样在办公楼一层连接 11 根分立管，起点标高为 1.050m，有沿水流方向 0.002 下降的坡度，干管始端设有自动排气阀，阀门直径为 DN20。回水经回水总立管汇合后进入回水排出管（管径 DN50）排至室外，回水排出管同供水干管埋地敷设，管道标高 −1.200m。

3．详图

由于热力入口装置在系统图中无法表达，因此单独画出其详图。

 **建筑采暖工程定额计量与计价**

3.3.1　定额内容及注意事项

定额模式下的施工图预算编制应使用各地区现行安装工程预算定额和相应的材料价格。本部分内容主要套用 2016 年版《天津市安装工程预算基价》第八册《给排水、采暖、燃气工程》。

1．定额内容

本册包括采暖管道、管道支架、管道附件、供暖器具安装等章节，近 900 条子目。

2．定额的适用范围

本定额适用于新建、扩建工程中的采暖管道以及附件配件安装、器具制作安装。

3．定额项目费用的系数规定

1）脚手架措施费按人工费的 4% 计取，其中人工费占 35%。

2）本定额的操作物高度是按距离楼地面 3.6m 考虑的。当操作物高度超过 3.6m 时，操作高度增加费按照超过部分人工费乘以系数 0.15 计取，全部为人工费。

3）建筑物超高增加费的计取：以包括 6 层或 20m 以内（不包括地下室）的分部分项工程费中人工费为计算基数，乘以表 3.3 中系数（其中人工费占 65%）。

表 3.3　建筑物超高增加费计取系数

层数	9 层以内（30m）	12 层以内（40m）	15 层以内（50m）	18 层以内（60m）	21 层以内（70m）
以人工费为计算基数	1%	2%	3%	5%	7%
层数	24 层以内（80m）	27 层以内（90m）	30 层以内（100m）	33 层以内（110m）	36 层以内（120m）
以人工费为计算基数	9%	11%	13%	15%	17%

注：120m 以外可参照此表相应递增。

4）安装与生产同时进行的降效增加费按分部分项工程费中人工费的 10% 计取，全部为人工费。

5）在有害身体健康的环境中施工的降效增加费按分部分项工程费中人工费的 10% 计取，全部为人工费。

任务训练 3

　　按照安装工程费用的组成，在已完成附录 3 建筑采暖工程的定额工程量计算基础上，完成以下内容，并填写在"定额计价学生训练手册"相应费用计算表中：

　　1）参照附录 5（天津市安装工程定额基价表），依次列出该采暖工程中所用到的主要材料费用。

　　2）对该工程进行计价时是否考虑操作高度增加费？

　　3）对该工程是否应计取建筑物超高增加费？

　　4）参照附录 5（常用定额计价表），计算各分部分项工程费。

　　5）该工程实施过程中应计取哪些措施费？各措施费应如何计算？

　　6）完成该工程费用汇总表。

3.3.2　采暖管道界线划分

　　要编制室内采暖工程施工图预算，必须要先对采暖工程的范围进行划分。采暖管道按所处位置可分为室内采暖管道和室外采暖管道；按执行定额册不同可分为执行第八册《给排水、采暖、燃气工程》定额中的管道（生活管道）定额和执行第六册《工业管道工程》定额中的管道（工业管道）定额。生产生活共用的采暖管道、锅炉房和泵站房内的管道及高层建筑内加压泵房间内的管道均属工业管道的范围。具体划分界线如下。

1）室内外管道划分规定：室内外界线以距建筑物外墙皮 1.5m 为界；入口处设阀门者以阀门为界。

2）生活管道与工业管道划分规定：以锅炉房或泵站外墙皮为界。

3）工厂车间内采暖管道以采暖系统与工业管道碰头点为界。

4）设在高层建筑内的加压泵间管道以泵间外墙皮为界，泵间管道执行工业管道定额。

3.3.3 定额项目工程量计算规则

1. 采暖管道

（1）说明

室内采暖系统管道和给水管道套用同样的定额子目，其定额套用规定和方法相同。

埋地敷设采暖管道时所涉及的管沟土方填挖工程量应参照建筑工程预算基价相应子目进行计量计价。

（2）工程量计算规则

采暖管道工程量，不区分干管、支管，均根据不同管材、连接方法、公称直径分别按设计图示管道中心线长度以延长米计算，不扣除阀门、管件（包括减压阀、疏水器、水表、补偿器等组成安装）及各种井类所占长度；方形补偿器以其所占长度按管道安装工程量计算，以米为计量单位。

采暖立、支管上如有缩墙、躲管的灯叉弯、半圆弯（图 3.33），其增加的工程量应计入管道工程量中。增加长度可参照表 3.4 中的数值计取。

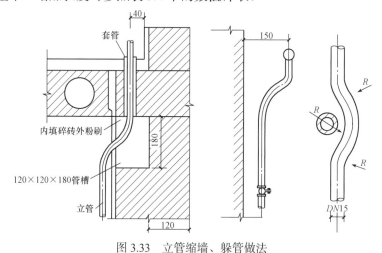

图 3.33 立管缩墙、躲管做法

表 3.4 灯叉弯、半圆弯增加长度表　　　　　　单位：mm

管名	灯叉弯	半圆弯
立管	60	60
支管	35	50

2.供暖设备与器具及附件安装

（1）说明

1）散热器。

① 各种散热器不分明装和暗装，按类型分别选用相应子目。

② 柱形和 M132 型铸铁散热器安装用拉条时，拉条另计。

③ 定额中列出的接口密封材料，除圆翼汽包垫采用橡胶石棉板外，其余均采用成品汽包垫，如采用其他材料，不做换算。

④ 光排管散热器制作安装项目，联管作为材料已列入基价，不得重复计算。

⑤ 所有散热器安装子目中均不含散热器的价格，散热器应按未计价材料进行处理。

⑥ 板式、壁板式、闭式散热器，已计算托钩的安装人工和材料，若主材价不包括托钩，则托钩价格另行计算。

⑦ 地板辐射采暖，塑料管道敷设项目包括固定管道的塑料卡钉（管卡）安装、局部套管敷设及地面浇筑的配合用工，如管道实际固定方式与基价不同，则固定管道的材料按设计要求调整，其他不变。

⑧ 地板辐射采暖的隔热板项目中的塑料薄膜，是指在接触土壤或室外空气的楼板与绝热层之间所铺设的塑料薄膜防潮层。如隔热板带有保护层（铝箔），应扣除塑料薄膜材料消耗量。

2）其他内容套用。

① 减压器、疏水器成组安装，套定额时以组为单位套用。减压器、疏水器组成与安装是参照《采暖通风国家标准图集》（N108）计算的，如实际组成与此不同，则阀门和压力表数量可按实际调整，其余不变。

② 减压器、疏水器单体安装，按阀门部分项目套用子目。但在套用定额时一定要注意定额中的未计价材料，应按未计价材的计算规定计算。

③ 集气罐的制作与安装应按第六册《工业管道工程》中相应的规定执行。

④ 热量表组成安装是参照国家建筑标准设计图集《暖通动力施工安装图集（一）（水系统）》（10 K509、10 R504）计算的，如实际组成与此不同，可按法兰、阀门等附件安装相应项目计算或调整。

（2）工程量计算规则

1）散热器。

① 铸铁散热器：长翼、圆翼、柱形铸铁散热器依据不同型号、规格，按设计图示数量计算，以片为计量单位。柱形和 M132 型铸铁散热器安装用拉条时，拉条另计。

② 光排管散热器制作安装依据不同管径、型号、规格，按设计图示长度计算，以米为计量单位，联管作为计价材料已列入定额基价，不得重复计算。

③ 钢制闭式散热器依据不同型号、规格，按设计图示数量计算，以组为计量单位。

④ 钢制板式散热器依据不同型号、规格，按设计图示数量计算，以组为计量单位。

⑤ 钢制壁板式散热器依据不同质量、型号、规格，按设计图示数量计算，以组为计

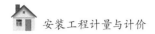

量单位。

⑥ 钢制柱式散热器依据不同片数、型号、规格，按设计图示数量计算，以组为计量单位。

2）其他供热设备。

① 暖风机、空气幕依据不同质量、型号、规格，按设计图示数量计算，以台为计量单位。

② 太阳能集热器依据不同质量、型号、规格，按设计图示数量计算，以台为计量单位。

③ 地板辐射采暖管道区分管道外径，按设计图示中心线长度计算，以米为计量单位；保护层（铝箔）、隔热板、钢丝网按实际铺设面积计算，以平方米为计量单位；边界保温带按设计图示长度计算，以米为计量单位。

④ 热量表组成安装，按照不同组成结构、连接方式、公称直径，按设计图示数量计算，以组为计量单位。

⑤ PE 集分水器安装依据不同直径，按设计图示数量计算，以个为计量单位。

3）管路组件组成与安装。

成组的减压器、疏水器依据不同材质、型号、规格、连接方式，以组为单位计算，单体的减压阀和疏水阀以个为单位计算。

4）管道补偿器安装。

管道补偿器依据不同类型、材质、型号、规格、连接方式，均以个为单位计算。

3. 管道、设备的除锈、刷油、绝热工程

室内采暖工程中，还应根据设计情况对采暖管道、金属支架、铸铁散热器片的除锈、刷油、保温费用进行计算。本节中采暖管道的除锈、刷油费用计算方法与给排水管道相同，这里不再重复。

（1）说明

1）定额中喷砂除锈按 Sa2.5 级标准确定，如变更级别，如为 Sa3 级则按人工、材料、机械乘以系数 1.10 计算，如为 Sa2 级或 Sa1 级按人工、材料、机械乘以系数 0.9 计算，具体级别划分标准见第十一册《刷油、防腐蚀、绝热工程》第一章说明。

2）定额不包括除微锈（标准氧化皮完全紧附，仅有少量锈点），微锈发生时按轻锈定额的人工、材料、机械乘以系数 0.20 计算。

3）因施工发生的二次除锈，其工程量另行计算。

4）定额按安装地点就地刷（喷）油漆考虑，如安装前集中刷油，人工乘以系数 0.70（暖气片除外）。

5）定额中没有列第三遍刷油的子目，若同一种油漆，设计需刷第三遍油，可套用第二遍子目。

6）管道绝热工程，除法兰、阀门外，均包括其他各种管件绝热。

7）保温层厚度大于 100mm 时，按两层施工计算工程量。

8）聚氨酯泡沫塑料发泡工程是按现场直喷无模具考虑的，若采用有模具施工，其模具制作安装以施工方案另计。

9）设备、管道绝热均按现场先安装后绝热考虑，若先绝热后安装，其人工乘以系数 0.9。

（2）工程量计算规则

1）除锈工程量计算。

管道除锈工程按管道表面展开面积以平方米为单位计量，同给水管道计算方法。金属支架除锈，用人工和喷砂除锈时，以千克为单位计量；若用砂轮和化学除锈，以平方米为单位计量，可按金属结构每 100kg 折成 7.25m² 面积来转化单位。散热器除锈工程量按散热器散热面积计算。常用铸铁散热器散热面积见表 3.5。

表 3.5　常用铸铁散热器散热面积

散热器型号		外形尺寸 /（mm×mm×mm）	散热器面积 /mm²
柱形	四柱 813	813×164×57	0.28
	四柱 760	760×116×51	0.235
	五柱 813	813×208×57	0.37
	M132	584×132×200	0.24
长翼型	大 60	600×115×280	1.17
	小 60	600×132×200	0.80
圆翼型	D75	168×168×1000	1.80

2）刷油工程量计算。

管道表面刷油按管道表面积以平方米为单位计量，工程量计算同除锈工程量。金属支架刷油以千克为单位计量。铸铁散热器刷油工程量同散热器除锈工程量。

3）绝热保温工程量计算。

管道保温绝热层工程量依设计图示尺寸按体积计算，以立方米为单位计量，不扣除法兰、阀门所占长度。

绝热层各种材料的加工制作套用相应子目，但如外购成品，则按地区商品价格计算。

阀门及法兰棉毡、席安装按设计图示数量计算，以个为单位计量，主材单价按实际调整。

保温层的防潮层、保护层制作工程量以平方米为单位计量，其计算公式如下：

$$S=\pi（D+2.1\delta+0.0082）L$$

式中　D——管道外径；

　　　δ——保温层厚度；

　　　2.1——调整系数；

　　　L——设备筒体或管道长度；

　　　0.0082——捆扎线直径或钢带厚。

按照建筑采暖工程定额工程量计算规则，依据本项目图纸（附录 3），完成以下各工程量的计算，并填写在"定额计价学生训练手册"工程量计算书中。

1）依照采暖管道不同材质、管径、连接方式分别列项，详细注明所列出的管道位置。

2）参照管道计算规则及图纸比例，测量并计算出各管段长度。

3）列出散热器工程量。

4）列出不同类型、不同规格的阀门数量。

5）了解不同材质套管的计算规则，按照图纸说明及图纸中采暖管线的平面布置，计算出不同材质、管径套管的工程量。

6）查看该采暖系统中是否使用管道伸缩器，若有计算出其工程量。

7）仔细读图，判断出采暖管道支架的位置，计算其工程量。

8）该工程中是否对采暖管道做了防腐除锈及保温隔热处理？若有，指明其施工做法，分别计算出其工程量。

9）本工程中的采暖干管是否埋地敷设？若是，计算其相应的管沟挖填工程量。

10）采暖工程在使用前是否需要调试？其工程量应如何计算。

【定额计量示例】

本工程是一栋 4 层混凝土框架结构办公楼，层高 3m，其采暖工程施工平面图、系统图及热源入口装置详图如附录 3 所示。室内采暖管道均采用镀锌钢管螺纹连接。供水、回水干管保温材料采用离心玻璃棉（不燃材料），采暖管道穿墙身和楼板时，保温层不能间断，保温层厚度参考表 3.6。

表 3.6 保温层厚度

管径	厚度 /mm	管径	厚度 /mm	管径	厚度 /mm
≤ $DN50$	50	$DN70 \sim 150$	60	$DN200$	70

采暖系统中，供、回水① ～ ⑪ 号立管管径均为 $DN20$，散热器支管管径为 $DN20$，两组散热器并联连接管径为 $DN25$，其余管径见图中标注。

采暖设备选用钢铝压铸复合柱翼型散热器 GLYZ9-8/6，足片高 658mm，每组散热器末端安装手动跑风阀一个。散热器均安装在室内外墙内侧窗下，高于本层地面 0.100m 处进行安装。

排气阀均为带锁闭功能的铜质立式自动排气阀（接管 $DN20$），采暖系统入口处采用装置见热源入口详图。管道角钢支架（50×5）除锈后，均刷防锈底漆两遍；穿墙及穿楼板套管选用普通钢管套管，规格比所穿管道大两个等级。试计算该工程的室内采暖工程量，并编制定额施工图预算文件。

　　根据施工图样，按分项依次计算工程量，定额工程量计算表及工程量汇总表见表 3.7 和表 3.8。

表 3.7　定额工程量计算表

专业工程名称：某办公楼采暖工程

序号	项目名称	计算式	单位	数量
（一）		采暖管道		
1	镀锌钢管（螺纹连接）DN20		m	439.60
（1）	散热器支管	①号立管上支管：4×［6.9−0.525×2（立管中心距轴线）］−0.063（暖气片每小片厚度）×34（总片数）−2.991（两组暖气片间连接支管）×4=9.294 ②号立管上支管：4×［6.9−0.433×2（立管中心距轴线）］−0.063（暖气片每小片厚度）×64（总片数）−1.78（两组暖气片间连接支管）×4=12.984 ③号立管上支管：4×［6.9−0.395×2（立管中心距轴线）］−0.063（暖气片每小片厚度）×64（总片数）−1.78（两组暖气片间连接支管）×4=13.288 ④号立管上支管：2×［6.9−0.417×2（立管中心距轴线）］−0.063（暖气片每小片厚度）×32（总片数）−1.78（两组暖气片间连接支管）×2=6.556 ⑤号立管上支管：4×［6.9−0.41×2（立管中心距轴线）］−0.063（暖气片每小片厚度）×64（总片数）−1.78（两组暖气片间连接支管）×4=13.168 ⑥号立管上支管：4×2×［3.3−0.063（暖气片每小片厚度）×18（每层片数）+0.06（支管灯叉弯）］=17.808 ⑦号立管上支管：4×2×［1.75−0.471（两立管中心距墙）］−0.063（每小片厚度）×42（每层片数）=7.586 ⑧号立管上支管：4×2×［2.1（两立管中心距柱）−0.665（暖气片距柱）］−0.063（每小片厚度）×34（总片数）=9.338 ⑨号立管上支管：4×［6.9−0.525×2（立管中心距轴线）］−0.063（暖气片每小片厚度）×70（总片数）−1.78（两组暖气片间连接支管）×4=11.87 ⑩号立管上支管：4×［6.9−0.525×2（立管中心距轴线）］−0.063（暖气片每小片厚度）×64（总片数）−1.78（两组暖气片间连接支管）×4=12.248 ⑪号立管上支管：4×［6.9−0.4×2（立管中心距轴线）］−0.063（暖气片每小片厚度）×64（总片数）−1.78（两组暖气片间连接支管）×4=13.248	m	127.39
（2）	①～③、⑤～⑪号供水立管	（15.45−0.73）（立管上下端标高差）×10=147.2	m	147.2
（3）	④号供水立管	（15.450−8.830）（立管上下端标高差）=6.62	m	6.62

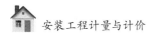
序号	项目名称	计算式	单位	数量
（4）	①～⑦、⑨～⑪号回水立管	［（12.130−0.130）（立管上下端标高差）+（1.200−0.130）（一层各暖气片回水口距回水干管）］×10=130.7	m	130.7
（5）	⑧号回水立管	（12.130−1.2）（立管上下端标高差）=10.93	m	10.93
（6）	供水立管与供水干管连接水平管段	0.646+0.218（①号立管距干管）+0.208+0.158+0.2（②号立管距干管）+0.4×3（③～⑤号立管距干管）+1.114×2（⑥、⑦号立管距干管）+0.273（⑧号立管距干管）+0.567（⑨、⑩号立管距干管）+0.565+0.120（⑪号立管距干管）=6.383	m	6.38
（7）	回水立管与回水干管连接水平管段	1.1×4（①～⑤号立管距干管）+1.1+0.179（⑥号立管距干管）+0.236（⑦号立管距干管）+0.577×2（⑧、⑨号立管距干管）+0.326+2.830+0.153（⑪号立管距干管）=10.378	m	10.38
2	镀锌钢管（螺纹连接）DN25		m	153.66
（1）	散热器间连接管段	①号立管上散热器连接支管：2.991×8=23.928 ②、③、⑤～⑪号立管上散热器连接支管：（1.78×8）×6=85.44 ④号立管上散热器连接支管：1.78×4=7.12	m	116.49
（2）	沿首层Ⓐ轴回水干管	6.9+0.433（①号回水立管距⑥号轴线）−0.395（②号回水立管距⑤号轴线）=6.938	m	6.94
（3）	沿四层③轴供水干管	5.6−0.6（柱边距Ⓒ轴）+0.24（墙厚）+0.150（走廊内墙皮距供水干管）=5.39	m	5.39
（4）	沿四层Ⓑ轴供水干管	6.9+6.9+6.9−［0.3（半柱宽）+0.3（柱边距给水干管）］×2=19.5	m	19.5
（5）	沿四层⑥轴供水干管	5.6−0.65（Ⓒ轴距干管）+0.24（墙厚）+0.150（走廊内墙皮距回水干管）=5.34	m	5.34
3	镀锌钢管（螺纹连接）DN32		m	42.91
（1）	沿首层Ⓐ轴回水干管	6.9+6.9+0.395（②号回水立管距⑤号轴线）−0.41（④号回水立管距③号轴线）=13.785	m	13.79
（2）	沿四层Ⓐ轴供水干管	3.6+3.3−0.6（柱边距①轴）−0.12（半墙厚）−0.3（⑥号供水立管距墙）=5.88	m	5.88
（3）	沿四层①轴供水干管	7.7+5.6−0.5（柱边距Ⓐ轴）−0.6（柱边距Ⓒ轴）=12.2	m	12.2
（4）	沿四层Ⓒ轴供水干管	3.6+6.9−0.48（柱边距①号轴线）+0.3（③号轴线距柱边）+0.12（柱边距⑩号供水立管）=10.44	m	10.44
4	镀锌钢管（螺纹连接）DN40		m	83.93

续表

序号	项目名称	计算式	单位	数量
（1）	沿首层Ⓐ轴回水干管	3.6+6.9+0.41（④号回水立管距③号轴线）-0.48（柱边距①号轴线）=10.43	m	10.43
（2）	沿首层①轴回水干管	7.7+5.6-0.5（柱边距Ⓐ轴）-0.6（柱边距Ⓒ轴）=12.2	m	12.2
（3）	沿首层Ⓑ轴回水干管	6.9+6.9+3.3-0.3（③号轴线距内墙皮）-0.25（内墙皮距回水干管）-0.12（半墙厚）-0.1（墙距干管）=16.33	m	16.33
（4）	沿首层Ⓒ轴回水干管	3.6+6.9-0.48（柱边距①号轴线）+0.3（③号轴线距内墙皮）+0.25（内墙皮距回水干管）=10.57	m	10.57
（5）	沿首层③轴回水干管	5.6-0.6（柱边距Ⓒ轴）+0.250（Ⓑ轴距走廊内墙皮）+0.150（走廊内墙皮距回水干管）=5.4	m	5.4
（6）	沿首层⑤、⑥轴间回水干管	5.6-0.65（Ⓒ轴距干管）+0.250（Ⓑ轴距走廊内墙皮）+0.150（走廊内墙皮距回水干管）=5.35	m	5.35
（7）	沿四层Ⓐ轴供水干管	6.9+6.9+6.9+2.3-0.4（③号供水立管距⑥轴）+0.45（⑥供水立管距Ⓐ轴）=23.05	m	23.05
5	镀锌钢管（螺纹连接）DN50		m	52.23
（1）	沿首层Ⓒ轴回水干管	3.3+6.9+0.12（半墙厚）-0.1（墙距干管）-0.07（回水总立管距⑦轴）=10.15	m	10.15
（2）	回水总立管	1.2-（-1.2）=2.4	m	2.4
（3）	回水排出管	0.15（回水总立管距外墙）+0.24（外墙厚）+1.5（外墙皮至室内外分界点）=1.89	m	1.89
（4）	⑦轴供水干管	0.3+5.6+7.7-0.7（Ⓒ轴距供水总立管）-0.5（柱边距Ⓐ轴）=12.4	m	12.4
（5）	Ⓐ轴供水干管	6.9-0.3（半柱宽）+0.4（③号给水立管距⑥轴）=7.0	m	7.0
（6）	供水总立管	15.450-（-1.2）=16.65	m	16.65
（7）	供水引入管	0.24（供水总立管距墙）+0.24（墙厚）+1.5（墙外皮至墙内外分界点）=1.98	m	1.98
（二）		散热器		
	钢铝压铸复合柱翼型散热器安装	1～4层均为挂装，合计挂装604片	组	76
（三）		阀门		
（1）	球阀DN32	2	个	2
（2）	球阀DN20	72	个	72
（3）	蝶阀DN50	1	个	1

续表

序号	项目名称	计算式	单位	数量
（4）	自动排气阀 DN20	2	个	2
（5）	手动跑风阀	76	个	76
（6）	热水采暖入口热量表组成安装	1	组	1
（四）		套管制作		
（1）	钢管套管制作 DN32	21×3+1×2+1（立管 DN20 穿楼板）	个	66
（2）	钢管套管制作 DN40	1（散热器连接管 DN25 穿墙）+2（供水干管 DN25 穿墙）+1（回水干管 DN25 穿墙）	个	4
（3）	钢管套管制作 DN50	1（回水干管 DN32 穿墙）+3（供水干管 DN32 穿墙）	个	4
（4）	钢管套管制作 DN65	5（供水干管 DN40 穿墙）+8（回水干管 DN25 穿墙）	个	13
（5）	钢管套管制作 DN80	4（供水干管 DN50 穿墙）+4（回水干管 DN50 穿墙）	个	8
（五）		其他		
（1）	方形伸缩器 DN32	2	个	2
（2）	方形伸缩器 DN50	2	个	2
（3）	管道支架制作安装	管径大于 DN32 的管道支架：6（供暖干管）、6（回水干管）、4（供水总立管）、9（固定支架） 25×0.4×3.770=37.7	kg	37.7
（六）		除锈刷油		
（1）	角钢支架人工除轻锈	除锈工程量 = 支架质量	kg	37.7
（2）	角钢支架刷防锈漆第一遍	除锈工程量 = 支架质量	kg	37.7
（3）	角钢支架刷防锈漆第二遍	除锈工程量 = 支架质量	kg	37.7
（七）		保温隔热		
（1）	供水、回水干管（DN25）保温层	3.14×（0.025+1.033×0.05）×1.033×0.05×（6.938+5.39+19.5+5.34）=0.462	m³	0.462
（2）	供水、回水干管（DN32）保温层	3.14×（0.032+1.033×0.05）×1.033×0.05×42.905=0.582	m³	0.582

续表

序号	项目名称	计算式	单位	数量
（3）	供水、回水干管（DN40）保温层	3.14×（0.04+1.033×0.05）×1.033×0.05×83.93=1.248	m³	1.248
（4）	供水、回水干管、总立管（DN50）保温层	3.14×（0.05+1.033×0.05）×1.033×0.05×52.23=0.861	m³	0.861
（八）		管沟土方		
（1）	管沟挖方	室外挖土长度 1.5m× 开挖断面 0.6m× 开挖深度 0.9m	m³	0.81
（2）	管沟填方	原土回填土方量＝管沟挖方量	m³	0.81
（九）	脚手架搭拆费	1	项	1
（十）	系统调试费	1	项	1

<h3 align="center">表 3.8　定额工程量汇总表</h3>

专业工程名称：某办公楼采暖工程

序号	项目名称	单位	数量
1	镀锌钢管（螺纹连接）DN20	m	439.6
2	镀锌钢管（螺纹连接）DN25	m	153.66
3	镀锌钢管（螺纹连接）DN32	m	42.91
4	镀锌钢管（螺纹连接）DN40	m	83.93
5	镀锌钢管（螺纹连接）DN50	m	52.23
6	钢铝压铸复合柱翼型散热器 GLYZ9-8/6	组	76
7	球阀 DN20	个	2
8	球阀 DN32	个	2
9	蝶阀（法兰焊接）DN50	个	1
10	自动排气阀 DN20	个	2
11	手动跑风阀 DN20	个	76
12	热水采暖入口热量表组成装置	组	1
13	钢管套管 DN32	个	66
14	钢管套管 DN40	个	4
15	钢管套管 DN50	个	4

续表

序号	项目名称	单位	数量
16	钢管套管 DN65	个	13
17	钢管套管 DN80	个	8
18	方形伸缩器 DN32	个	2
19	方形伸缩器 DN50	个	2
20	管道角钢支架	kg	37.7
21	管道角钢支架人工除轻锈	kg	37.7
22	管道角钢支架刷防锈底漆第一遍	kg	37.7
23	管道角钢支架刷防锈底漆第二遍	kg	37.7
24	采暖管道离心玻璃棉保温绝热层 DN25	m³	0.46
25	采暖管道离心玻璃棉保温绝热层 DN32	m³	0.58
26	采暖管道离心玻璃棉保温绝热层 DN40	m³	1.25
27	采暖管道离心玻璃棉保温绝热层 DN50	m³	0.86
28	管沟挖方	m³	0.81
29	管沟填方	m³	0.81

【定额计价示例】

该工程主要材料费用计算表、分部分项工程计价表（预算子目）、措施项目（一）预（结）算计价表、施工图预（结）算计价汇总表分别见表 3.9～表 3.12。

表 3.9 主要材料费用计算表

专业工程名称：某办公楼采暖工程

序号	材料名称和规格	单位	数量	单价/元	金额/元
1	镀锌钢管 DN20	m	439.6×1.02=448.39	5.85	2623.09
2	镀锌钢管 DN25	m	153.66×1.02=156.73	8.63	1352.61
3	镀锌钢管 DN32	m	42.31×1.02=43.16	11.25	485.51
4	镀锌钢管 DN40	m	83.33×1.02=85.00	14.12	1200.15
5	镀锌钢管 DN50	m	52.23×1.02=53.27	17.25	918.91

续表

序号	材料名称和规格	单位	数量	单价/元	金额/元
6	焊接钢管 DN32	m	66×0.318=20.99	8.43	176.95
7	焊接钢管 DN40	m	4×0.318=1.27	10.29	13.07
8	焊接钢管 DN50	m	4×0.318=1.27	13.11	16.65
9	焊接钢管 DN65	m	13×0.318=4.13	17.80	73.51
10	焊接钢管 DN80	m	8×0.318=2.54	22.41	56.92
11	型钢	t	0.377×0.106=0.04	2697.10	107.88
12	法兰热量表 DN50	套	1	325	325
13	粗过滤器	个	2	30	60
14	精过滤器	个	2	45	90
15	法兰闸板阀 DN20	个	2	80	160
16	自力式压差控制阀 DN50	个	1	365	365
17	螺纹球阀 DN20	个	72×1.01=72.72	10.0	727.2
18	螺纹球阀 DN32	个	2×1.01=2.02	22.8	46.06
19	自动排气阀 DN20	个	2	14	28.0
20	法兰蝶阀 DN50	个	1×1.01=1.01	41	41.41
21	钢铝压铸复合柱翼型散热器（4 片）	组	6	92	552.0
22	钢铝压铸复合柱翼型散热器（5 片）	组	2	115	230.0
23	钢铝压铸复合柱翼型散热器（8 片）	组	57	184.0	10488.0
24	钢铝压铸复合柱翼型散热器（10 片）	组	9	230.0	2070.0
25	钢铝压铸复合柱翼型散热器（12 片）	组	2	276	552.0
26	手动放风阀	个	76	14.7	1117.2
27	带铝箔离心玻璃棉管壳 DN25	m³	0.37×1.38×1.03=0.53	9.6	5.09
28	带铝箔离心玻璃棉管壳 DN32	m³	0.43×1.51×1.03=0.67	11.2	7.50
29	带铝箔离心玻璃棉管壳 DN40	m³	0.84×1.62×1.03=1.4	12.8	17.92
30	带铝箔离心玻璃棉管壳 DN50	m³	0.52×1.81×1.03=0.97	16.0	15.52

表 3.10 分部分项工程计价表（预算子目）

工程名称：某办公楼采暖工程

金额单位：元

序号	定额编号	项目名称	工程量		工程造价			总价分析							
			单位	数量	合价	未计价材料费		人工费		材料费		机械费		管理费	
						单价	合价	单价	合价	单价	合价	单价	合价	单价	合价
1	8-174	室内镀锌钢管（螺纹连接）DN20	10m	43.96	12014.71			206.79	9090.49	32.76	1440.13	—	—	33.76	1484.09
		镀锌钢管 DN20	m	448.39	2623.08	5.85	2623.08								
2	8-175	室内镀锌钢管（螺纹连接）DN25	10m	15.37	5103.76			248.60	3820.98	41.76	641.85	1.12	17.21	40.58	623.71
		镀锌钢管 DN25	m	156.73	1352.58	8.63	1352.58								
3	8-176	室内镀锌钢管（螺纹连接）DN32	10m	4.23	1431.26			248.60	1051.58	48.06	203.29	1.12	4.74	40.58	171.65
		镀锌钢管 DN32	m	43.16	485.55	11.25	485.55								
4	8-177	室内镀锌钢管（螺纹连接）DN40	10m	8.33	3219.63			296.06	2466.18	41.00	341.53	1.12	9.33	48.33	402.59
		镀锌钢管 DN40	m	85	1200.20	14.12	1200.20								
5	8-178	室内镀锌钢管（螺纹连接）DN50	10m	5.22	2167.08			302.84	1580.82	59.77	312.00	3.10	16.18	49.44	258.08
		镀锌钢管 DN50	m	53.27	918.91	17.25	918.91								
6	8-478	管道冲洗消毒 DN50 以内	100m	7.87	854.60			58.76	462.44	40.24	316.69	—		9.59	75.47
7	8-440	钢管套管制作 DN32	个	66	1436.82			11.30	246.00	7.67	166.98	0.96	63.36	1.84	121.44
		焊接钢管 DN32	m	20.99	176.95	8.43	176.95								
8	8-441	钢管套管制作 DN50	个	8	292.80			15.82	126.56	17.16	137.28	1.04	8.32	2.58	20.64
		焊接钢管 DN40	m	1.27	13.07	10.29	13.07								
		焊接钢管 DN50	m	1.27	16.65	13.11	16.65								

续表

序号	定额编号	项目名称	工程量 单位	工程量 数量	工程造价 合价	未计价材料费 单价	未计价材料费 合价	人工费 单价	人工费 合价	材料费 单价	材料费 合价	机械费 单价	机械费 合价	管理费 单价	管理费 合价
9	8-442	钢管套管制作 DN80	个	21	1753.29			28.25	593.25	49.28	1034.88	1.35	28.35	4.61	96.81
		焊接钢管 DN65	m	4.13	73.51	17.80	73.51								
		焊接钢管 DN80	m	2.54	56.92	22.41	56.92								
10	8-769	方形补偿器 DN32	个	2	227.66			68.93	137.86	28.99	57.98	4.66	9.32	11.25	22.50
11	8-771	方形补偿器 DN50	个	2	378.28			108.48	216.96	55.96	111.92	6.99	13.98	17.71	35.42
12	8-558	管道支架制作安装	100kg	0.377	533.05			751.45	283.30	248.77	93.79	291.02	109.71	122.68	46.25
		型钢	t	0.04	118.68	2967.10	118.68								
13		热水采暖入口热量表组成安装（法兰连接）DN50	组	1	2189.83			539.01	539.01	1482.01	1482.01	80.81	80.81	88.00	88.00
		法兰热量表	套	1	325.00	325.00	325.00								
		粗过滤器	个	2	60.00	30.00	60.00								
		精过滤器	个	2	90.00	45.00	90.00								
	8-1079	法兰闸板阀 DN32	个	2	160.00	80.00	160.00								
		自力式压差控制阀 DN50	个	1	365.00	365.00	365.00								
14	8-560	螺纹阀门（球阀）安装 DN20	个	72	1239.84			11.30	813.60	4.08	293.76	—	—	1.84	132.48
		螺纹球阀 DN20	个	72.72	727.20	10.00	727.20								
15	8-562	螺纹阀门（球阀）安装 DN32	个	2	54.38			16.95	33.90	7.47	14.94	—	—	2.77	5.54
		螺纹球阀 DN32	个	2.02	46.06	22.80	46.06								
16	8-661	自动排气阀 DN20	个	2	73.92			24.86	49.72	8.04	16.08	—	—	4.06	8.12
		自动排气阀 DN20	个	2	28.00	14.00	28.00								

续表

序号	定额编号	项目名称	工程量 单位	工程量 数量	工程造价 合价	未计价材料费 单价	未计价材料费 合价	人工费 单价	人工费 合价	材料费 单价	材料费 合价	机械费 单价	机械费 合价	管理费 单价	管理费 合价
17	8-599	焊接法兰阀（蝶阀）DN50	个	1	152.40			55.37	55.37	76.59	76.59	11.40	11.40	9.04	9.04
		法兰阀门（蝶阀）DN50	个	1.01	41.41	41.00	41.41								
18	8-1031	钢铝压铸复合柱翼型散热器安装（10片以内）	组	74	2891.92			24.86	1839.64	9.96	737.04	0.20	14.80	4.06	300.44
		钢铝压铸复合柱翼型散热器（4片）	组	6	552.00	92.00	552.00								
		钢铝压铸复合柱翼型散热器（5片）	组	2	230.00	115.00	230.00								
		钢铝压铸复合柱翼型散热器（8片）	组	57	10488.00	184.00	10488.00								
		钢铝压铸复合柱翼型散热器（10片）	组	9	2070.00	230.00	2070.00								
		手动放风阀 DN20	个	74	1087.80	14.70	1087.80								
19	8-1032	钢铝压铸复合柱翼型散热器安装（15片以内）	组	2	134.90			46.33	92.66	13.36	26.72	0.20	0.40	7.56	15.12
		钢铝压铸复合柱翼型散热器（12片）	组	2	552.00	276.00	552.00								
		手动放风阀 DN20	个	2	29.40	14.70	29.40								
20	11-7	手工除锈角钢支架轻锈	100kg	0.377	11.22			22.60	8.52	3.47	1.31			3.69	1.39
21	11-111	角钢支架刷防锈漆第一遍	100kg	0.377	15.54			22.60	8.52	14.93	5.63			3.69	1.39

续表

序号	定额编号	项目名称	工程量		工程造价	未计价材料费		总价分析							
			单位	数量	合价	单价	合价	人工费		材料费		机械费		管理费	
								单价	合价	单价	合价	单价	合价	单价	合价
22	11-112	角钢支架刷防锈漆第一遍	100kg	0.377	13.76			20.34	7.67	12.83	4.84			3.32	1.25
		管道离心玻璃棉绝热层安装（外径57mm以内，绝热层厚度60mm以内）	m³	2.29	1124.23			327.70	750.43	88.33	202.28	21.40	49.01	53.50	122.52
23	11-605	离心玻璃棉 DN25 外径33.4	m³	0.53	5.09	9.60	5.09								
		离心玻璃棉 DN32 外径42.2	m³	0.67	7.50	11.20	7.50								
		离心玻璃棉 DN40 外径48.3	m³	1.4	17.92	12.80	17.92								
24		管道离心玻璃棉绝热层安装（外径133mm以内，绝热层厚度60mm以内）	m³	0.86	281.86			206.79	177.84	65.79	56.58	21.40	18.40	33.76	29.03
	11-609	离心玻璃棉 DN50 外径60.3	m³	0.97	15.52	16.00	15.52								
25	1-2	人工挖土方 一般土（深度4.0m以内）	10m³	0.08	36.31			417.60	33.41	0.00	0.00	0.00	0.00	36.32	2.91
26	1-48	回填土 人工回填土夯实	10m³	0.08	19.95			211.20	16.90	0.00	0.00	18.10	1.45	20.03	1.60
合计					61587.00		23934.00		24503.61		7776.10		456.77		4077.49

表 3.11 措施项目（一）预（结）算计价表

专业工程名称：某办公楼采暖工程 金额单位：元

序号	项目名称	计算基础	费率 /%	金额 / 元	其中：人工费 / 元
1	脚手架措施费	人工费	4	980.14	343.05
2	安全文明施工措施费	人工费 + 材料费 + 机械费	1.2	680.05	108.81
3	竣工验收存档资料编制费	分部分项工程费中的人、材、机 + 可计量的措施项目中的人、材、机	0.1	56.67	56.67
	本页小计			1716.86	508.53
	本表合计［结转至施工图预（结）算计价汇总表］			1716.86	508.53

注：本表脚手架措施费中人工费的费率为35%、安全文明施工措施费中人工费的费率为16%，竣工验收存档资料编制费中人工费的费率为100%。

表 3.12 施工图预（结）算计价汇总表

专业工程名称：某办公楼采暖工程

序号	费用项目名称	计算公式	费率 /%	金额 / 元
1	分部分项工程项目预（结）算计价合计	$\sum$（工程量×编制期预算基价）		61587.00
2	其中：人工费	$\sum$（工程量×编制期预算基价中人工费）		24503.61
3	措施项目（一）预（结）算计价合计	$\sum$ 措施项目（一）金额		1716.86
4	其中：人工费	$\sum$ 措施项目（一）金额中人工费		508.53
5	措施项目（二）预（结）算计价合计	$\sum$（工程量×编制期预算基价）		0.00
6	其中：人工费	$\sum$（工程量×编制期预算基价中人工费）		0.00
7	规费	［（2）+（4）+（6）］×相应费率	44.21	11057.87
8	利润	人工费×相应利润率	20.71	5180.01
9	其中：施工装备费	人工费×相应施工装备费率	11	2751.34
10	税金	［（1）+（3）+（5）+（7）+（8）］×征收率或税率	3.4	2704.42
11	含税总计	（1）+（3）+（5）+（7）+（8）+（10）		82246.16

任务3.4　建筑采暖工程清单计量与计价

3.4.1　清单内容设置

建筑采暖安装工程清单工程量计算规则应以《通用安装工程工程量计算规范》(GB 50856—2013)附录K"给排水、采暖、燃气工程"及相关内容为依据。

附录K"给排水、采暖、燃气工程"中采暖安装工程包括：

1）采暖管道；

2）支架及其他；

3）管道附件；

4）供暖器具；

5）采暖设备；

6）采暖工程系统调试；

7）相关问题及说明。

3.4.2　清单项目工程量计算方法

清单项目工程量的计算方法与定额计价基本一致，只是在清单计价模式下，个别项目安装工程量需按照规范中规定的工程量计算规则进行计算。例如"套管"定额安装工程量根据不同材质分别以套管消耗长度"10m"或套管消耗数量"10个"为计量单位，而清单计量均以设计图示数量计算，以个为计量单位。总的来说，清单工程量计算规则与定额工程量计算规则不同的是，除另有说明外，所有清单项目的工程量应以实体工程量为准，并以完成后的净值计算；投标人投标报价时，应在单价中考虑施工中的各种损耗和需要增加的工程量。

3.4.3　清单项目工程量计算规则

采暖工程中管道的制作安装、管道支架的制作安装以及管道附件安装的工程量计算规则与给排水清单工程量计算规则均相同，这里不再赘述，仅介绍供暖器具及采暖工程系统调试的清单项目工程量计算规则。

1．供暖器具

供暖器具工程量清单项目设置及工程量计算规则应按表3.13的规定执行。

表 3.13 供暖器具（编码：031005）

项目编码	项目名称	项目特征	计量单位	工程量计算规则	工作内容
031005001	铸铁散热器	1. 型号、规格 2. 安装方式 3. 托架形式 4. 器具、托架除锈、刷油设计要求	片（组）	按设计图示数量计算	1. 组对、安装 2. 水压试验 3. 托架制作、安装 4. 除锈、刷油
031005002	钢制散热器	1. 结构形式 2. 型号、规格 3. 安装方式 4. 托架刷油设计要求	组（片）		1. 安装 2. 托架安装 3. 托架刷油
031005003	其他成品散热器	1. 材质、类型 2. 型号、规格 3. 托架刷油设计要求			
031005004	光排管散热器	1. 材质、类型 2. 型号、规格 3. 托架形式及做法 4. 器具、托架除锈、刷油设计要求	m	按设计图示排管长度计算	1. 制作、安装 2. 水压试验 3. 除锈、刷油
031005005	暖风机	1. 质量 2. 型号、规格 3. 安装方式	台	按设计图示数量计算	安装
031005006	地板辐射采暖	1. 保温层材质、厚度 2. 钢丝网设计要求 3. 管道材质、规格 4. 压力试验及吹扫设计要求	1. m^2 2. m	1. 以平方米计量，按设计图示采暖房间净面积计算 2. 以米计量，按设计图示管道长度计算	1. 保温层及钢丝网铺设 2. 管道排布、绑扎、固定 3. 与分集水器连接 4. 水压试验、冲洗 5. 配合地面浇注
031005007	热媒集配装置	1. 材质 2. 规格 3. 附件名称、规格、数量	台	按设计图示数量计算	1. 制作 2. 安装 3. 附件安装
031005008	集气罐	1. 材质 2. 规格	个		1. 制作 2. 安装

注：1. 铸铁散热器，包括拉条制作安装。

2. 钢制散热器结构形式，包括钢制闭式、板式、壁板式、扁管式及柱式散热器等，应分别列项计算。

3. 光排管散热器，包括联管制作安装。

4. 地板辐射采暖，包括与分集水器连接和配合地面浇注用工。

2. 采暖设备

采暖设备工程量清单项目设置及工程量计算规则应按表 3.14 的规定执行。

表 3.14　采暖设备（编码：031006）

项目编码	项目名称	项目特征	计量单位	工程量计算规则	工作内容
031006005	太阳能集热装置	1．型号、规格 2．安装方式 3．附件名称、规格、数量	套	按设计图示数量计算	1．安装 2．附件安装

3．采暖工程系统调试

采暖工程系统调试工程量清单项目设置及工程量计算规则应按表 3.15 的规定执行。

表 3.15　采暖工程系统调试（编码：031009）

项目编码	项目名称	项目特征	计量单位	工程量计算规则	工作内容
031009001	采暖工程系统调试	1．系统形式 2．采暖管道工程量	系统	按采暖工程系统计算	系统调试

注：当采暖工程系统中管道工程量发生变化时，系统调试费用应作相应调整。

任务训练 5

　　按照建筑采暖工程清单工程量计算规则，依据本项目图纸（附录 3），完成以下工程量清单计价，并填写在"清单计价学生训练手册"中。

　　1）对比采暖工程的定额工程量计算规则与清单计算规则的异同。

　　2）参照采暖工程清单计价规则，依次列出本工程中各分部分项工程清单项，包括每一项的项目编码、项目名称、项目特征、计量单位。

　　3）根据采暖工程清单计价规则，计算出所列各分部分项工程清单工程量。

　　4）参考附录 5（常用定额基价表），计算出各分部分项工程综合单价。

　　5）根据已计算出的各分部分项工程清单工程量及综合单价，算出每一项分部分项工程合价。

　　6）该工程实施过程中应计取哪些清单项目措施费？并做相应的计算。

　　7）完成该工程的工程量清单计价费用汇总表。

【清单计价示例】

　　依据办公楼采暖施工图纸（附录 3），根据《通用安装工程工程量计算规范》（GB 50856—2013）、《建设工程工程量清单计价规范》（GB 50500—2013），并根据前文计算的工程量，编制分部分项工程项目清单综合单价分析表、分部分项工程项目清单计价表、措施项目（一）清单计价表、工程量清单计价汇总表，分别见表 3.16～表 3.19。

表 3.16　分部分项工程项目清单综合单价分析表

专业工程名称：某办公楼采暖工程　　　　　　　　　　　　　　　　　　　　　　金额单位：元

序号	项目编码	项目名称	计量单位	工程量	合计		其中						未计价材料费
					单价	合价	人工费	材料费	机械费	管理费	规费	利润	
1	031001001001	室内镀锌钢管（螺纹连接）DN20	m	439.6	48.19	21184.99	21.27	3.68	0.00	3.47	9.40	4.40	5.97
							9349.03	1617.19	0.00	1526.29	4133.21	1936.18	2623.09
	8-174	室内镀锌钢管（螺纹连接）DN20	10m	43.96	467.23	20539.34	206.79	32.76	0.00	33.76	91.42	42.83	59.67
							9090.49	1440.13	0.00	1484.09	4018.90	1882.64	2623.09
	8-478	管道冲洗消毒 DN50 以内	100m	4.4	146.74	645.64	58.76	40.24	0.00	9.59	25.98	12.17	0.00
							258.54	177.06	0.00	42.20	114.30	53.54	0.00
2	031001001002	室内镀锌钢管（螺纹连接）DN25	m	153.66	59.63	9162.93	25.46	4.58	0.11	4.16	11.25	5.27	8.80
							3911.47	703.82	17.21	638.48	1729.26	810.07	1352.61
	8-175	室内镀锌钢管（螺纹连接）DN25	10m	15.37	581.45	8936.95	248.60	41.76	1.12	40.58	109.91	51.49	88.00
							3820.98	641.85	17.21	623.71	1689.26	791.33	1352.61
	8-478	管道冲洗消毒 DN50 以内	100m	1.54	146.74	225.97	58.76	40.24	0.00	9.59	25.98	12.17	0.00
							90.49	61.97	0.00	14.77	40.01	18.74	0.00
3	031001001003	室内镀锌钢管（螺纹连接）DN32	m	42.31	62.89	2661.09	25.44	5.20	0.11	4.15	11.25	5.27	11.48
							1076.26	220.19	4.74	175.68	475.81	222.89	485.51
	8-176	室内镀锌钢管（螺纹连接）DN32	10m	4.23	614.53	2599.46	248.60	48.06	1.12	40.58	109.91	51.49	114.78
							1051.58	203.29	4.74	171.65	464.90	217.78	485.51
	8-478	管道冲洗消毒 DN50 以内	100m	0.42	146.74	61.63	58.76	40.24	0.00	9.59	25.98	12.17	0.00
							24.68	16.90	0.00	4.03	10.91	5.11	0.00

续表

序号	项目编码	项目名称	计量单位	工程量	合计		其中						未计价材料费
							人工费	材料费	机械费	管理费	规费	利润	
4	031001001004	室内镀锌钢管（螺纹连接）DN40	m	83.33	单价	73.71	30.18	4.50	0.11	4.93	13.34	6.25	14.40
					合价	6142.61	2514.95	374.93	9.33	410.55	1111.86	520.85	1200.15
	8-177	室内镀锌钢管（螺纹连接）DN40	10m	8.33	单价	722.79	296.06	41.00	1.12	48.33	130.89	61.31	144.08
					合价	6020.82	2466.18	341.53	9.33	402.59	1090.30	510.75	1200.15
	8-478	管道冲洗消毒 DN50以内	100m	0.83	单价	146.74	58.76	40.24	0.00	9.59	25.98	12.17	0.00
					合价	121.79	48.77	33.40	0.00	7.96	21.56	10.10	0.00
5	031001001005	室内镀锌钢管（螺纹连接）DN50	m	52.23	单价	80.19	30.85	6.37	0.31	5.04	13.64	6.39	17.59
					合价	4188.57	1611.38	332.92	16.18	263.06	712.39	333.72	918.91
	8-178	室内镀锌钢管（螺纹连接）DN50	10m	5.22	单价	787.79	302.84	59.77	3.10	49.44	133.89	62.72	176.04
					合价	4112.26	1580.82	312.00	16.18	258.08	698.88	327.39	918.91
	8-478	管道冲洗消毒 DN50以内	100m	0.52	单价	146.74	58.76	40.24	0.00	9.59	25.98	12.17	0.00
					合价	76.30	30.56	20.92	0.00	4.99	13.51	6.33	0.00
6	031002001001	管道支架制作安装	kg	37.7	单价	21.88	7.51	2.49	2.91	1.23	3.32	1.56	2.86
					合价	824.84	283.30	93.79	109.71	46.25	125.25	58.67	107.88
	8-558	管道支架制作安装	100kg	0.377	单价	2187.92	751.45	248.77	291.02	122.68	332.22	155.63	286.15
					合价	824.84	283.30	93.79	109.71	46.25	125.25	58.67	107.88
7	031002003001	钢管套管 DN32	个	66	单价	31.79	11.30	7.67	0.96	1.84	5.00	2.34	2.68
					合价	2097.94	745.80	506.22	63.36	121.44	329.72	154.46	176.95
	8-440	钢管套管制作安装 DN32	个	66	单价	31.79	11.30	7.67	0.96	1.84	5.00	2.34	2.68
					合价	2097.94	745.80	506.22	63.36	121.44	329.72	154.46	176.95

续表

序号	项目编码	项目名称	计量单位	工程量		合计	人工费	材料费	机械费	其中 管理费	规费	利润	未计价材料费
8	031002003002	钢管套管 DN40	个	4	单价	50.14	15.82	17.16	1.04	2.58	6.99	3.28	3.27
					合价	200.55	63.28	68.64	4.16	10.32	27.98	13.11	13.07
	8-441	钢管套管制作安装 DN40	个	4	单价	50.14	15.82	17.16	1.04	2.58	6.99	3.28	3.27
					合价	200.55	63.28	68.64	4.16	10.32	27.98	13.11	13.07
9	031002003003	钢管套管 DN50	个	4	单价	51.03	15.82	17.16	1.04	2.58	6.99	3.28	4.16
					合价	204.13	63.28	68.64	4.16	10.32	27.98	13.11	16.65
	8-441	钢管套管制作 DN50	个	4	单价	51.03	15.82	17.16	1.04	2.58	6.99	3.28	4.16
					合价	204.13	63.28	68.64	4.16	10.32	27.98	13.11	16.65
10	031002003004	钢管套管 DN65	个	13	单价	70.67	21.47	24.99	1.11	3.51	9.49	4.45	5.65
					合价	918.75	279.11	324.87	14.43	45.63	123.39	57.80	73.51
	8-442	钢管套管制作 DN65	个	13	单价	70.67	21.47	24.99	1.11	3.51	9.49	4.45	5.65
					合价	918.75	279.11	324.87	14.43	45.63	123.39	57.80	73.51
11	031002003005	钢管套管 DN80	个	8	单价	108.94	28.25	49.28	1.35	4.61	12.49	5.85	7.12
					合价	871.56	226.00	394.24	10.80	36.88	99.91	46.80	56.92
	8-444	钢管套管制作 DN80	个	8	单价	108.94	28.25	49.28	1.35	4.61	12.49	5.85	7.12
					合价	871.56	226.00	394.24	10.80	36.88	99.91	46.80	56.92
12	031003009001	方形补偿器	个	2	单价	158.58	68.93	28.99	4.66	11.25	30.47	14.28	0.00
					合价	317.16	137.86	57.98	9.32	22.50	60.95	28.55	0.00
	8-769	方形补偿器 DN32	个	2	单价	158.58	68.93	28.99	4.66	11.25	30.47	14.28	0.00
					合价	317.16	137.86	57.98	9.32	22.50	60.95	28.55	0.00

续表

序号	项目编码	项目名称	计量单位	工程量	合计		其中						未计价材料费
							人工费	材料费	机械费	管理费	规费	利润	
13	031003009002	方形补偿器	个	2	单价	253.57	108.48	55.96	6.99	11.71	47.96	22.47	0.00
				2	合价	507.13	216.96	111.92	13.98	23.42	95.92	44.93	0.00
	8-771	方形补偿器 DN50	个	2	单价	253.57	108.48	55.96	6.99	11.71	47.96	22.47	0.00
				2	合价	507.13	216.96	111.92	13.98	23.42	95.92	44.93	0.00
14	031003001001	螺纹阀门 DN20	个	72	单价	34.66	11.30	4.08	0.00	1.84	5.00	2.34	10.10
				72	合价	2495.23	813.60	293.76	0.00	132.48	359.69	168.50	727.20
	8-560	螺纹阀门（球阀）安装 DN20	个	72	单价	34.66	11.30	4.08	0.00	1.84	5.00	2.34	10.10
				72	合价	2495.23	813.60	293.76	0.00	132.48	359.69	168.50	727.20
15	031003001002	螺纹阀门 DN32	个	2	单价	61.22	16.95	7.47	0.00	2.77	7.49	3.51	23.03
				2	合价	122.45	33.90	14.94	0.00	5.54	14.99	7.02	46.06
	8-562	螺纹阀门（球阀）安装 DN32	个	2	单价	61.22	16.95	7.47	0.00	2.77	7.49	3.51	23.03
				2	合价	122.45	33.90	14.94	0.00	5.54	14.99	7.02	46.06
16	031003001003	自动排气阀安装	个	2	单价	67.10	24.86	8.04	0.00	4.06	10.99	5.15	14.00
				2	合价	134.20	49.72	16.08	0.00	8.12	21.98	10.30	28.00
	8-661	自动排气阀 DN20	个	2	单价	67.10	24.86	8.04	0.00	4.06	10.99	5.15	14.00
				2	合价	134.20	49.72	16.08	0.00	8.12	21.98	10.30	28.00
17	031003003001	焊接法兰阀门安装	个	1	单价	229.76	55.37	76.59	11.40	9.04	24.48	11.47	41.41
				1	合价	229.76	55.37	76.59	11.40	9.04	24.48	11.47	41.41
	8-599	焊接法兰阀门（蝶阀）DN50	个	1	单价	229.76	55.37	76.59	11.40	9.04	24.48	11.47	41.41
				1	合价	229.76	55.37	76.59	11.40	9.04	24.48	11.47	41.41

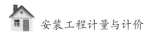

续表

序号	项目编码	项目名称	计量单位	工程量		合计	人工费	材料费	机械费	其中 管理费	规费	利润	未计价材料费
18	031003014001	热量表	块	1	单价	3539.76	539.01	1482.01	80.81	88.00	238.30	111.63	1000.00
					合价	3539.76	539.01	1482.01	80.81	88.00	238.30	111.63	1000.00
	8-1079	热水采暖入口热量表组成安装（法兰连接）DN50	组	1	单价	3539.76	539.01	1482.01	80.81	88.00	238.30	111.63	1000.00
					合价	3539.76	539.01	1482.01	80.81	88.00	238.30	111.63	1000.00
19	031005003001	钢铝压铸复合散热器	组	76	单价	253.82	25.43	10.05	0.20	4.15	11.24	5.27	197.49
					合价	19290.47	1932.30	763.76	15.20	315.56	854.27	400.18	15009.20
	8-1031	钢柱式散热器安装（10片以内）	组	74	单价	250.19	24.86	9.96	0.20	4.06	10.99	5.15	194.97
					合价	18514.01	1839.64	737.04	14.80	300.44	813.30	380.99	14427.80
	8-1032	钢柱式散热器安装（15片以内）	组	2	单价	388.23	46.33	13.36	0.20	7.56	20.48	9.59	290.70
					合价	776.45	92.66	26.72	0.40	15.12	40.96	19.19	581.40
20	031201003001	管道支架刷油	kg	37.7	单价	1.50	0.66	0.31	0.00	0.11	0.29	0.14	0.00
					合价	56.56	24.71	11.77	0.00	4.03	10.92	5.12	0.00
	11-7	手工除锈角钢支架轻锈	100kg	0.377	单价	44.43	22.60	3.47	0.00	3.69	9.99	4.68	0.00
					合价	16.75	8.52	1.31	0.00	1.39	3.77	1.76	0.00
	11-111	角钢支架刷防锈漆第一遍	100kg	0.377	单价	55.89	22.60	14.93	0.00	3.69	9.99	4.68	0.00
					合价	21.07	8.52	5.63	0.00	1.39	3.77	1.76	0.00
	11-112	角钢支架刷防锈漆第二遍	100kg	0.377	单价	49.69	20.34	12.83	0.00	3.32	8.99	4.21	0.00
					合价	18.73	7.67	4.84	0.00	1.25	3.39	1.59	0.00
21	031208002001	管道绝热 DN25	m³	0.462	单价	714.69	327.70	88.33	21.40	53.50	144.88	67.87	11.02
					合价	330.19	151.40	40.81	9.89	24.72	66.93	31.35	5.09
	11-605	管道离心玻璃棉绝热层安装（D57以内，绝热层厚度60mm以内）	m³	0.462	单价	714.69	327.70	88.33	21.40	53.50	144.88	67.87	11.02
					合价	330.19	151.40	40.81	9.89	24.72	66.93	31.35	5.09

续表

序号	项目编码	项目名称	计量单位	工程量	合计		其中						未计价材料费
							人工费	材料费	机械费	管理费	规费	利润	
22	03120800002002	管道绝热 DN32	m³	0.582	单价	716.56	327.70	88.33	21.40	53.50	144.88	67.87	12.89
					合价	417.04	190.72	51.41	12.45	31.14	84.32	39.50	7.50
	11-605	管道离心玻璃棉绝热层安装（D57以内，绝热层厚度60mm以内）	m³	0.582	单价	716.56	327.70	88.33	21.40	53.50	144.88	67.87	12.89
					合价	417.04	190.72	51.41	12.45	31.14	84.32	39.50	7.50
23	03120800002003	管道绝热 DN40	m³	1.248	单价	718.03	327.70	88.33	21.40	53.50	144.88	67.87	14.36
					合价	896.10	408.97	110.24	26.71	66.77	180.81	84.70	17.92
	11-605	管道离心玻璃棉绝热层安装（D57以内，绝热层厚度60mm以内）	m³	1.248	单价	718.03	327.70	88.33	21.40	53.50	144.88	67.87	14.36
					合价	896.10	408.97	110.24	26.71	66.77	180.81	84.70	17.92
24	03120800002004	管道绝热 DN50	m³	0.861	单价	480.01	206.79	65.79	21.40	33.76	91.42	42.83	18.03
					合价	413.29	178.05	56.65	18.43	29.07	78.71	36.87	15.52
	11-609	管道离心玻璃棉绝热层安装（D133以内，绝热层厚度60mm以内）	m³	0.861	单价	480.01	206.79	65.79	21.40	33.76	91.42	42.83	18.03
					合价	413.29	178.05	56.65	18.43	29.07	78.71	36.87	15.52
25	010101007001	管沟土方	m³	0.81	单价	156.93	65.69	41.24	1.79	5.57	29.04	13.60	0.00
					合价	127.12	53.21	33.41	1.45	4.51	23.52	11.02	0.00
	1-2	人工挖土方 一般土（深度 4.0m 以内）	10m³	0.08	单价	1202.52	453.92	417.60	0.00	36.32	200.68	94.01	0.00
					合价	96.20	36.31	33.41	0.00	2.91	16.05	7.52	0.00
	1-48	回填土人工回填	10m³	0.08	单价	386.44	211.20	0.00	18.10	20.03	93.37	43.74	0.00
					合价	30.92	16.90	0.00	1.45	1.60	7.47	3.50	0.00

注："合价"数据存在误差，是保留两位小数导致的。

表 3.17　分部分项工程项目清单计价表

专业工程名称：某办公楼采暖工程

序号	项目编码	项目名称	项目特征描述	计量单位	工程量	金额/元		
						综合单价	合价	其中：规费
1	031001001001	室内镀锌钢管（螺纹连接）DN20	1.安装部位：室内 2.输送介质：水 3.型号规格：DN20 4.连接形式：螺纹连接	m	439.60	48.19	21184.99	4133.21
2	031001001002	室内镀锌钢管（螺纹连接）DN25	1.安装部位：室内 2.输送介质：水 3.型号规格：DN25 4.连接形式：螺纹连接	m	153.66	59.63	9162.93	1729.26
3	031001001003	室内镀锌钢管（螺纹连接）DN32		m	42.31	62.89	2661.09	475.81
4	031001001004	室内镀锌钢管（螺纹连接）DN40	1.安装部位：室内 2.输送介质：水 3.型号规格：DN40 4.连接形式：螺纹连接	m	83.33	73.71	6142.61	1111.86
5	031001001005	室内镀锌钢管（螺纹连接）DN50	1.安装部位：室内 2.输送介质：水 3.型号规格：DN50 4.连接形式：螺纹连接	m	52.23	80.19	4188.57	712.39
6	031002001001	管道支架制作安装	1.材质：角钢 2.管架形式：固定式吊架	kg	37.70	21.88	824.84	125.25
7	031002003001	钢管套管DN32	1.名称类型：钢管套管 2.材质：钢管 3.规格：DN32 4.填料材质：石棉麻絮非燃材料填充	个	66	31.79	2097.94	329.72
8	031002003002	钢管套管DN40	1.名称类型：钢管套管 2.材质：钢管 3.规格：DN40 4.填料材质：同上	个	4	50.14	200.55	27.98
9	031002003003	钢管套管DN50	1.名称类型：钢管套管 2.材质：钢管 3.规格：DN50 4.填料材质：同上	个	4	51.03	204.13	27.98

续表

序号	项目编码	项目名称	项目特征描述	计量单位	工程量	金额/元		
						综合单价	合价	其中：规费
10	031002003004	钢管套管 DN65	1. 名称类型：钢管套管 2. 材质：钢管 3. 规格：DN65 4. 填料材质：同上	个	13	70.67	918.75	123.39
11	031002003005	钢管套管 DN80	1. 名称类型：钢管套管 2. 材质：钢管 3. 规格：DN80 4. 填料材质：同上	个	8	108.94	871.56	99.91
12	031003001001	螺纹阀门 DN20	1. 类型：球阀 2. 材质：铜 3. 规格：DN20 4. 连接形式：螺纹连接	个	72	34.66	2495.23	359.69
13	031003001002	螺纹阀门 DN32	1. 类型：球阀 2. 材质：铜 3. 规格：DN32 4. 连接形式：螺纹连接	个	2	61.22	122.45	14.99
14	031003001003	自动排气阀安装	1. 类型：自动排气阀 2. 材质：铜 3. 规格：DN25 4. 连接形式：螺纹连接	个	2	67.10	134.20	21.98
15	031003003001	焊接法兰阀门安装	1. 类型：蝶阀 2. 材质：不锈钢 2. 规格：DN50 3. 连接形式：焊接法兰连接	个	1	229.76	229.76	24.48
16	031003009001	方形补偿器	1. 类型：方形补偿器 2. 材质：不锈钢 3. 规格：DN32 4. 连接形式：螺纹连接	个	2	158.58	317.16	60.95
17	031003009002	方形补偿器	1. 类型：方形补偿器 2. 材质：不锈钢 3. 规格：DN50 4. 连接形式：螺纹连接	个	2	253.57	507.13	95.92

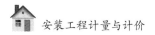

续表

序号	项目编码	项目名称	项目特征描述	计量单位	工程量	金额/元		
						综合单价	合价	其中：规费
18	031003014001	热量表	1. 类型：法兰焊接 2. 型号、规格 3. 连接形式：法兰焊接	块	1	3539.76	3539.76	238.3
19	031005003001	钢铝压铸复合散热器	1. 型号：GLYZ9-8/6 2. 托架刷油设计要求：除锈后刷两遍防锈漆	组	76	253.82	19290.47	854.27
20	031201003001	管道支架刷油	1. 除锈级别：轻锈 2. 油漆品种：防锈底漆 3. 结构类型：角钢 4. 涂刷遍数：两遍	kg	37.70	1.50	56.56	10.92
21	031208002001	管道绝热 $DN25$	1. 绝热材料品种：离心玻璃棉不燃材料 2. 绝热厚度：50mm 3. 管道外径：$DN25$	m³	0.462	714.69	330.19	66.93
22	031208002002	管道绝热 $DN32$	1. 绝热材料品种：离心玻璃棉不燃材料 2. 绝热厚度：50mm 3. 管道外径：$DN32$	m³	0.582	716.56	417.04	84.32
23	031208002003	管道绝热 $DN40$	1. 绝热材料品种：离心玻璃棉不燃材料 2. 绝热厚度：50mm 3. 管道外径：$DN40$	m³	1.248	718.03	896.10	180.81
24	031208002004	管道绝热 $DN50$	1. 绝热材料品种：离心玻璃棉不燃材料 2. 绝热厚度：50mm 3. 管道外径：$DN50$	m³	0.861	480.01	413.29	78.71
25	010101007001	管沟土方	1. 土壤类别：一般土 2. 管外径：60.3mm 3. 挖沟深度：0.9m	m³	0.81	156.93	127.12	23.52

表 3.18　措施项目（一）清单计价表

专业工程名称：某办公楼采暖工程

序号	项目编码	项目名称	计算基础	金额 / 元	其中：规费 / 元
1	031301017001	脚手架措施费	分部分项工程费中的人工费合计	996.39	440.50
2	031302001001	安全文明施工措施费	分部分项工程费中的人工费、材料费、机械费合计	424.83	187.82
3	031301018001	竣工验收存档资料编制费	分部分项工程费中的人工费、材料费、机械费及可计量的措施项目中的人工费、材料费、机械费合计	33.19	14.67
本页合计				1454.41	642.99
本表合计［结转至工程量清单计价汇总表］				1454.41	642.99

注：1. 本表中脚手架措施费费率为 4%、安全文明施工措施费费率为 1.28%、竣工验收存档资料编制费费率为 0.1%。

2. 各项费用中规费费率为 44.21%。

表 3.19　工程量清单计价汇总表

专业工程名称：某办公楼采暖工程

序号	费用项目名称	计算公式	金额 / 元
1	分部分项工程量清单计价合计	∑（工程量 × 综合单价）	77334.40
2	其中：规费	∑（工程量 × 综合单价中规费）	11012.55
3	措施项目（一）清单计价合计	∑措施项目（一）金额	1454.41
4	其中：规费	∑措施项目（一）金额中规费	642.99
5	措施项目（二）清单计价合计	∑（工程量 × 综合单价）	0
6	其中：规费	∑（工程量 × 综合单价中规费）	0
7	规费	（2）+（4）+（6）	11655.54
8	税金	［（1）+（3）+（5）］×3.4%	2678.82
9	含税总计［结转至工程量清单总价汇总表］	（1）+（3）+（5）+（8）	81467.63

拓展练习

一、单选题

1. 图例"○"在采暖工程施工图中表示（　　）。

　　A. 回水管　　　　B. 供水立管　　　C. 回水立管　　　D. 水泵

2. 根据2016年版《天津市安装工程预算基价》，采暖管道工程量以（　　）为单位计量。

    A. m^3 B. m^2 C. m   D. t

3. 采暖工程包括（　　）两大部分。

    A. 锅炉房部分、室外供热管网和室内采暖系统

    B. 室内采暖系统和室外采暖系统

    C. 蒸汽采暖和热水采暖

    D. 自然循环热水采暖和机械循环热水采暖

4. 采暖系统也可装排气阀和膨胀水箱来排除系统及散热器组内的（　　）。

    A. 水   B. 空气   C. 蒸汽   D. 杂质

5. （　　）是将热水或蒸汽的热能散发到室内空间，使室内气温升高的设备。

    A. 散热器   B. 集气罐   C. 管道   D. 减压阀

6. 室外供热管道沟土方应参照（　　）工程预算基价相应子目。

    A. 建筑   B. 市政   C. 安装   D. 装饰装修

二、多选题

1. 室内采暖系统是由（　　）等组成的。

    A. 入口装置   B. 锅炉室

    C. 室内采暖管道   D. 管道附件

    E. 散热器

2. 散热器通常安装在（　　）等处。

    A. 室内外墙的窗台下   B. 走廊

    C. 楼梯间   D. 墙角处

    E. 任意位置

3. 采暖管道绝热工程包括（　　）的绝热。

    A. 管道   B. 阀门   C. 法兰

    D. 三通   E. 弯头

4. 采暖管道上的附件包括（　　）。

    A. 散热器   B. 阀门   C. 伸缩器

    D. 膨胀水箱   E. 集气罐

5. 采暖系统中，以个为单位计量的安装工程项目有（　　）。

    A. 采暖管道   B. 疏水器   C. 伸缩器

    D. 套管   E. 散热器

6. 以下说法正确的有（　　）。

    A. 管道除锈工程量以平方米为单位计量

    B. 管道保温工程量以平方米为单位计量

    C. 管道刷油工程量以平方米为单位计量

D．管道因施工发生的二次除锈工程量不再另计

E．管道绝热工程，包括阀门、法兰两种绝热管件

三、不定项选择题

1．根据 2016 年版《天津市安装工程预算基价》，方形伸缩器、套筒伸缩器安装均以（　　）为单位计量。

　　A．组　　　　　　B．套　　　　　　C．个　　　　　　D．副

2．生活采暖管道与工业采暖道划分以（　　）为界。

　　A．锅炉房或泵站外墙皮　　　　　B．两者管道交叉点

　　C．生活建筑室内外墙皮以外 1.5m　　　D．生活建筑入口处阀门

3．根据 2016 年版《天津市安装工程预算基价》，铸铁散热器安装工程量以（　　）为单位计量。

　　A．组　　　　　　B．套　　　　　　C．个　　　　　　D．片

4．根据 2016 年版《天津市安装工程预算基价》，采暖系统中，以组为计量单位的安装工程有（　　）。

　　A．减压器　　　　B．疏水器　　　　C．伸缩器　　　　D．散热器

5．采暖立管、支管上如有灯叉弯，其增加的工程量（　　）。

　　A．忽略不计　　　　　　　　B．单独计算

　　C．并入管道工程量中　　　　D．按直行管段计算

6．建筑物内散热器按安装方式不同分为（　　）。

　　A．明装　　　　　　B．暗装　　　　　C．悬挂式　　　　D．半暗装

项 目

建筑燃气工程计量与计价

■ 项目概述

建筑燃气工程计量与计价是安装工程计量与计价的重要组成部分之一，主要研究燃气管道、燃气用具设备等的工程量计算规则及计价方法。本项目以计量规则和计价方法为主线，结合工程实例，应用最新的定额和规范，介绍了运用定额计价和清单计价方法编制计价文件。

■ 学习目标

知识目标	能力目标	素质目标
1. 了解建筑燃气工程分类、组成； 2. 了解建筑燃气工程常用材料和设备； 3. 掌握建筑燃气工程施工图识读方法； 4. 掌握建筑燃气工程定额内容及注意事项； 5. 掌握建筑燃气工程清单内容及注意事项； 6. 掌握建筑燃气工程工程量计算规则； 7. 掌握建筑燃气工程计价方法	1. 具备建筑燃气工程施工图识读的能力； 2. 具备建筑燃气工程列项的能力； 3. 能够依据建筑燃气工程工程量计算规则，熟练计算工程量； 4. 能够根据定额计价方法，编制建筑燃气工程预算文件； 5. 能够根据清单计价方法，编制建筑燃气工程工程量清单及招标控制价	1. 培养学生严谨求实、一丝不苟的学习态度； 2. 培养学生善于观察、善于思考的学习习惯； 3. 培养学生团结协作的职业素养； 4. 培养学生绿色节能的理念

■ 课程思政

了解燃气类别，及我国天然气、煤气、液化石油气等能源储备情况，以及我国现阶段能源消耗结构形势，树立节能减排意识。了解燃气系统的组成，观看燃气泄漏安全教育视频，通过学习掌握燃气泄漏紧急处理方法，强化生产生活用气安全意识。通过燃气工程计量计价的学习，分组共同完成一项燃气工程预算文件，培养分工协作的团队合作精神，实事求是的严谨作风，开拓创新的科学态度，打造精益求精的工匠精神；同时通过编制燃气工程预算掌握基本理论、行业规范和计价规则，具备一定的职业素养。

▋ 项目发布 ▬▬▬▬▬▬▬▬▬

1）图纸：某住宅楼室内燃气工程，主体建筑 6 层，钢筋混凝土框架结构，本工程图纸如图 4.12 和图 4.13 所示。

2）预算编制范围：①室内燃气系统供气管道；②室内燃气系统燃气设备。

3）参考规范：

定额计价采用 2016 年版《天津市安装工程预算基价》第八册《给排水、采暖、燃气工程》。

清单计价采用《通用安装工程工程量计算规范》（GB 50856—2013）。

未计价材料价格执行当前市场信息价格。

4）成果文件：住宅楼室内燃气工程定额计价文件一份、住宅楼室内燃气工程清单计价文件一份。

【拍一拍】

作为气体燃料的燃气，能够燃烧而放出热量，供我们日常生活及生产使用，随着科技的发展，燃气设备在我们身边无处不在（图 4.1 和图 4.2），同学们可以拍一拍你身边的燃气装置，感受一下燃气在我们生活中的重要性。

图 4.1　燃气灶

图 4.2　燃气热水器

【想一想】

燃气是怎样输送到燃气灶中的？

任务4.1 认识建筑燃气系统

4.1.1 室内燃气系统的分类与组成

燃气工程分室外燃气管网和室内燃气系统。建筑燃气工程的任务是将气体燃料通过室外燃气管网输送到建筑物的室内燃气系统。

燃气是气体燃料的总称，按其来源不同，主要有天然气、人工燃气、液化石油气、沼气和煤制气五种。城镇燃气供应方式主要有两种：管道输送和瓶装供应。本章只介绍管道输送方式的民用燃气系统。

室内民用燃气系统由进户管道（引入管）、室内管道、燃气计量表和燃气用具设备等组成，如图4.3和图4.4所示。

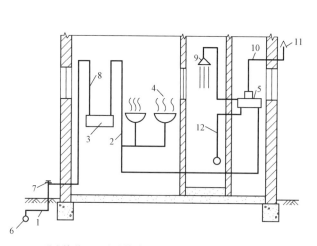

1—进户管道；2—户内管道；3—燃气计量表；4—燃气灶炉；
5—热水器；6—外网；7—三通及丝堵；8—开闭阀；
9—莲蓬头；10—排烟管；11—伞帽；12—冷水阀。

图4.3 室内民用燃气系统的组成

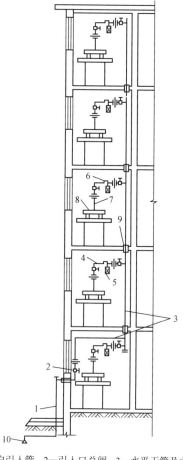

1—用户引入管；2—引入口总阀；3—水平干管及立管；
4—用户支管；5—计量表；6—软管；7—用具连接管；
8—用具；9—套管；10—分配管道。

图4.4 室内燃气管道的组成

1. 进户管道（引入管）

自室外管网至用户总开闭阀这段管道称为进户管道（引入管），如图 4.5 所示。

引入管直接引入用气房间（如厨房）内，不得敷设在卧室、厕所、走廊。当引入管穿墙、穿楼板时，应当预留孔洞，加套管，其间隙用油麻、沥青或环氧树脂填塞，如图 4.6 和图 4.7 所示。引入管应尽量从室外穿出地面，再穿墙进入室内。在立管上设三通、丝堵来代替弯头。

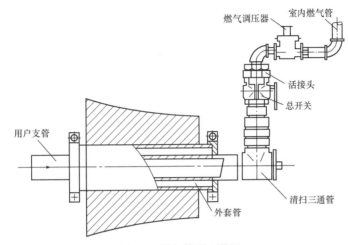

图 4.5　燃气管引入装置

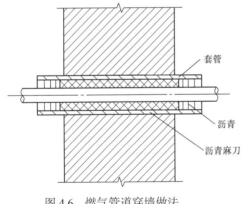

图 4.6　燃气管道穿墙做法

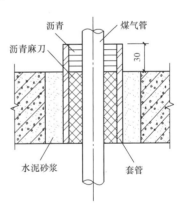

图 4.7　燃气管道穿楼板做法

2. 室内管道

自用户总开闭阀起至燃气计量表或用气设备的管道称为室内管道。室内管道分为水平干管、立管、用户支管等。

1）水平干管。引入管连接多根立管时，应设水平干管。水平干管可沿楼梯间或辅助房间的墙壁明敷设，管道经过的房间应有良好的通风。

2）立管。立管是将煤气由水平干管（或引入管）分送到各层的管道。立管一般敷设在厨房、走廊或楼梯间内。立管通过各层楼层时应设套管。套管高出地面至少 50mm，套管与立管之间的间隙用油麻填堵，沥青封口。立管在一幢建筑中一般不改变管径，直通上面各层。

3）用户支管。由立管引向各层单独用户计量表及煤气用具的管道为用户支管，支管穿墙时也应有套管保护。

埋地管道通常用铸铁管或焊接钢管，采用柔性机械连接或焊接连接，室内明装管道全部用镀锌钢管或不锈钢管，使用螺纹连接、卡套连接或卡压连接、螺纹连接时以生料带或厚白漆为填料，不得使用麻丝做填料。

3．燃气计量表安装

居民家庭用户应单独安装一只燃气计量表，集体、企业、事业用户等每个单独核算的单位至少应安装一只燃气计量表。目前，居民家庭一般使用民用燃气计量表，商业用户使用工商用燃气计量表，工业建筑常用罗茨表。

燃气计量表应设在便于安装、维修、抄表、清洁无湿气、无振动，并远离电气设备和明火的地方，如图 4.8 所示。

图 4.8　燃气计量表安装

4．燃气炉灶安装

燃气炉灶通常放置在砖砌的台子、混凝土浇筑的台子或者橱柜的台面上，进气口与燃气计量表的出口（或出口短管）以橡胶软管或者金属软管连接。

5．热水器安装

热水器通常安装在洗澡间外面的墙壁上，安装时，热水器的底部距地面 1.5～1.6m，如图 4.9 所示。

大容量的热水器需安装排烟管，排烟管应引至室外，在其立管端部安装伞形帽。

冷水阀出口与热水器进水口、热水器出水口与莲蓬头进水口的管段，可采用胶管连接。热水器进气口的管段采用白铁管及胶管。

图 4.9　热水器安装

6. 燃气加热设备

燃气加热设备安装有开水炉（JL-150Y 型、L-150 型）、采暖炉（箱式、YHRQ 型红外线和辐射采暖炉）、沸水器（容积式、自动式沸水器）、快速热水器（直排式、平衡式和烟道式快速热水器）等。

【知识拓展】

为了保证燃气安全使用，我国对燃气管道、燃气灶、燃气加热设备等部件器具均制定了严格的质量标准，2019 年 3 月，我国住房和城乡建设部修订了 2003 年发布的《燃气沸水器》（CJ/T 29—2019），以便保证不断改进的燃气沸水器的使用安全性。

4.1.2　建筑燃气系统的界线划分

燃气系统可分为市政管网系统、室外管网系统及室内燃气系统三部分，其划分界线如下。

1）室外管网和市政管网的分界点为两者的碰头点。

2）室内管网和室外管网的分界有两种情况。

① 由地下引入室内的管道以室内第一个阀门为界，如图 4.10 所示。

② 由地上引入室内的管道以墙外三通为界，如图 4.11 所示。

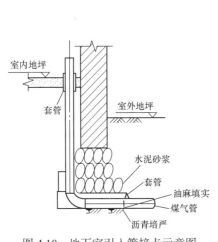

图 4.10　地下室引入管接点示意图

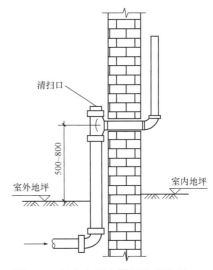

图 4.11　地上室引入管接点示意图

任务训练 1

基于对建筑燃气工程基础知识的学习，大家仔细观察周边的燃气系统，完成以下任务：

1）想一想在生活、生产中哪些地方会用到燃气？

2）对自己家里的燃气灶具、燃气热水器、燃气计量表及燃气管道拍取照片，说明它们的品牌、型号规格。

3）查看家里燃气管道的敷设，拍取照片，标记其敷设位置及所用管道支架类型，并识别管道中的附件及各种阀门类型。

 **识读建筑燃气工程施工图**

燃气工程施工图纸一般包括图纸目录、设计说明、平面图、系统图、详图等部分。燃气工程施工图上一般标明燃气管道、用具设备、装置等的规格和安装位置。在施工图纸上不能表达的内容，通常在设计说明中阐明，如设计依据、质量标准、施工方法、要求等。因此，燃气工程施工图是工程量计算和工程施工的依据。

1．图纸目录

图纸目录中列明了图纸名称、图号、图纸张数等。识读室内燃气工程施工图，应首先熟悉施工图纸目录，对照图纸目录核对整套图纸是否完整，确认无误后再进行图纸识读。

2．设备材料表

建筑燃气工程设备材料表主要标明工程所需管材、阀件、设备型号、规格、数量等。

3．施工设计说明

燃气施工设计说明包括燃气工程概况、设计意图及其施工要求，如燃气气源、用气量、燃气管压力大小、燃气管道材质及其连接方式、保温绝热的做法、管道附件及附属设备型号、系统吹扫和气压试验要求、施工中应执行和采用的规范标准等内容。

4．燃气系统图

室内燃气系统图用图例主要标明燃气引入管、立管、水平干管及支管管径、标高，燃气设备、装置、阀件的类型和位置等。识读时以系统为单位，按照燃气的输送流向识读，即按照用户引入管、水平干管、立管、支管、燃气用具的顺序识读。

5．燃气平面图

室内燃气平面图主要标明引入管、水平干管、支管的管径、位置，立管的位置、编号，燃气设备、装置位置等。识图时应将平面图与系统图对照起来看，以便全面了解系统设置。

6．建筑燃气工程详图

建筑燃气工程详图详细表示工程某一关键部位的安装施工要求，或平面图及系统图中无法清楚表达的部位，如引入管、燃气设备、装置安装详图，需标明其具体安装尺寸、材料、方法等详细内容。

任务训练 2

图 4.12、图 4.13 为某燃气工程项目图纸，详细识读平面布置图和系统图，完成以下任务：

1）了解此建筑物的层数、层高及平面布置情况，房间的开间和进深尺寸。

2）了解所用燃气灶和燃气嘴的规格型号及其在平面图中的具体位置。

3）找出燃气计量表的位置，写出其规格型号。

4）查看平面图，找出燃气管道入口、燃气水平管道平面布置形式及燃气立管位置。

5）平面图和系统图结合起来，指出由燃气管道入口至每层燃气灶的管道敷设路线，指出所有管段的管径、管材及连接方式。

6）查明该燃气工程中各种阀门的规格、类型及位置。

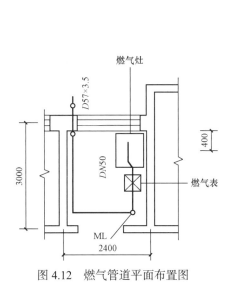

图 4.12　燃气管道平面布置图

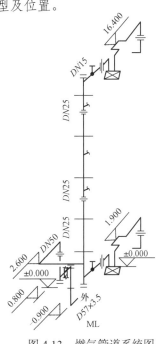

图 4.13　燃气管道系统图

任务 4.3　建筑燃气工程定额计量与计价

4.3.1　定额项目工程量计算规则

1. 说明

1）各种管道安装套用 2016 版《天津市安装工程预算基价》第八册《给排水、采暖、燃气工程》中第六章"燃气管道、附件、器具安装"定额项目。

2）定额项目中的钢管（焊接连接）适用于焊接钢管。

3）阀门安装，按第八册相应项目另行计算。

4）法兰安装，按第八册基价相应项目另行计算（调长器安装、调长器与阀门连接、燃气计量表安装除外）。

5）穿墙套管：镀锌薄钢板套管、铁皮套管及一般钢管套管按第八册相应项目计算；外墙钢套管按2016年版《天津市安装工程预算基价》第六册《工业管道工程》定额相应项目执行。

2．工程量计算及定额时应注意的问题

1）燃气用具安装已考虑了与燃气用具前阀门连接的短管，不得重复计算。

2）室内燃气镀锌钢管安装定额中已包括托钩、角钢管卡的制作与安装，不得另计。其他管道支架另行计算，并套用第八册第二章"管道支架制作安装相应基价项目"。

3）燃气管道定额基价中已包含管道气压试验。

4）燃气加热器具只包括器具与燃气管终端阀门连接，其他执行相应基价。

3．计算规则

1）管道的安装工程量计算规则同给排水管道部分。按管道的安装部位（室内或室外）、材质、连接方式和公称直径的不同分别列项计算。

2）燃气计量表依据不同用途、型号、规格，按设计图示数量计算，以块为计量单位。

3）抽水缸依据不同材质、型号、规格，按设计图示数量计算，以个为计量单位。

4）燃气管道调长器、调长器与阀门连接依据不同型号、规格，按设计图示数量计算，以个为计量单位。

5）燃气开水炉、燃气采暖炉依据不同型号、规格，按设计图示数量计算，以台为计量单位。

6）沸水器、燃气快速热水器，依据不同类型、规格、型号，按设计图示数量计算，以台为计量单位。

7）燃气灶具依据不同用途、燃气类别、型号、规格，按设计图示数量计算，以台为计量单位。

8）气嘴安装依据不同型号、规格，单、双嘴连接方式，按设计图示数量计算，以个为计量单位。

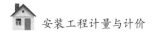

任务训练3

按照燃气工程定额工程量计算规则，依据图4.12和图4.13，完成以下各工程量的计算，并填写在"定额计价学生训练手册"工程量计算书中。

1）依照燃气管道不同材质、管径、连接方式分别列项，注意详细注明所列出的管道位置。

2）参照管道计算规则及图纸比例，测量并计算出各管段长度。

3）列出燃气灶及燃气嘴工程量。

4）列出燃气计量表工程量。

5）列出不同类型、不同规格的阀门数量。

6）了解不同材质套管的计算规则，按照图纸说明及图纸中燃气管线的平面布置，计量出不同材质、管径套管的工程量。

【定额计量示例】

本例以某 6 层住宅厨房人工燃气工程为例，说明如何采用定额计价方法编制预算。

某 6 层住宅厨房人工燃气管道平面布置图如图 4.12 所示，系统图如图 4.13 所示。

本住宅楼共 6 层，每层层高 3.0m。管道采用镀锌钢管螺纹连接，明敷设。煤气表采用双表头 3m³/h，单价 80 元；煤气灶采用 JZR-83 自动点火灶，单价 240 元；采用 XW15 型单嘴外螺纹气嘴，单价 10 元；KN15 镀锌钢管 8 元 /m，KN25 镀锌钢管 15 元 /m，KN40 镀锌钢管 18 元 /m，KN50 镀锌钢管 20 元 /m，KN80 镀锌钢管 25 元 /m，旋塞阀门单价为 10 元。管道距墙 40mm，外墙厚度为 280mm，内墙厚度为 160mm。

试计算该工程的燃气安装工程工程量，并编制定额施工图预算文件。

本例中工程量计算包括煤气管、煤气表、煤气灶、燃气嘴工程量及管道工程量计算。本例中煤气管道的室内外分界线为进户三通。

解： 工程量计算。

根据图 4.12 和图 4.13，按分项依次计算工程量，工程量计算表及工程量汇总表见表 4.1 和表 4.2。

表 4.1　定额工程量计算表

专业工程名称：某住宅燃气工程

序号	项目名称	计算式	单位	数量
（一）	燃气管道			
1	镀锌钢管（螺纹连接）*DN*15		m	24.84
	燃气支管	（3.0-0.14-0.08-0.4-0.04+0.9×2）×6=24.84	m	24.84
2	镀锌钢管（螺纹连接）*DN*25		m	14.5
	燃气立管	16.4-1.9 = 14.5	m	14.5
3	镀锌钢管（螺纹连接）*DN*50		m	7.02
	燃气进户管	0.04+0.28（穿墙管长）+0.04+（2.6-0.8）（立管）+（3-0.14-0.08-0.04×2）+（2.4-0.08×2-0.04×2）=7.02	m	7.02
（二）	燃气计量表	6	块	6
（三）	燃气灶	6	台	6
（四）	燃气嘴	6	个	6
（五）	旋塞阀门	6	个	6
（六）	镀锌钢管套管		m	
（1）	镀锌钢管套管 *DN*40	5×0.21=1.05	m	1.05
（2）	镀锌钢管套管 *DN*80	1×0.32=0.32	m	0.32

表 4.2　定额工程量汇总表

专业工程名称：某住宅燃气工程

序号	项目名称	单位	数量
1	镀锌钢管（螺纹连接）DN15	m	24.84
2	镀锌钢管（螺纹连接）DN25	m	14.5
3	镀锌钢管（螺纹连接）DN50	m	7.02
4	燃气计量表	台	6
5	燃气灶	台	6
6	燃气嘴	个	6
7	旋塞阀门	个	6
8	镀锌钢管套管 DN40	m	1.05
9	镀锌钢管套管 DN80	m	0.32

4.3.2　定额内容及注意事项

定额模式下的施工图预算编制应使用各地区现行的安装工程预算定额和相应的材料价格。本部分内容主要套用 2016 年版《天津市安装工程预算基价》第八册《给排水、采暖、燃气工程》。

1．定额内容

本册包括燃气管道、附件、器具安装等章节，共 137 条子目。

2．定额的适用范围

本计价适用于新建、扩建工程中的燃气管道以及附件配件安装、小型容器制作安装。

3．定额项目费用的系数规定

1）脚手架措施费按人工费的 4% 计取，其中人工费占 35%。

2）本基价的操作物高度是按距离楼地面 3.6m 考虑的。当操作物高度超过 3.6m 时，操作高度增加费按照超过部分人工费乘以系数 0.15 计取，全部为人工费。

3）建筑物超高增加费的计取：以包括 6 层或 20m 以内（不包括地下室）的分部分项工程费中人工费为计算基数，乘以表 4.3 中系数（其中人工费占 65%）。

表 4.3　高层建筑增加费计取

层数	9 层以内（30m）	12 层以内（40m）	15 层以内（50m）	18 层以内（60m）	21 层以内（70m）
以人工费为计算基数	1%	2%	3%	5%	7%
层数	24 层以内（80m）	27 层以内（90m）	30 层以内（100m）	33 层以内（110m）	36 层以内（120m）
以人工费为计算基数	9%	11%	13%	15%	17%

注：120m 以外可参照此表相应递增。

4）安装与生产同时进行，降效增加费按分部分项工程费中人工费的 10% 计取，全部为人工费。

5）在有害身体健康的环境中施工，降效增加费按分部分项工程费中人工费的 10% 计取，全部为人工费。

任务训练 4

按照安装工程费用的组成，在已完成燃气工程项目的定额工程量计算基础上，完成以下各项费用的计算，并填写在"定额计价学生训练手册"相应费用计算表中。

1）参照附录 5（常用定额计价表），依次列出该燃气工程中所用到的主要材料费用。

2）对该工程进行计价时是否要考虑操作高度增加费？

3）对该工程是否应计取建筑物超高增加费？

4）参照附录 5（常用定额计价表），计算各分部分项工程费。

5）该工程实施过程中应计取哪些措施费？各措施费应如何计算？

6）完成该燃气工程费用汇总表。

【定额计价示例】

该工程主要材料费用表、分部分项工程计价（预算子目）、措施项目（一）预（结）算计价表、施工图预（结）算计价汇总表分别见表 4.4～表 4.7。

表 4.4　主要材料费用表

专业工程名称：某住宅楼燃气工程

序号	材料名称和规格	单位	数量	单价 / 元	金额 / 元
1	镀锌钢管 DN15	m	24.84×1.02=25.34	8.00	202.72
2	镀锌钢管 DN25	m	14.5×1.02=14.79	15.00	221.85
3	镀锌钢管 DN50	m	7.02×1.02=7.16	20.00	143.20
4	燃气计量表	块	6.00	80.00	480.00
5	燃气计量表接头	套	6×1.01=6.06	20.00	121.20
6	燃气灶	m	6.00	240.00	1440.00
7	燃气嘴	m	6.00	10.00	60.00
8	旋塞阀门	m	6×1.01=6.06	10.00	60.60
9	镀锌钢管套管 DN40	m	1.05×1.02=1.07	18.00	19.26
10	镀锌钢管套管 DN80	m	0.32×1.02=0.33	25.00	8.25

安装工程计量与计价

表 4.5　分部分项工程计价（预算子目）

专业工程名称：某住宅楼燃气工程　　　　　　　　　　　　　　　　　　　　　　　　　金额单位：元

序号	定额编号	工程及费用名称	工程量		造价		未计价材料费		总价分析							
			单位	数量	单价	合价	单价	合价	人工费		材料费		机械费		管理费	
									单价	合价	单价	合价	单价	合价	单价	合价
1	8-1102	室内燃气镀锌钢管（螺纹连接）DN15	10m	2.48	279.68	693.61			209.05	518.44	30.30	75.14	6.20	15.38	34.13	84.64
		镀锌钢管 DN15	m	25.34		202.72	8.00	202.72								
2	8-1104	室内燃气镀锌钢管（螺纹连接）DN25	10m	1.45	339.14	491.75			248.60	360.47	46.71	67.73	3.25	4.71	40.58	58.84
		镀锌钢管 DN25	m	14.79		221.85	15.00	221.85								
3	8-1107	室内镀锌钢管（螺纹连接）DN50	10m	0.70	495.45	346.82			311.88	218.32	125.67	87.97	6.98	4.89	50.92	35.64
		镀锌钢管 DN50	m	7.16		143.20	20.00	143.20								
4	8-1155	民用燃气计量表 双表头 3m³/h	块	6.00	88.75	532.50			75.71	454.26	0.68	4.08	0.00	0.00	12.36	74.16
		民用燃气计量表 双表头 3m³/h	块	6.00		480.00	80.00	480.00								
		民用燃气计量表接头	套	6.06		121.20	20.00	121.20								
5	8-1202	人工煤气灶 JZR-83 自动点火灶	台	6.00	50.73	304.38			28.25	169.50	17.87	107.22	0.00	0.00	4.61	27.66
		JZR-83 自动点火灶	台	6.00		1440.00	240.00	1440.00								
6	8-1231	XW15 型单嘴外螺纹气嘴	10个	0.60	75.49	45.29			63.28	37.97	1.88	1.13	0.00	0.00	10.33	6.20
		XW15 型单嘴外螺纹气嘴	个	6.00		60.00	10.00	60.00								
7	8-559	旋塞阀门 螺纹连接 DN15	个	6.00	16.25	97.50			11.30	67.80	3.11	18.66	0.00	0.00	1.84	11.04
		旋塞阀门 DN15	个	6.06		60.60	10.00	60.60								
8	8-24	钢管套管制作 DN40	10m	0.11	104.74	11.00			83.62	8.78	4.74	0.50	2.73	0.29	13.65	1.43
		焊接钢管 DN40	m	1.07		19.26	18.00	19.26								
9	8-27	钢管套管制作 DN80	10m	0.03	187.46	6.00			126.56	4.05	20.73	0.66	19.51	0.62	20.66	0.66
		焊接钢管 DN80	m	0.33		8.25	25.00	8.25								
		合计				5285.92		2757.08		1839.59		363.09		25.89		300.28

表 4.6　措施项目（一）预（结）算计价表

工程名称：某住宅楼燃气工程

序号	项目名称	计算基础	费率 /%	金额 / 元	其中：人工费 / 元
1	安全文明施工措施费	分部分项工程费中人工费、材料费、机械费合计	1.2	59.83	9.57
2	冬季施工增加费	分部分项工程费中人工费、材料费、机械费及可计量的措施项目费中人工费、材料费、机械费合计	0.56	27.92	15.91
3	竣工验收存档资料编制费	分部分项工程费中人工费、材料费、机械费及可计量的措施项目费中人工费、材料费、机械费合计	0.1	4.99	4.99
本页小计				92.74	30.47
本表合计［结转至施工图预（结）算计价汇总表］				92.74	30.47

注：本表安全文明施工措施费中人工费的费率为 16%，冬季施工增加费中人工费的费率为 57%，竣工验收存档资料编制费中人工费的费率为 100%。

表 4.7　施工图预（结）算计价汇总表

专业工程名称：某办公楼采暖工程

序号	费用项目名称	计算公式	费率 /%	金额 / 元
1	分部分项工程项目预（结）算计价合计	∑（工程量×编制期预算基价）		5285.92
2	其中：人工费	∑（工程量×编制期预算基价中人工费）		1839.59
3	措施项目（一）预（结）算计价合计	∑措施项目（一）金额		92.74
4	其中：人工费	∑措施项目（一）金额中人工费		30.47
5	措施项目（二）预（结）算计价合计	∑（工程量×编制期预算基价）		0.00
6	其中：人工费	∑（工程量×编制期预算基价中人工费）		0.00
7	规费	［（2）+（4）+（6）］×相应费率	44.21	826.75
8	利润	［（2）+（4）+（6）］×相应利润率	24.81	463.96
9	其中：施工装备费	［（2）+（4）+（6）］×相应施工装备费率	11	205.71
10	税金	［（1）+（3）+（5）+（7）+（8）］×征收率或税率	3.4	226.76
11	含税总计	（1）+（3）+（5）+（7）+（8）+（10）		6896.13

4.4.1 清单内容设置

建筑燃气工程清单工程量计算规则应以《通用安装工程工程量计算规范》（GB 50856—2013）附录 K "给排水、采暖、燃气工程"及相关内容为依据。

附录 K "给排水、采暖、燃气工程"中燃气工程包括：

1）燃气管道；

2）支架及其他；

3）管道附件；

4）燃气器具及其他；

5）相关问题及说明。

4.4.2 清单项目工程量计算方法

清单项目工程量的计算方法与定额计价基本一致，只是在清单计价模式下，个别项目安装工程量需按照规范中规定的工程量计算规则进行计算，如"套管"定额安装工程量根据不同材质分别以套管消耗长度"10m"或套管消耗数量"10 个"为计量单位，而清单计量均以设计图示数量计算，以个为计量单位。总的来说，清单工程量计算规则与定额工程量计算规则不同之处是，除另有说明外，所有清单项目的工程量应以实体工程量为准，并以完成后的净值计算；投标人投标报价时，应在单价中考虑施工中的各种损耗和需要增加的工程量。

4.4.3 清单项目工程量计算规则

燃气工程中管道的制作安装、管道支架的制作安装、管道附件的安装工程量计算规则与给排水清单工程量计算规则均相同，这里不再赘述，仅介绍燃气器具清单工程量计算规则。

1. 燃气器具

燃气器具及其他工程量清单项目设置、项目特征描述的内容，计量单位及工程量计算规则，应按照表 4.8 的规定执行。

表 4.8　燃气器具及其他

项目编码	项目名称	项目特征	计量单位	工程量计算规则	工作内容
031007001	燃气开水炉	1. 型号、容量 2. 安装方式 3. 附件型号、规格	台	按设计图示数量计算	1. 安装 2. 附件安装
031007002	燃气采暖炉				
031007003	燃气沸水器、消毒器	1. 类型 2. 型号、容量 3. 安装方式 4. 附件型号、规格			
031007004	燃气热水器				
031007005	燃气计量表	1. 类型 2. 型号、规格 3. 连接方式 4. 托架设计要求	块		1. 安装 2. 托架制作、安装
031007006	燃气灶具	1. 用途 2. 类型 3. 型号、容量 4. 安装方式 5. 附件型号、规格	台		1. 安装 2. 附件安装
031007007	气嘴	1. 单嘴、双嘴 2. 材质 3. 型号、规格 4. 连接形式	个		安装
031007008	调压器	1. 类型 2. 型号、规格 3. 安装方式	台		
031007009	燃气抽水缸	1. 材质 2. 规格 3. 连接形式	个		
031007010	燃气管道调长器	1. 规格 2. 压力等级 3. 连接形式			
031007011	调压箱、调压装置	1. 类型 2. 型号、规格 3. 安装部位	台		
031007012	引入口砌筑	1. 砌筑形式、材质 2. 保温、保护材料设计要求	处		1. 保温（保护）台砌筑 2. 填充保温（保护）材料

注：1. 沸水器、消毒器适用于容积式沸水器、自动沸水器、燃气消毒器等。

2. 燃气灶具适用于人工煤气灶具、液化石油气灶具、天然气燃气灶具等，用途应描述民用或公用，类型应描述所采用气源。

3. 调压箱、调压装置安装部位应区分室内、室外。

4. 引入口砌筑形式，应注明地上、地下。

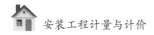

2. 计价规范关于其他相关问题处理的规定

凡涉及管沟及井类的土石方开挖、垫层、基础、砌筑、抹灰、地井盖板预制安装、回填、运输，路面开挖及修复、管道支墩等，应按土石方工程、砌筑工程、混凝土及钢筋混凝土工程相关项目编码列项。

任务训练 5

按照燃气工程清单工程量计算规则，依据图 4.12 和图 4.13，完成以下工程量清单计价任务，并填写在"清单计价学生训练手册"中。

1）对比燃气工程的定额工程量计算规则与清单计算规则有何异同。

2）参照燃气工程清单计价规则，依次列出本工程中各分部分项工程清单项，包括每一项的项目编码、项目名称、项目特征、计量单位。

3）根据燃气工程清单计价规则，计算出所列各分部分项工程清单的工程数量。

4）参考附录 5（常用定额基价表），计算出每项分部分项工程的综合单价。

5）根据已计算出的各分部分项工程清单工程量及综合单价，算出每一项分部分项工程合价。

6）该燃气工程实施过程中应计取哪些清单项目措施费？各清单项目措施费应如何计算？

7）完成该工程的工程量清单计价费用汇总表。

【清单计价示例】

某住宅楼室内燃气工程，计算图纸和设计说明见"定额计量示例"。根据《通用安装工程工程量计算规范》（GB 50856—2013）、《建设工程工程量清单计价规范》（GB 50500—2013），并根据前文计算的工程量，编制分部分项工程量清单计价表、分部分项工程量清单综合单价分析表等清单文件。

该工程分部分项工程项目清单综合单价分析表、分部分项工程项目清单计价表、措施项目（一）清单计价表、工程量清单计价汇总表分别见表 4.9～表 4.12。

表 4.9　分部分项工程项目清单综合单价分析表

工程名称：某住宅楼燃气工程

金额单位：元

序号	项目编码	项目名称	计量单位	工程量	合计		人工费	材料费	机械费	管理费	规费	利润	未计价材料费
										其中			
1	031001001001	室内镀锌钢管（螺纹连接）DN15	m	24.84	单价	49.63	20.87	3.03	0.62	3.41	9.23	4.32	8.16
	8-1102	室内燃气镀锌钢管（螺纹连接）DN15	10m	2.48	合价	1232.90	518.44	75.14	15.38	84.64	229.20	107.37	202.72
					单价	497.14	209.05	30.30	6.20	34.13	92.42	43.29	81.74
					合价	1232.90	518.44	75.14	15.38	84.64	229.20	107.37	202.72
2	031001001002	室内镀锌钢管（螺纹连接）DN25	m	14.50	单价	65.35	24.86	4.67	0.33	4.06	10.99	5.15	15.30
					合价	947.62	360.47	67.73	4.71	58.84	159.36	74.65	221.85
	8-1104	室内燃气镀锌钢管（螺纹连接）DN25	10m	1.45	单价	653.53	248.60	46.71	3.25	40.58	109.91	51.49	153.00
					合价	947.62	360.47	67.73	4.71	58.84	159.36	74.65	221.85
3	031001001003	室内镀锌钢管（螺纹连接）DN50	m	7.02	单价	89.99	31.10	12.53	0.70	5.08	13.75	6.44	20.40
					合价	631.75	218.32	87.97	4.89	35.64	96.52	45.21	143.20
	8-1107	室内燃气镀锌钢管（螺纹连接）DN50	10m	0.70	单价	902.49	311.88	125.67	6.98	50.92	137.88	64.59	204.57
					合价	631.75	218.32	87.97	4.89	35.64	96.52	45.21	143.20
4	031007005001	燃气计量表	块	6.00	单价	238.10	75.71	0.68	0.00	12.36	33.47	15.68	100.20
					合价	1428.61	454.26	4.08	0.00	74.16	200.83	94.08	601.20
	8-1155	民用燃气计量表 双表头 3m³/h	块	6.00	单价	238.10	75.71	0.68	0.00	12.36	33.47	15.68	100.20
					合价	1428.61	454.26	4.08	0.00	74.16	200.83	94.08	601.20
5	031007006001	燃气灶具	台	6.00	单价	309.07	28.25	17.87	0.00	4.61	12.49	5.85	240.00
					合价	1854.42	169.50	107.22	0.00	27.66	74.94	35.10	1440.00
	8-1202	人工煤气灶 JZR-83 自动点火灶	台	6.00	单价	309.07	28.25	17.87	0.00	4.61	12.49	5.85	240.00
					合价	1854.42	169.50	107.22	0.00	27.66	74.94	35.10	1440.00

序号	项目编码	项目名称	计量单位	工程量	合计		人工费	材料费	机械费	管理费	规费	利润	未计价材料费
6	031007007001	气嘴	个	6.00	单价	21.66	6.33	0.19	0.00	1.03	2.80	1.31	10.00
					合价	129.94	37.97	1.13	0.00	6.20	16.79	7.86	60.00
	8-1231	XW15型单嘴外螺纹气嘴	10个	0.60	单价	216.57	63.28	1.88	0.00	10.33	27.98	13.11	100.00
					合价	129.94	37.97	1.13	0.00	6.20	16.79	7.86	60.00
7	031003001001	旋塞阀门 DN15	个	6.00	单价	33.69	11.30	3.11	0.00	1.84	5.00	2.34	10.10
					合价	202.12	67.80	18.66	0.00	11.04	29.97	14.04	60.60
	8-559	旋塞阀门螺纹连接 DN15	个	6.00	单价	33.69	11.30	3.11	0.00	1.84	5.00	2.34	10.10
					合价	202.12	67.80	18.66	0.00	11.04	29.97	14.04	60.60
8	031002003001	套管 DN40	个	5.00	单价	7.35	1.84	0.10	0.06	0.30	0.81	0.38	3.85
					合价	36.75	9.20	0.52	0.30	1.50	4.07	1.90	19.26
	8-24	钢管套管制作 DN40	10m	0.11	单价	334.12	83.62	4.74	2.73	13.65	36.97	17.32	175.09
					合价	36.75	9.20	0.52	0.30	1.50	4.07	1.90	19.26
9	031002003002	套管 DN80	个	1.00	单价	16.34	3.80	0.62	0.59	0.62	1.68	0.79	8.25
					合价	16.34	3.80	0.62	0.59	0.62	1.68	0.79	8.25
	8-27	钢管套管制作 DN80	10m	0.03	单价	544.62	126.56	20.73	19.51	20.66	55.95	26.21	275.00
					合价	16.34	3.80	0.62	0.59	0.62	1.68	0.79	8.25

表 4.10　分部分项工程项目清单计价表

专业工程名称：某住宅楼燃气工程

序号	项目编码	项目名称	项目特征描述	计量单位	工程量	金额/元		
						综合单价	合价	其中：规费
1	031001001001	室内镀锌钢管（螺纹连接）DN15	1. 安装部位：室内 2. 输送介质：燃气 3. 型号规格：DN15 4. 连接形式：螺纹连接	m	24.84	49.63	1232.90	229.20
2	031001001002	室内镀锌钢管（螺纹连接）DN25	1. 安装部位：室内 2. 输送介质：燃气 3. 型号规格：DN25 4. 连接形式：螺纹连接	m	14.50	65.35	947.62	159.36
3	031001001003	室内镀锌钢管（螺纹连接）DN50	1. 安装部位：室内 2. 输送介质：燃气 3. 型号规格：DN50 4. 连接形式：螺纹连接	m	7.02	89.99	631.75	96.52
4	031007005001	燃气计量表	1. 类型：民用燃气计量表 2. 型号、容量：双表头 3m³/h 3. 连接方式：螺纹连接	块	6.00	238.10	1428.61	200.83
5	031007006001	燃气灶具	1. 用途：家用煮饭 2. 类型：人工煤气灶 3. 型号、规格：JZR-83 自动点火灶	台	6.00	309.07	1854.42	74.94
6	031007007001	气嘴	1. 单嘴 2. 材质：铜 3. 型号、规格：XW15 型单嘴 4. 连接形式：外螺纹连接	个	6.00	21.66	129.94	16.79
7	031003001001	旋塞阀门 DN15	1. 类型：旋塞阀门 2. 材质：铜 3. 规格：DN15 4. 连接形式：螺纹连接	个	6.00	33.69	202.12	29.97
8	031002003001	套管 DN40	1. 类型：钢套管 2. 材质：镀锌钢管 3. 规格：DN40	个	5.00	7.35	36.75	4.07
9	031002003002	套管 DN80	1. 类型：钢套管 2. 材质：镀锌钢管 3. 规格：DN80	个	1.00	16.34	16.34	1.68

表 4.11　措施项目（一）清单计价表

专业工程名称：某住宅楼燃气工程

序号	项目编码	项目名称	计算基础	金额 / 元	其中：规费 / 元
1	031301017001	脚手架措施费	人工费	73.59	32.53
2	031302001001	安全文明施工措施费	人工费 + 材料费 + 机械费	63.82	28.21
3	031301018001	竣工验收存档资料编制费	分部分项工程费中的人、材、机 + 可计量的措施项目中的人、材、机	4.99	2.21
		本页合计		142.39	62.95
	本表合计［结转至工程量清单计价汇总表］			142.39	62.95

注：本表中脚手架措施费计取费率为 4%、安全文明施工措施费计取费率为 1.28%、竣工验收存档资料编制费计取费率为 0.1%。

表 4.12　工程量清单计价汇总表

专业工程名称：某住宅楼燃气工程

序号	费用项目名称	计算公式	金额 / 元
1	分部分项工程量清单计价合计	$\sum$（工程量×综合单价）	6840.45
2	其中：规费	$\sum$（工程量×综合单价中规费）	813.36
3	措施项目（一）清单计价合计	$\sum$措施项目（一）金额	142.39
4	其中：规费	$\sum$措施项目（一）金额中规费	62.95
5	措施项目（二）清单计价合计	$\sum$（工程量×综合单价）	0.00
6	其中：规费	$\sum$（工程量×综合单价中规费）	0.00
7	规费	（2）+（4）+（6）	876.31
8	税金	［（1）+（3）+（5）］×3.4%	237.42
9	含税总计［结转至工程量清单总价汇总表］	（1）+（3）+（5）+（8）	7220.26

■ 拓展练习

一、单选题

1. 煤气管道穿墙套管，内墙用钢套管按（　　　）定额计算。

　　A．本章室外钢管焊接

　　B．本章室内钢管焊接

　　C．2016 年版《天津安装工程预算基价》第六册《工业管道工程》

　　D．铁皮套管

2．燃气计量表安装工程量以（　　　）为计量单位。

  A．个   B．套   C．组   D．块

3．建筑室内、外燃气管网由地上引入室内时，其分界点是（　　　）。

  A．墙外三通   B．室内第一个阀门

  C．室内、外碰头点   D．外墙以外1.5m处

二、多选题

1．燃气管道的安装工程量计算规则同给排水管道部分。按管道的（　　　）不同分别列项计算。

  A．长短   B．材质   C．连接方式

  D．公称直径 E.安装部位（室内或室外）

2．燃气安装工程套用第八册《给排水、采暖、燃气工程》第六章"燃气工程中的定额项目"，其内容包括（　　　）。

  A．燃气管道安装   B．燃气管道除锈

  C．附件安装   D．燃气器具安装

  E．燃气管道刷油

3．室内民用燃气系统由（　　　）组成。

  A．进户管道 B．户内管道 C．燃气计量表

  D．燃气灶   E.热水器

三、不定项选择题

1．燃气室内管道的计算范围一般是（　　　）。

  A．自用户总开闭阀起   B．建筑外墙皮起

  C．至燃气计量表止   D．至用气设备止

2．燃气表依据不同（　　　），按设计图示数量以块计算。

  A．用途   B．型号   C．规格   D．形状

3．根据2016年版《天津市安装工程预算基价》，燃气灶具依据（　　　）不同，按图示数量计算，以台为计量单位。

  A．用途   B．燃气类别   C．型号   D．规格

四、判断题

1．由立管引向各层单独用户计量表及煤气用具的管道为用户支管，支管穿墙时可不设套管保护。   （　　　）

2．燃气用具安装已考虑与燃气用具前阀门连接的短管，不得重复计算。 （　　　）

3．燃气管道定额基价中已包含管道气压试验。   （　　　）

项目 5

建筑消防工程计量与计价

■ 项目概述

建筑物消防设施是指建（构）筑物中设置的用于火灾报警、灭火、人员疏散、防火分隔、灭火救援行动等设施的总称。建（构）筑物消防工程的分类有水灭火系统、气体灭火系统、泡沫灭火系统及火灾自动报警系统。

■ 学习目标

知识目标	能力目标	素质目标
1. 了解建筑消防工程分类及组成； 2. 掌握建筑消防工程施工图识读方法； 3. 掌握建筑消防工程定额内容及注意事项； 4. 掌握建筑消防工程清单内容及注意事项； 5. 掌握建筑消防工程工程量计算规则； 6. 掌握建筑消防工程计价方法	1. 具备建筑消防工程施工图识读的能力； 2. 具备建筑消防工程列项的能力； 3. 能够依据建筑消防工程工程量计算规则，熟练计算工程量； 4. 能够根据定额计价方法，编制建筑消防工程预算文件； 5. 能够根据清单计价方法，编制建筑消防工程工程量清单及招标控制价	1. 培养学生严谨求实、一丝不苟的学习态度； 2. 培养学生善于观察、善于思考的学习习惯； 3. 培养学生团结协作的职业素养； 4. 培养学生绿色节能的理念

■ 课程思政

通过对"巴黎圣母院大火""美国米高梅旅馆火灾"等重大消防事件了解，充分认识消防事件后果的严重性，突出建筑消防工程的重要性，提高消防意识。通过观看央视纪录片《驯火记——历史上的消防》，提高对建筑消防简史的认知，在增加学习兴趣的同时，树立"物质决定意识，意识对物质具有能动的反作用"的认识，并增加对我国劳动人民智慧的认同感，树立民族自信心和自豪感；通过了解消防英雄的英勇事迹，树立榜样及敬业精神。

■ 项目发布

1）图纸：某办公楼消防工程，地上 4 层，建筑高度 16.8m，结构形式为混凝土框架结构，建筑消防工程图纸如附录 2 所示。

2）预算编制范围：①消防管道；②消防管道附件、消火栓等。

3）参考规范：

定额计价采用 2016 年版《天津市安装工程预算基价》第七册《消防工程》。

清单计价采用《通用安装工程工程量计算规范》（GB 50856—2013）。

未计价材料价格执行当前市场信息价格。

4）成果文件：办公楼消防工程定额计价文件一份、办公楼消防工程清单计价文件一份。

【拍一拍】

消防设施无处不在，给我们的生活提供了安全可靠的环境。同学们可以拍一拍身边的消火栓（图 5.1 和图 5.2），感受消火栓的守护。

图 5.1 消火栓　　　　　　　　　　图 5.2 救火现场

【想一想】

消火栓如何发挥作用？

任务5.1 认识建筑消防系统

1. 消防水灭火系统

消防水灭火系统由消火栓给水灭火与自动喷水灭火两大系统组成，其中，消火栓给水灭火系统又可分为室外消火栓系统与室内消火栓系统两大类。自动喷水灭火系统按喷头的开启形式,可分为闭式系统和开式系统;按报警阀的形式,可分为湿式系统、干式系统、预作用系统和雨淋系统。

(1)消火栓给水灭火系统

1)室外消火栓系统。

室外消火栓系统是安装在室外(建筑外墙中心线以外)的,当出现火情灾害时供消防部队用于取水灭火的一种装置,室外消火栓系统是最基本的消防设施。在城镇、居民区、企事业单位等进行规划时要设置室外消火栓系统,工业建筑、民用建筑、堆场、储罐等周围也必须设置室外消火栓系统。室外消火栓系统主要由市政供水管网或室外消防给水管网、消防水池、消防水泵和室外消火栓组成。室外消火栓按安装形式不同可分为地上式室外消火栓和地下式室外消火栓,其中,地上式室外消火栓适用于温度较高的地方,地下式室外消火栓适用于寒冷地区。

2)室内消火栓系统。

室内消火栓系统是指设计在室内的,既可供火灾现场人员使用消火栓箱内的设施扑救初期火灾,又可供消防员扑救建筑物内大火的灭火系统,是我国目前采用的主要室内灭火设备之一。室内消火栓(图5.3)是室内管网向火场供水的带有阀门的接口,室内消火栓与室内消防给水管线连接。工厂、仓库、高层建筑、公共建筑及船舶等的室内固定消防设施,通常安装在消火栓箱内,与消防水带和水枪等器材配套使用(图5.4)。室内消火栓系统由消防水源、消防给水设施、消防给水管网、室内消火栓设备、控制设备等组成。室内消火栓一般安装在建筑物楼梯的墙上,距地1.4m左右。

图5.3 室内消火栓

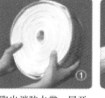

取出消防水带,展开消防水带　　水带一头接在消火栓接口上　　水带另一头接上消防水枪

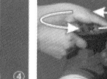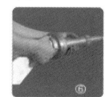

按下消火栓门按键,打开箱门　　按逆时针方向开启消火栓阀门　　对准火源根部,进行灭火

图5.4 消火栓操作方法

(2)自动喷水灭火系统

自动喷水灭火系统是一种在发生火灾时,能自动打开喷头喷水灭火并同时发出火警信号的消防灭火设施。它由洒水喷头、报警阀组、水流报警装置等组件,以及管道和供水设施组成。自动喷水灭火系统的特征是系统在火灾发生后能通过各种方式自动启动,并能同

时通过加压设备将水送入管网维持喷头洒水灭火一定时间。自动喷水灭火系统扑灭初期火灾的效率在97%以上，是当今世界上公认的最为有效的自救灭火设施，也是应用最广泛、用量最大的自动灭火系统。

1）湿式自动喷水灭火系统。

湿式自动喷水灭火系统由闭式洒水喷头、湿式报警阀组、水流报警装置、控制阀门、末端试水装置及管道和供水设施等组成，管道内充满用于启动系统有压水的闭式系统。当建筑发生火灾，火点温度达到喷头爆破温度时，喷头爆破出水灭火，同时系统自动启动（图5.5）。该系统有灭火及时、扑救效率高、造价相对较低的优点，但当渗漏时会损毁建筑装饰和影响建筑的使用，主要适用于环境温度为 4 ～ 70℃的建筑物。

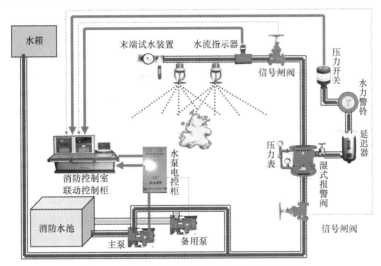

图 5.5　湿式自动喷水灭火系统演示示意图

2）干式自动喷水灭火系统。

干式自动喷水灭火系统由闭式洒水喷头、水流指示器、干式报警阀组及管道和供水设施等组成，是为了满足寒冷和高温场所安装自动灭火系统的需要，在湿式系统的基础上发展起来的。其管路和喷头内平时没有水，只处于充气状态，保护区域内发生火灾时，温度升高使闭式喷头玻璃球炸裂而使喷头开启，释放压力气体。这时干式报警阀系统侧压力降低，供水压力大于系统侧压力（产生压差），使阀瓣打开（干式报警阀开启），其中一路压力水流向洒水喷头，对保护区域洒水灭火，水流指示器报告起火区域，另一路压力水通过延迟器流向水力警铃，发出持续铃声报警，报警阀组或稳压泵的压力开关输出启动供水泵信号，完成系统启动。系统启动后，由供水泵向开放的喷头供水，开放喷头按不低于设计规定的喷水强度均匀喷水，实施灭火。当建筑发生火灾，火点温度（图5.6）。干式喷水灭火系统的主要特点是在报警阀后管路内无水，故不怕冻结，不怕环境温度高，但灭火效率较低，对管道、喷头安装的要求也比较严格。该系统适用于环境温度低于 4℃和高于 70℃的建筑物和场所。

3）预作用自动喷水灭火系统。

预作用自动喷水灭火系统由闭式喷头、管道系统、雨淋阀、火灾探测器、报警控制装置、充气设备、控制组件和供水设施部件组成。它将火灾自动探测报警技术和自动喷水灭火系统有机地结合起来，对保护对象起到双重保护作用。这种系统平时呈干式，在火灾发生时能实现对火灾的初期报警，并立刻使管网充水，将系统转变为湿式，系统的这种转变过程包含预备动作的功能，故称为预作用自动喷水灭火系统（图5.7）。

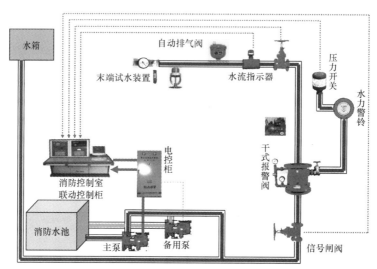

图 5.6 干式自动喷水灭火系统演示示意图

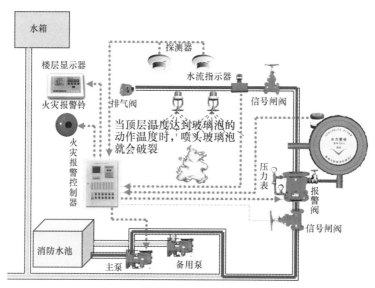

图 5.7 预作用自动喷水灭火系统

4）雨淋系统。

雨淋系统由火灾探测系统、开式喷头、传动装置、喷水管网、雨淋阀等组成。发生火灾时，系统管道内给水是通过火灾探测系统控制雨淋阀来实现的，并设有手动开启阀门装置。发生火灾时，探测器启动，并向控制箱发出报警信号。报警箱接到信号后，经过确认，发出指令，打开雨淋阀，使整个保护区内的开式喷头喷水冷却或灭火；同时，压力开关和水力警铃以声光警报作反馈指示。

2．气体灭火系统

气体灭火系统主要用在不适于设置水灭火系统及其他灭火系统的环境中，如计算机机房、重要的图书馆、档案馆、移动通信基站（房）、UPS室、电池室、一般的柴油发电机房等。气体灭火系统是指灭火剂平时以液体、液化气体或气体状态贮存于压力容器内，灭火时以气体（包括蒸汽、气雾）状态喷射作为灭火介质的灭火系统。气体灭火系统能在防护区空间内形成各方向均一的气体浓度，而且至少能保持该气体浓度达到规范规定的浸渍时间，实现扑灭该防护区的空间、立体火灾。该系统由贮存容器、容器阀、选择阀、液体单向阀、喷嘴和阀驱动装置组成。

3．泡沫灭火系统

泡沫灭火系统是指由一整套设备和程序组成的灭火措施。该系统按泡沫发泡倍数分，可分成折叠低倍数泡沫灭火系统、折叠中倍数泡沫灭火系统及折叠高倍数泡沫灭火系统；按设备安装使用方式分，可分为折叠固定式泡沫灭火系统、半固定式泡沫灭火系统及移动式泡沫灭火系统。

4．火灾自动报警系统

火灾自动报警系统是指能借助触发件、火灾报警装置、火灾警报装置、电源等自动化手段实现早期火灾探测、火灾自动报警和消防设备联动控制，从而发挥及时发现和通报火灾作用的系统。该系统通常用于较大场所的自动报警系统与消防控制设备联动，见图5.8。火灾自动报警系统的组成形式多种多样，实际应用最为广泛的有区域报警系统、集中报警系统和控制中心报警系统三种形式。

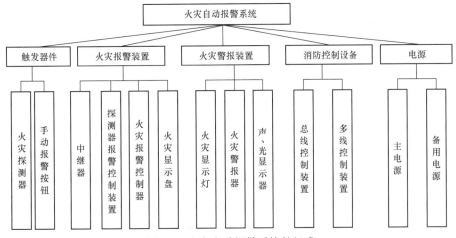

图5.8　火灾自动报警系统的组成

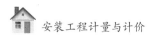
任务训练 1

基于对消防基础知识的学习，大家仔细观察日常生活中常见的消防系统，完成以下任务：

1）对日常生活中所见的消防设施拍取照片，判断该消防设备的分类。

2）查看学校的消火栓箱，消火栓箱里面都有什么设施？

3）查看周边是否有手提式灭火器，判断灭火器的类型。

任务 5.2 识读建筑消防工程施工图

5.2.1 建筑消防工程常用图例

在建筑施工图纸中，往往运用建筑施工图例进行工程总体布局及细部构造的表达，常用图例详见表 5.1 ～表 5.7。

表 5.1 消防工程基本图形符号

名称	图形	名称	图形
手提式灭火器	△	灭火设备安装处所	⌓
推车式灭火器	⛱	控制和指示设备	▭
固定式灭火系统（全淹没）	◇	报警息动	□
固定式灭火系统（局部应用）	◇	火灾报警装置	⬯
固定式灭火系统（指出应用区）	⬦	消防通风口	⌂

表 5.2 消防工程辅助符号

名称	图形	名称	图形
水	⊗	阀门	⋈
手动启动	Y	泡沫或泡沫液	●
出口	▬▶	电铃	⌓

名称	图形	名称	图形
无水	○	入口	 •——→
发声器	 ▭◁	BC 类干粉	⊠
热	↓	扬声器	▭◁
ABC 类干粉	■	烟	ϟ
电话	⌂	卤代烷	△
火焰	∧	光信号	8
二氧化碳	▲	易爆气体	≺

表 5.3　消防工程灭火器符号

名称	图形	名称	图形
清水灭火器	 △⊗	卤代烷灭火器	 △
推车式 ABC 类干粉灭火器	 △	泡沫灭火器	△
二氧化碳灭火器	▲	推车式卤代烷灭火器	△
BC 类干粉灭火器	△⊠	推车式泡沫灭火器	 △
水桶	▽	ABC 类干粉灭火器	▲
推车式 BC 类干粉灭火器	 △⊠	沙桶	▽

表 5.4　消防管路及配件符号

名称	图形	名称	图形
干式立管	 ◎	消防水管线	—— FS ——
干式立管	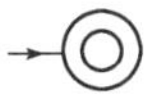 →◎	消防水罐（池）	 ▭⊠
干式立管	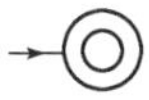 →◎	泡沫混合液管线	—— FP ——
报警阀	 ▷◁	干式立管	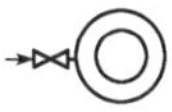 →◎
消火栓	◗	开式喷头	▽
干式立管	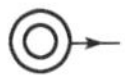 ◎→	消防泵	 ◁
闭式喷头	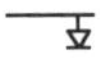 立	干式立管	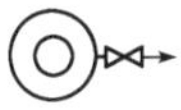 ◎▷

名称	图形	名称	图形
泡沫比例混合器		水泵结合器	
湿式立管		泡沫产生器	
泡沫混合器立管		泡沫液管	

表 5.5   消防工程固定灭火器系统符号

名称	图形	名称	图形
水灭火系统（全淹没）		ABC 类干粉灭火系统	
手动控制灭火系统		泡沫灭火系统（全淹没）	
卤代烷灭火系统		BC 类干粉灭火系统	
二氧化碳灭火系统			

表 5.6   消防工程灭火设备安装处符号

名称	图形	名称	图形
二氧化碳瓶站		ABC 干粉罐	
泡沫罐站		BC 干粉灭火罐站	
消防泵站			

表 5.7   消防工程自动报警设备符号

名称	图形	名称	图形
消防控制中心		火灾报警装置	
温感探测器		感光探测器	
手动报警装置		烟感探测器	
气体探测器		报警电话	
火灾警铃		火灾报警扬声器	
火灾报警发声器		火灾光信号装置	

【知识拓展】

建筑防火是建筑安全中的一项重要内容，关系着人民群众的生命和财产安全，我国一直高度重视对建筑物的防火保护。2014 年 8 月，中华人民共和国住房和城乡建设部发布了《建筑设计防火规范》（GB 50016—2014），对厂房、仓库、民用建筑、建筑结构等设计做了明确的强制性防火规定。同学们在学习的过程一定要培养安全意识，增加消防知识水平，并实时阅览相关文件，拓宽视野，不断提升自我专业素质。

5.2.2　建筑消防工程施工图的识读

室内消防工程施工图通常由图纸目录、施工及设计说明、施工平面图、施工系统图、大样图或详图及标准图组成。识图步骤具体如下。

1．图纸目录

拿到图纸之后，一定要根据图纸目录仔细核对图号及张数，确保图纸没有遗漏，没有错图，图纸体系完全；确保交接工作顺利进行。

2．设计说明

设计说明是图纸的提纲，读懂它能把握设计意图、内容等。不同的设计可能图例不一样，而图例一般会在设计说明中体现。

3．系统图、平面图

系统图是一本图纸的目录，读懂它就能知道整个系统的工作状态及连接方式；平面图是对系统图的进一步细化，表明设备的安装方式、位置及连接方式等。

5.2.3　识读建筑消防工程施工图

读图时，平面图与系统图要对照着看，以便将整个系统联系起来。首先要仔细看清楚总平面图，各建筑要分清楚，再看清楚前面的图纸设计说明和图例，其中有各种符号，然后看系统图，这是相对比较难的，需要多花点时间，最后各层消防平面图就自然而然能看下去了，看不明白或矛盾的地方，可以翻阅同工程的建筑和装潢、空调图，整体框架是一致的，看清楚仔细分析，就能快速看明白了。

任务训练 2

依据本项目图纸（附录 2），详细识读系统图和平面图，完成以下任务：

1）建筑消防工程的总体设计与建筑给排水工程的总体设计相比，有什么特点？

2）将平面图和系统图结合起来确认此建筑消防工程引入管、干管、立管、支管管道的具体位置，并判断管道的材质、管径和连接方式。

3）建筑消防工程有几根立管？各立管分别为什么供水？

4）除了消防系统，附录 2 中还有哪些消防设备？设备型号是什么？

任务5.3 消防工程定额计量与计价

5.3.1 定额说明及费用系数

本书中的消防工程定额计量与计价以 2016 年版《天津市安装工程预算基价》第七册《消防工程》为主要依据，文中简称计价。

1）本任务包括水灭火系统、气体灭火系统、泡沫灭火系统、管道支架制作安装、火灾自动报警系统、消防系统调试等 6 章，其 222 条基价子目。

2）本基价适用于工业与民用建筑中的新建、扩建工程。

3）各基价子目不包括以下内容，应参照其他章节列项或另行补充。

① 电缆敷设，桥架安装，配管配线，接线盒和动力、应急照明控制设备，应急照明器具，电动机检查接线，防雷接地装置等安装，参照第二册《电气设备安装工程》相关基价子目。

② 气体灭火系统、泡沫灭火系统及泵间的法兰、阀门、碳钢管、不锈钢管、铜管和管件安装参照第六册《工业管道工程》相应基价子目。

③ 水灭火系统中的阀门、法兰、水表、消火栓管道、室外给水管道及水箱制作安装参照第八册《给排水、采暖、燃气工程》相应基价子目。

④ 各种消防泵、稳压泵等机械设备安装及二次灌浆参照第一册《机械设备安装工程》相应基价子目。

⑤ 各种仪表的安装及带电信号的阀门、水流指示器、压力开关、驱动装置及泄漏报警开关的接线、校线等参照第十册《自动化控制装置仪表安装工程》相应基价子目。

⑥ 泡沫液储罐、设备支架制作安装等参照第五册《静置设备与工艺金属结构制作安装工程》相应基价子目。

⑦ 设备及管道除锈、刷油及绝热工程参照第十一册《刷油、防腐蚀、绝热工程》相关基价子目。

4）其他需说明的问题。

① 本基价是按国内大多数施工企业采用的施工方法、机械化装备程度、合理的工期、施工工艺和劳动组织条件制定的。除各章节另有具体说明外，均不得因上述因素有差异而对基价进行调整或换算。

② 消防检测部门的检测费由建设单位承担。

5.3.2 消防工程定额计量

依据 2016 年版《天津市安装工程预算基价》第七册《消防工程》，结合实际将消防管道安装工程量的计算部分分为管沟土石方及回填、水灭火系统、气体灭火系统、管道支架制作安装、火灾自动报警系统及消防系统调试 6 个模块，每个模块又分为定额说明、工程量计算规则两大部分。

1．管沟土石方及回填

（1）定额说明

建筑消防系统管道在安装的过程中常常会涉及埋地，特别是建筑给水系统中的引入管和在建筑排水系统中的排出管。根据 2016 年版《天津市安装工程预算基价》中的规定，室外管道沟土方及管道基础，参照《天津市建筑工程预算基价》相应子目。

（2）工程量计算规则

1）管沟土方。

管沟土方工程量按设计图示尺寸以体积计算，管沟长度按管道中心线长度计算（不扣除检查井所占长度）；管沟深度有设计时，平均深度以沟垫层底表面标高至交付施工场地标高计算；无设计时，直埋深度应按管底外表面标高至交付施工场地标高的平均高度计算；管沟底宽度如无规定可按表 5.8 计算。

表 5.8 管沟底宽度表　　　　　　　　　　　　　　　　单位：m

管径 /mm	铸铁管、钢管、石棉水泥管	混凝土管、钢筋混凝土管、预应力钢筋混凝土管	缸瓦管
50 ～ 75	0.6	0.8	0.7
100 ～ 200	0.7	0.9	0.8
250 ～ 350	0.8	1.0	0.9
400 ～ 450	1.0	1.3	1.1
500 ～ 600	1.3	1.5	1.4

注：本表中数据为埋设深度为 1.5m 以内沟槽宽度，当深度在 2m 以内，有支撑时，表中数值应增加 0.1m；当深度在 3m 以内，有支撑时，表中数值应增加 0.2m。

2）管沟石方。

管沟石方工程量按设计图示尺寸以体积计算，管沟长度按管道中心线长度计算（不扣除检查井所占长度）。管沟深度有设计时，平均深度以沟垫层底表面标高至交付施工场地标高计算；无设计时，直埋管深度应按管底外表面标高至交付施工场地标高的平均高度计算；管沟底宽度如无规定可按表 5.8 计算。

3）管沟回填。

管沟回填工程量按挖土体积减去垫层和管径大于 500mm 的管道的体积。管径大于 500mm 时，按表 5.9 规定扣除管道所占体积。

表 5.9　各种管道应减土方量

管道直径 /mm	501～600	601～800	801～1000	1001～1200	1201～1400	1401～1600
钢管	0.21	0.44	0.71			
铸铁管	0.24	0.49	0.77			
钢筋混凝土管	0.33	0.60	0.92	1.15	1.35	1.55

2．水灭火系统

（1）定额说明

1）适用范围：自动喷水灭火系统的管道、各种组件、消火栓、消防水泵接合器、灭火器、消防水炮的安装及管道支吊架的制作安装。

2）界线划分。

① 喷水系统水灭火管道：室内外应以建筑物外墙皮 1.5m 处为界，入口处设阀门者以阀门为界；设在高层建筑内的消防泵间管道应以泵间外墙皮为界。

② 消火栓管道：给水管道室内外应以距建筑物外墙皮 1.5m 为界，入口处设阀门者以阀门为界。

③ 与市政给水管道应以水表井为界；无水表井的，应以与给水管道碰头点为界。

3）其他应注意的问题。

① 喷头、报警装置及水流指示器安装基价均按管网系统试压、冲洗合格后安装考虑，基价中已包括丝堵、临时短管的安装、拆除及其摊销。

② 其他报警装置适用于雨淋、干湿两用及预作用报警装置。

③ 温感式水幕装置安装基价中已包括给水三通至喷头、阀门间的管道、管件、阀门、喷头等全部安装内容。但管道的主材数量按设计图示管道中心长度另加损耗计算；喷头数量按设计图示数量另加损耗计算。

④ 集热板的安装位置：当高架仓库分层板上方有孔洞、缝隙时，应在喷头上方设置集热板。

⑤ 消防水炮及模拟末端装置项目，基价中仅包括本体安装，不包括型钢底座制作安装和混凝土基础砌筑；型钢底座制作安装执行管道支架制作安装子目，人工工日乘以系数 0.8。混凝土执行《天津市建筑工程预算基价》《天津市装饰装修工程预算基价》相应子目。

⑥ 管网冲洗子目是按水冲洗考虑的，若采用水压气动冲洗法，可按施工方案另行计算，基价只适用于自动喷水灭火系统。

⑦ 设置于管道间、管廊内的管道，其基价人工工日乘以系数 1.3。

（2）工程量计算规则

1）水灭火系统管道安装，依据不同的安装部位（室内、外）、材质、型号、规格、连接方式按设计图示管道中心线长度以延长米计算，不扣除阀门、管件及各种组件所占长度；方形伸缩器以其所占长度按管道安装工程量计算，以米为计量单位。

2）水喷头安装，依据不同的材质、型号、规格、有无吊顶，按设计图示数量计算，以个为计量单位。

3）报警装置依据不同名称、型号、规格、连接方式，按设计图示数量计算（包括湿式报警装置、干湿两用报警装置、电动雨淋报警装置、预作用报警装置），以组为计量单位。

4）温感式水幕装置依据不同的型号、规格、连接方式，按设计图示数量计算（包括给水三通至喷头、阀门间的管道、管件、阀门、喷头等的全部安装内容），以组为计量单位。

5）水流指示器、减压孔板依据不同的型号、规格，按设计图示数量计算，以个为计量单位。

6）末端试水装置依据不同的规格、组装形式，按设计图示数量计算（包括连接管、压力表、控制阀及排水管等），以组为计量单位。

7）集热板制作安装依据不同的材质，按设计图示数量计算，以个为计量单位。

8）消火栓依据不同的安装部位（室内、外，地上、下）、型号、规格、单栓、双栓，按设计图示数量计算（包括室内消火栓、室外地上式消火栓、室外地下式消火栓），以套为计量单位。

9）消防水泵接合器依据不同的安装部位、型号、规格，按设计图示数量计算（包括消防接口本体、止回阀、安全阀、闸阀、弯管底座、放水阀、标牌），以套为计量单位。

10）灭火器区分形式，按设计图示数量计算，以具或组为计量单位。

11）消防水炮区分规格，按设计图示数量计算，以台为计量单位。

12）自动喷水灭火系统管网水冲洗依据不同的规格，按设计图示管网管道中心线长度以延长米计算，以米为计量单位。

3. 气体灭火系统

（1）定额说明

1）适用范围：二氧化碳灭火系统、卤代烷 1211 灭火系统和卤代烷 1301 灭火系统中的管道、管件、系统组件等的安装。

2）其他应注意的问题。

① 基价中的无缝钢管、钢制管件、选择阀安装及系统组件试验等均适用于卤代烷 1211、1301 灭火系统，二氧化碳灭火系统按卤代烷灭火系统相应安装基价乘以系数 1.20。

② 螺纹连接的不锈钢管、铜管及管件安装时，按无缝钢管和钢制管件安装相应子目乘以系数 1.20。

③ 无缝钢管和钢制管件内外镀锌及场外运输费用另行计算。

④ 气体驱动装置管道安装子目包括卡套连接件的安装，其本身价值按设计用量另行计算。

⑤ 贮存装置安装，基价中包括灭火剂贮存容器和驱动器瓶的安装固定，支架及框架

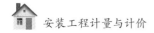

安装，系统组件（集流管、容器阀、单向阀、高压软管）、安全阀等贮存装置和驱动装置的安装及氮气增压。如二氧化碳贮存装置安装不需增压，执行基价时扣除高纯氮气，其余不变。

（2）工程量计算规则

1）气体灭火系统管道依据不同的灭火介质、管道材质、规格、连接方式，按设计图示管道中心线长度以延长米计算，不扣除阀门、管件及各种组件所占长度，以米为计量单位。

2）钢制管件依据不同的规格，按设计图示数量计算，以个为计量单位。

3）选择阀依据不同的材质、规格、连接方式，按设计图示数量计算，以个为计量单位。

4）气体喷头依据不同的型号、规格，按设计图示数量计算，以个为计量单位。

5）贮存装置依据不同的容器规格，按设计图示数量计算（包括灭火剂存储器、驱动气瓶、支框架、集流阀、容器阀、单向阀、高压软管和安全阀等贮存装置和阀门驱动装置），以套为计量单位。

6）二氧化碳称重检漏装置依据不同的规格，按设计图示数量计算（包括泄漏开关、配重、支架等），以套为计量单位。

7）系统组件试验按设计图示数量计算，以个为计量单位。

4．管道支架制作安装

（1）定额说明

适用范围：管道支架制作安装，适用于各种综合支架、吊架及防晃支架。

（2）工程量计算规则

管道支架制作安装依据不同的管架形式、材质，按设计图示质量计算，以千克为计量单位。

5．火灾自动报警系统

（1）定额说明

1）适用范围：探测器、按钮、模块（接口）、报警控制器、联动控制器、报警联动一体机、重复显示器、警报装置、远程控制器、火灾事故广播设备、消防通信设备、报警备用电源等安装。

2）不包括的工作内容。

① 设备支架、底座、基础制作安装。

② 构件加工、制作。

③ 电机检查、接线及调试。

④ 事故照明及疏散指示控制装置安装。

⑤ CRT 彩色显示装置安装。

3）基价中箱、机是以成套装置编制的。

4）柜式及琴台式安装均执行落地式安装基价子目。

（2）工程量计算规则

1）点型探测器依据不同的名称、类型、多线制、总线制，按设计图示数量计算，以只为计量单位。

2）线型探测器依据不同的安装方式，按设计图示长度计算，以米为计量单位。

3）按钮依据不同规格，按设计图示数量计算，以只为计量单位。

4）模块（接口）依据不同的名称、输出形式，按设计图示数量计算，以只为计量单位。

5）报警控制器、联动控制器、报警联动一体机，依据不同的安装方式、控制点数量、不同线制（多线制、总线制），按设计图示数量计算，以台为计量单位。

6）重复显示器依据不同线制（多线制、总线制），按设计图示数量计算，以台为计量单位。

7）报警装置依据不同形式，按设计图示数量计算，以台为计量单位。

8）远程控制器依据不同的控制回路，按设计图示数量计算，以台为计量单位。

9）火灾事故广播设备安装依据不同的设备、型号、规格，按设计图示数量计算，以台或只为计量单位。

10）消防通信设备依据不同的设备、型号、规格，按设计图示数量计算，以台或个为计量单位。

11）报警备用电源按设计图示数量计算，以个为计量单位。

6．消防系统调试

（1）定额说明

1）适用范围：自动报警系统调试、火灾事故广播系统调试、消防通信系统调试、水灭火控制装置调试、防火卷帘门调试、电动防火门调试、防火阀调试、排烟阀调试、正压送风阀控制装置调试、切断非消防电源调试、消防风机调试、消防水泵联动调试、气体灭火系统装置调试、消防电梯调试等。

2）系统调试是指消防报警和灭火系统安装完毕且联通，并按照国家有关消防施工验收规范标准进行全系统的检测、调整和试验。

3）基价中不包括气体灭火系统调试试验时采取的安全措施，应另行计算。

4）自动报警系统装置包括各种探测器、手动报警按钮和报警控制器；灭火系统控制装置包括消火栓、自动喷水装置、七氟丙烷装置、二氧化碳装置等固定灭火系统的控制装置。

（2）工程量计算规则

1）自动报警系统调试区分不同点数按系统计算。自动报警系统包括由各种探测器、报警器、报警按钮、报警控制器组成的报警系统；其点数按具有地址编码的器件数量计算。火灾事故广播系统、消防通信系统调试按消防广播扬声器及音箱、电话插孔和消防通信的电话分机的数量分别以只或者部为计量单位。

2）消火栓灭火系统调试按消火栓启泵按钮数量以点为计量单位；自动喷水灭火系统调试按水流指示器数量以点（支路）为计量单位；消防水炮控制装置系统调试按水炮数量以点为计量单位。

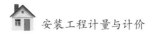

3）防火控制装置调试按设计图示数量计算，以点为计量单位。

4）气体灭火系统装置调试按调试、检验和验收所消耗的试验容器总数计算，以点为计量单位。气体灭火系统调试，是由七氟丙烷装置、IG541装置、二氧化碳装置等组成的灭火系统，按气体灭火系统装置的瓶头阀以点计算。

5）电气火灾监控系统调试按模块点数执行自动报警系统调试相应子目。

6）消防电梯调试按设计图示数量计算，以部为计量单位。

任务训练3

根据定额工程量计量规则，结合任务训练2中图纸识别的结果（附录2），完成以下任务：

1）对建筑消防工程中的管沟土方及回填部分分别进行列项并计量。

2）对建筑消防工程中的管道系统部分分别进行列项并计量。

3）对建筑消防工程中的管道支吊架部分分别进行列项并计量。

4）对建筑消防工程中的附件部分分别进行列项并计量。

5）对建筑消防工程中的消火栓及灭火器等消防设备部分分别进行列项并计量。

【定额计量示例】

以项目2建筑给排水工程预算文件编制章节中图纸的建筑消防工程部分为例（附录2），分别进行建筑消防工程管道、系统组件、其他组件、消火栓、灭火器等的列项和工程量的计算，工程量计算书及工程量汇总表见表5.10和表5.11。

解：

说明：1）本施工图预算按某厂区办公楼给排水施工图及设计说明计算工程量。

2）定额采用天津市现行的《天津市安装工程预算基价》第七册《消防工程》、第八册《给排水、采暖、燃气工程》、第十一册《刷油、防腐蚀、绝热工程》。

3）管道长度的计算运用比例尺法进行，图纸比例为2.24m/cm。

4）层高、室内外高差及其他详细信息参见施工图说明。

表5.10　定额工程量计算书

专业工程名称：某厂区办公楼消防工程

序号	项目名称	计算式	单位	数量
（一）		管沟土石方及回填		
1	管沟土方	管沟长度：3+0.1×2.24+1.3+3+0.2×2.24+1.3+0.6×2.24=10.62（m） 管沟深度：1.3−0.45=0.85（m） 宽度由查表：0.7m 管沟土方工程量：10.62×（1.3−0.45）×0.7=6.32（m³）	m³	6.32

续表

序号	项目名称	计算式	单位	数量
2	管沟回填	引入管与排出管管径皆小于 500mm，管沟回填工程量不扣减，管沟回填工程量为 6.32m³	m³	6.32
（二）		水灭火系统		
1	管道	类型：DN100 的钢丝网骨架塑料（聚乙烯）热熔连接复合管材 长度：3+0.1×2.24+1.3+3+0.2×2.24+1.3+0.6×2.24=10.62（m）	m	10.62
		类型：DN100 的内外涂环氧丝扣连接复合钢管 长度：3+（1+18.8+1+0.6+0.2×3+1+0.2×3+1+14.9）×2.24+15−3+15−13.1+9.2−3+15−3+15−3=135.58（m）	m	135.58
		类型：DN70 的内外涂环氧丝扣连接复合钢管 长度：3−1+（0.3×2.24+0.1）×3+11−9.2+3−1+（0.2×2.24+0.1）×4+（1.5+0.1+0.2）×2.24+0.1+11−9.1+（0.3×2.24+0.1）×3+（0.2+0.3）×2.24+3−1+（0.3×2.24+0.1）×4+3−1=26.86（m）	m	26.86
2	套管	类型：DN150 的钢丝网骨架塑料（聚乙烯）套管 数量：2 个	个	2
		类型：DN150 的内外涂环氧套管 数量：24 个	个	24
		类型：DN100 的内外涂环氧套管 数量：2 个	个	2
3	消火栓	类型：室内消火栓及栓箱（单栓）DN65 数量：16 套	套	16
4	灭火器	类型：手提式干粉灭火器（磷酸铵盐）3kg 数量：51 具	具	51
5	阀门	类型：DN100 蝶阀 数量：11 个	个	11
（三）		管道支吊架		
1	管道支架制作安装	工程量在没有详细说明的情况下按 3m/kg 计算，管道支架制作安装工程量：（10.62+135.58+26.86）/3=57.69（kg）	kg	57.69
2	管道支架刷油	（10.62+135.58+26.86）/3=57.69（kg）	kg	57.69

表 5.11 定额工程量汇总表

专业工程名称：某厂区办公楼消防工程

序号	项目名称	单位	数量
1	管沟土方	m³	6.32
2	管沟回填	m³	6.32
3	DN100 钢丝网骨架塑料（聚乙烯）复合管（热熔连接）	m	10.62
4	DN100 内外涂环氧复合钢管（丝扣连接）	m	135.58
5	DN70 内外涂环氧复合钢管（丝扣连接）	m	26.86
6	DN150 钢丝网骨架塑料（聚乙烯）套管	个	2
7	DN150 内外涂环氧复合钢套管	个	24
8	DN100 内外涂环氧复合钢套管	个	2
9	DN65 室内消火栓及栓箱（单栓）	套	16
10	3kg 手提式干粉灭火器（磷酸铵盐）	具	51
11	DN100 蝶阀	个	11
12	管道支架制作安装	kg	57.69
13	管道支架制作刷油	kg	57.69

5.3.3 消防工程定额计价

建筑消防工程的费用由人工费、材料费、施工机具使用费、管理费、规费、利润、税金组成，其中，施工图预算子目合计由人工费、材料费、施工机具使用费、管理费组成，直接工程费由人工费、材料费、施工机具使用费组成。规费以施工图预算子目计价中的人工费和措施项目费中的人工费之和为基数，乘以 44.21% 的费率进行计算；利润以施工图预算子目计价中的人工费和措施项目费中的人工费之和为基数，乘以相应利润率进行计算；税金以施工图预算子目计价、措施项目费、规费及利润为基数，乘以项目所在地相应费率取得。

任务训练 4

根据定额工程量计价程序，结合任务训练 3 中工程量计算的结果（附录 2）和附录 5 中的 2016 天津市安装工程定额基价表（部分），完成消防工程的含税造价。

【定额计价示例】

结合定额计量案例中的计算结果，进行定额施工图预算文件的编制，即填写主要材料费用表、分部分项工程计价（预算子目）、措施项目（一）预（结）算计价表、施工图预（结）算计价汇总表，分别见表 5.12～表 5.15。

解：

说明：1）本施工图预算按某厂区办公楼给排水施工图及设计说明计算工程量。

2）定额采用天津市现行的《天津市安装工程预算基价》第七册《消防工程》、第八册《给排水、采暖、燃气工程》、第十一册《刷油、防腐蚀、绝热工程》。

3）管道支吊架按刷两道金属结构防锈漆和两道金属结构调和漆考虑。

4）本案例工程中的措施费考虑安全文明施工措施费、脚手架措施费和竣工验收存档资料编制费，其中，安全文明施工措施费以直接工程费为基数，乘以 1.28% 计取，人工费费率为 17%；脚手架措施费以直接工程费中人工费为基数，乘以 4% 计取，人工费费率为35%；竣工验收存档资料编制费以分部分项工程费中的人工费、材料费、机械费与可计量措施项目中的人工费、材料费、机械费之和为基数，乘以 0.1% 计取。

表 5.12　主要材料费用表

专业工程名称：某厂区办公楼消防工程

序号	材料名称和规格	单位	数量	单价 / 元	金额 / 元
1	钢丝网骨架塑料（聚乙烯）复合管 DN100	m	10.62×1.016=10.79	148.00	1596.91
2	钢丝网骨架塑料（聚乙烯）复合管热熔管件 DN100	个	10.62×0.308=3.27	145.00	474.29
3	内外涂环氧复合钢管 DN100	m	135.58×1.02=138.29	128.00	17701.32
4	内外涂环氧复合钢管 DN70	m	26.86×1.02=27.40	117.00	3205.47
5	内外涂环氧复合钢管 DN150	m	24×0.318=7.63	288.00	2198.02
6	内外涂环氧复合钢管 DN100	m	2×0.318=0.64	205.00	130.38
7	钢丝网骨架塑料（聚乙烯）复合管 DN150	m	2×0.318=0.64	198.00	125.93
8	室内消火栓及栓箱单栓 DN65	套	16	400.00	6400
9	手提式干粉灭火器（磷酸铵盐）3kg	具	51	28.00	1428
10	螺纹蝶阀 DN100	个	11	146.00	1606

表 5.13　分部分项工程计价（预算子目）

专业工程名称：某厂区办公楼消防工程　　　　　　　　　　　　　　　　　　　　　　　金额单位：元

序号	定额编号	项目名称	工程量		工程造价	未计价材料费		总价分析							
			单位	数量	合价	单价	合价	人工费		材料费		机械费		管理费	
								单价	合价	单价	合价	单价	合价	单价	合价
1	1-4	人工挖地槽	10m³	0.63	345.57			503.04	317.92	0.00	0.00	0.00	0.00	43.75	27.65
2	1-48	人工回填土	10m³	0.63	157.58			211.20	133.48	0.00	0.00	18.10	11.44	20.03	12.66
3	8-404	塑料给水管（热熔连接 DN110 以内，埋地部分）	10m	1.06	252.61			200.01	212.41	4.94	5.25	0.26	0.28	32.65	34.67
		钢丝网骨架塑料（聚乙烯）复合管 DN100	m	10.79	1596.91	148.00	1596.91								
		钢丝网骨架塑料（聚乙烯）复合管热熔管件 DN100	个	3.27	474.29	145.00	474.29								
4	8-181	镀锌钢管（螺纹连接. DN100 以内）	10m	13.56	8135.34			371.77	5040.46	142.64	1933.91	24.94	338.14	60.69	822.84
		内外涂环氧复合钢管 DN100	m	138.29	17701.32	128.00	17701.32								
5	8-180	镀锌钢管（螺纹连接. DN80 以内）	10m	2.69	1299.89			327.70	880.20	98.35	264.17	4.40	11.82	53.50	143.70
		内外涂环氧复合钢管 DN70	m	27.40	3205.47	117.00	3205.47								
6	8-458	一般塑料套管制作安装（De200 以内）	个	2	192.36			16.95	33.90	76.46	152.92	0.00	0.00	2.77	5.54
		钢丝网骨架塑料（聚乙烯）复合管 DN150	m	0.64	125.93	198.00	125.93								
7	8-447	一般钢套管制作安装（DN150 以内）	个	24	3726.96			64.41	1545.84	78.70	1888.80	1.66	39.84	10.52	252.48
		内外涂环氧复合钢管 DN150	m	7.63	2198.02	288.00	2198.02								

续表

序号	定额编号	项目名称	工程量		工程造价	未计价材料费		人工费		材料费		机械费		管理费	
			单位	数量	合价	单价	合价	单价	合价	单价	合价	单价	合价	单价	合价
8	8-445	一般钢套管制作安装（DN100以内）	个	2	195.30			38.42	76.84	51.36	102.72	1.60	3.20	6.27	12.54
		内外涂环氧复合钢管DN100	m	0.64	130.38	205.00	130.38								
9	7-53	室内消火栓单栓安装（DN65以内）	套	16	2254.88			106.22	1699.52	16.63	266.08	0.74	11.84	17.34	277.44
		室内消火栓单栓DN65	套	16	6400.00	400.00	6400.00								
10	7-61	手提式灭火器安装	具	51	72.93			1.13	57.63	0.11	5.61	0.01	0.51	0.18	9.18
		手提式灭火器（磷酸铵盐4kg）	具	51	1428.00	28.00	1428.00								
11	8-567	螺纹阀门安装（蝶阀，DN100以内）	个	11	2156.88			109.61	1205.71	68.58	754.38	0.00	0.00	17.89	196.79
		螺纹蝶阀DN100	个	11	1606.00	146.00	1606.00								
12	8-558	一般管架制作安装	100kg	0.58	815.69			751.45	433.51	248.77	143.52	291.02	167.89	122.68	70.77
		型钢	kg	61.15	260.50	4.26	260.50								
13	11-111	金属结构刷防锈漆 第一遍	100kg	0.58	23.78			22.60	13.04	14.93	8.61	0.00	0.00	3.69	2.13
14	11-112	金属结构刷防锈漆 第二遍	100kg	0.58	21.05			20.34	11.73	12.83	7.40	0.00	0.00	3.32	1.92
15	11-118	金属结构刷调和漆 第一遍	100kg	0.58	18.31			20.34	11.73	8.07	4.66	0.00	0.00	3.32	1.92
16	11-119	金属结构刷调和漆 第二遍	100kg	0.58	17.75			20.34	11.73	7.11	4.10	0.00	0.00	3.32	1.92
小计					54813.70				11685.66		5542.12		584.95		1874.14

总价分析

注："合价"数据存在误差，是保留两位小数导致的。

表 5.14　措施项目（一）预（结）算计价表

专业工程名称：某办公楼消防工程　　　　　　　　　　　　　　　　　　　　　　年　月　日

序号	项目名称	计算基础	费率 /%	金额 / 元	其中：人工费 / 元
1	脚手架措施费	人工费	4	467.43	163.6
2	安全文明施工措施费	人工费 + 材料费 + 机械费	1.28	228.00	38.76
3	竣工验收存档资料编制费	分部分项工程中的人、材、机 + 可计量的措施项目中的人、材、机	0.1	17.81	0
	本页小计			713.24	202.36
	本表合计［结转至施工图预（结）算计价汇总表］			713.24	202.36

注：企业管理费按该项措施费中所含人工费的 16.33% 计取。据此确定竣工验收存档资料编制费。

表 5.15　施工图预（结）算计价汇总表

专业工程名称：某办公楼消防工程　　　　　　　　　　　　　　　　　　　　　　年　月　日

序号	费用项目名称	计算公式	费率 /%	金额 / 元
1	分部分项工程项目预（结）算计价合计	$\sum$（工程量 × 编制期预算基价）		54813.70
2	其中：人工费	$\sum$（工程量 × 编制期预算基价中人工费）		11685.66
3	措施项目（一）预（结）算计价合计	$\sum$ 措施项目（一）金额		713.24
4	其中：人工费	$\sum$ 措施项目（一）金额中人工费		202.36
5	措施项目（二）预（结）算计价合计	$\sum$（工程量 × 编制期预算基价）		0
6	其中：人工费	$\sum$（工程量 × 编制期预算基价中人工费）		0
7	规费	［（2）+（4）+（6）］× 相应费率	44.21%	5255.69
8	利润	［（2）+（4）+（6）］× 相应利润率	20.71%	2462.01
9	其中：施工装备费	［（2）+（4）+（6）］× 相应施工装备费率	9.11%	1083.00
10	税金	［（1）+（3）+（5）+（7）+（8）］× 征收率或税率	3%（简易计税方法计取增值税）	1897.34
11	含税总计	（1）+（3）+（5）+（7）+（8）+（10）		65141.98

任务 5.4　建筑消防工程清单计量与计价

5.4.1　清单介绍

建筑消防工程清单工程量计算规则是以《通用安装工程工程量计算规范》（GB 50856—

2013）附录 J "消防工程" 为主要依据编制的。建筑消防工程由水灭火系统（编码：030901）、气体灭火系统（编码：030902）、泡沫灭火系统（编码：030903）、火灾自动报警系统（编码：030904）、消防系统调试（编码：030905）、相关问题及说明组成。

5.4.2　建筑消防工程其他相关问题

1）管道界限的划分。

① 喷淋系统水灭火管道：室内外划分应以建筑物外墙皮 1.5m 为界，入口处设阀门者应以阀门为界；设在高层建筑物内的消防泵间管道应以泵间外墙皮为界。

② 消火栓管道：给水管道室内外划分应以外墙皮 1.5m 为界，入口处设阀门者应以阀门为界。

③ 与市政给水管道的界限：以与市政给水管道碰头点（井）为界。

2）消防管道如需进行探伤，应按本规范附录 H "工业管道工程" 相关项目编码列项。

3）消防管道上的阀门、管道及设备支架、套管制作安装，应按本规范附录 K "给排水、采暖、燃气工程" 相关项目编码列项。

4）本章管道及设备除锈、刷油、保温除注明者外，均应按本规范附录 M "刷油、防腐蚀、绝热工程" 相关项目编码列项。

5）消防工程措施项目，应按本规范附录 N "措施项目" 相关项目编码列项。

5.4.3　消防工程清单计量

本书中仅依据《通用安装工程工程量计算规范》（GB 50856—2013）列出附录 J "消防工程" 中的水灭火系统、火灾自动报警系统、消防系统调试，具体工程量计量规则如下。

1. 水灭火系统

工程量清单项目设置、项目特征描述的内容、计量单位及工程量计算规则，应按表 5.16 的规定执行。

表 5.16　水灭火系统（编码：030901）

项目编码	项目名称	项目特征	计量单位	工程量计算规则	工作内容
030901001	水喷淋钢管	1. 安装部位 2. 材质、规格 3. 连接方式 4. 钢管设计要求 5. 压力试验及冲洗设计要求 6. 管道标志设计要求	m	按设计图示管道中心线以长度计算	1. 管道及管件安装 2. 钢管镀锌 3. 压力试验 4. 冲洗 5. 管道标志
030901002	消火栓钢管				
030901003	水喷淋（雾）喷头	1. 安装部位 2. 材质、型号、规格 3. 连接形式 4. 装饰盘设计要求	个	按设计图示数量计算	1. 安装 2. 装饰盘安装 3. 严密性试验
030901004	报警装置	1. 名称 2. 型号、规格	组	按设计图示数量计算	安装

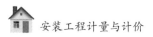

续表

项目编码	项目名称	项目特征	计量单位	工程量计算规则	工作内容
030901005	温感式水幕装置	1. 型号、规格 2. 连接方式	组	按设计图示数量计算	安装
030901006	水流指示器	1. 规格、型号 2. 连接方式	个		
030901007	减压孔板	1. 材质、规格 2. 连接方式			
030901008	末端试水装置	1. 规格 2. 组装形式	组		
030901009	集热板制作安装	1. 材质 2. 支架形式	个		1. 制作、安装 2. 支架制作、安装
030901010	室内消火栓	1. 安装方式 2. 型号、规格 3. 附件材质、规格	套		1. 安装 2. 配件安装 3. 支架制作安装
030901011	室外消火栓				1. 安装 2. 配件安装
030901012	消防水泵接合器	1. 安装部位 2. 型号、规格 3. 附件材质、规格			1. 安装 2. 附件安装
030901013	灭火器	1. 形式 2. 规格、型号	具（组）		设置
030901014	消防水炮	1. 水炮类型 2. 压力等级 3. 保护半径	台		1. 本体安装 2. 调试

注：1. 水灭火管道工程量计算，不扣除阀门、管件及各种组件所占长度，以延长米计算。

2. 水喷淋（雾）喷头安装部位应区分有吊顶、无吊顶。

3. 报警装置适用于湿式报警装置、干湿两用报警装置、电动雨淋报警装置、预作用报警装置等报警装置安装。报警装置安装包括装配管（除水力警铃进水管）的安装，水力警铃进水管并入消防管道工程量。其中：

①湿式报警装置包括湿式阀、碟阀、装配管、供水压力表、装置压力表、试验阀、泄放试验阀、泄放试验管、试验管流量计、过滤器、延时器、水力警铃、报警截止阀、漏斗、压力开关等。

②干湿两用报警装置包括两用阀、碟阀、装配管、加速器、加速器压力表、供水压力表、试验阀、泄放试验阀（湿式、干式）、挠性接头、泄放试验管、试验管流量计、排气阀、截止阀、漏斗、过滤器、延时器、水力警铃、压力开关等。

③电动雨淋报警装置包括雨淋阀、碟阀、装配管、压力表、泄放试验阀、流量表、截止阀、注水阀、止回阀、电磁阀、排水阀、手动应急球阀、报警试验阀、漏斗、压力开关、过滤器、水力警铃等。

④预作用报警装置包括报警阀、控制碟阀、压力表、流量表、截止阀、排放阀、注水阀、止回阀、泄放阀、报警试验阀、液压切断阀、装配管、供水检验管、气压开关、试压电磁阀、空气压缩机、应急手动试压器、漏斗、过滤器、水力警铃等。

4. 温感式水幕装置安装包括给水三通至喷头、阀门间的管道、管件、阀门、喷头等全部内容的安装。

5. 末端试水装置安装包括压力表、控制阀等附件安装。末端试水装置安装中不含连接管及排水管安装，其工程量并入消防管道。

6. 室内消火栓，包括消火栓箱、消火栓、水枪、水龙头、水龙带接扣、自救卷盘、挂架、消防按钮；落地消火栓箱包括箱内手提灭火器。

7. 室外消火栓，安装方式分地上式、地下式；地上式消火栓安装包括地上式消火栓、法兰接管、弯管底座；地下式消火栓安装包括地下式消火栓、法兰接管、弯管底座或消火栓三通。

8. 消防水泵接合器包括法兰接管及弯头安装，接合器井内阀门、弯管底座、标牌等附件安装。

9. 减压孔板若在法兰盘内安装，其法兰计入组价中。

10. 消防水炮包括普通手动水炮、智能控制水炮。

2. 火灾自动报警系统

工程量清单项目设置、项目特征描述的内容、计量单位及工程量计算规则，应按表 5.17 的规定执行。

表 5.17 火灾自动报警系统（编码：030904）

项目编码	项目名称	项目特征	计量单位	工程量计算规则	工作内容
030904001	点型探测器	1. 名称 2. 规格 3. 线制 4. 类型	个	按设计图示数量计算	1. 底座安装 2. 探头安装 3. 校接线 4. 编码 5. 探测器调试
030904002	线型探测器	1. 名称 2. 规格 3. 安装方式	m	按设计图示长度计算	1. 探测器安装 2. 接口模块安装 3. 报警终端安装 4. 校接线
030904003	按钮	1. 名称 2. 规格	个	按设计图示数量计算	1. 安装 2. 校接线 3. 编码 4. 调试
030904004	消防警铃				
030904005	声光报警器				
030904006	消防报警电话插孔（电话）	1. 名称 2. 规格 3. 安装方式	个 （部）		
030904007	消防广播（扬声器）	1. 名称 2. 功率 3. 安装方式	个		
030904008	模块（模块箱）	1. 名称 2. 规格 3. 类型 4. 输出形式	个 （台）		
030904009	区域报警控制箱	1. 多线制 2. 总线制 3. 安装方式 4. 控制点数量 5. 显示器类型	台	按设计图示数量计算	1. 本体安装 2. 校接线、遥测绝缘电阻 3. 排线、绑扎、导线标识 4. 显示器安装 5. 编程 6. 调试
030904010	联动控制箱				
030904011	远程控制箱（柜）	1. 规格 2. 控制回路			

项目编码	项目名称	项目特征	计量单位	工程量计算规则	工作内容
030904012	火灾报警系统控制主机	1. 规格、线制 2. 控制回路 3. 安装方式	台	按设计图示数量计算	1. 安装 2. 校接线 3. 编程 4. 调试
030904013	联动控制主机				
030904014	消防广播及对讲电话主机（柜）				
030904015	火灾报警控制微机（CRT）	1. 规格 2. 安装方式			1. 安装 2. 软件编程 3. 调试
030904016	备用电源及电池主机（柜）	1. 名称 2. 容量 3. 安装方式	套		1. 安装 2. 调试
030904017	报警联动一体机	1. 规格、线制 2. 控制回路 3. 安装方式	台		1. 安装 2. 校接线 3. 调试

注：1. 消防报警系统配管、配线、接线盒均按本规范附录 D "电气设备安装工程" 相关规则编码列项。

2. 消防广播及对讲电话主机包括录音机、分配器、控制柜等设备。

3. 点型探测器包括火焰探测器、烟感探测器、温感探测器、红外光束探测器、可燃气体探测器等。

3．消防系统调试

工程量清单项目设置、项目特征描述的内容、计量单位及工程量计算规则，应按表 5.18 的规定执行。

表 5.18　消防系统调试（编码：030905）

项目编码	项目名称	项目特征	计量单位	工程量计算规则	工作内容
030905001	自动报警系统装置调试	1. 点数 2. 线制	系统	按系统计算	系统装置调试
030905002	水灭火控制装置调试	系统形式	点	按控制装置的点数计算	调试
030905003	防火控制装置调试	1. 名称 2. 类型	个（部）	按设计图示数量计算	调试

续表

项目编码	项目名称	项目特征	计量单位	工程量计算规则	工作内容
030905004	气体灭火系统装置调试	1. 试验容器规格 2. 气体试喷	点	按调试、检验和验收所消耗的试验容器总数计算	1. 模拟喷气试验 2. 备用灭火器贮存容器切换操作试验 3. 气体试喷

注：1. 自动报警系统包括各种探测器、报警器、报警按钮、报警控制器、消防广播设备、消防电话等组成的报警系统；按不同点数以系统计算。

2. 水灭火控制装置、自动喷洒系统按水流指示器数量以点（支路）计算；消火栓系统按消火栓起泵按钮数量以点计算；消防水炮系统按水炮数量以点计算。

3. 防火控制装置包括电动防火门、防火卷帘门、正压送风阀、排烟阀、防火控制阀、消防电梯等防火控制装置；电动防火门、防火卷帘门、正压送风阀、排烟阀、防火控制阀等调试以个计算，消防电梯以部计算。

4. 气体灭火系统装置调试，是由七氟丙烷装置、IG541 装置、卤代烷装置、二氧化碳装置等组成的灭火系统；按气体灭火系统装置的瓶头阀以点计算。

5.4.4　消防工程清单计价

建筑消防工程清单计价以《建设工程工程量清单计价规范》（GB 50500—2013）和《天津市安装工程工程量清单计价指引》（DBD 29-903—2012）为计价依据，其中，消耗量及取费标准依据 2016 年版《天津市安装工程预算基价》第七册《消防工程》、第八册《给排水、采暖、燃气工程》、第十一册《刷油、防腐蚀、绝热工程》，材料价格取自市场价格。

任务训练 5

根据清单计价原理与程序，结合任务训练 2～4 中的训练结果（附录 2），完成以下任务：

1）完成分部分项工程量清单与计价表。

2）完成分部分项工程量清单综合单价分析表。

3）完成措施项目清单与计价。

4）完成工程量清单计价汇总表。

【清单计价示例】

结合定额计量案例和定额计价案例的计算结果，参照《建设工程工程量清单计价规范》（GB 50500—2013）进行案例工程工程量清单计价，分部分项工程项目清单综合单价分析表、分部分项工程项目清单计价表、措施项目（一）清单计价表、工程量清单计价汇总表分别见表 5.19～表 5.22。

专业工程名称：某厂区办公楼消防工程

表 5.19　分部分项工程量清单综合单价分析表

序号	项目编码	项目名称	计量单位	工程量	合计		其中						未计价材料费
							人工费	材料费	机械费	管理费	规费	利润	
1	10101007001	管沟土方	m	10.62	单价	74.97	42.50	0.00	1.08	3.80	18.79	8.80	
					合价	796.20	451.40	0.00	11.44	40.31	199.56	93.48	
	1-4	人工挖地槽	10m³	0.63	单价	873.36	503.04	0.00	0.00	43.75	222.39	104.18	
					合价	551.97	317.92	0.00	0.00	27.65	140.55	65.84	
	1-48	人工回填土	10m³	0.63	单价	386.44	211.20	0.00	18.10	20.03	93.37	43.74	
					合价	244.23	133.48	0.00	11.44	12.66	59.01	27.64	
2	31001006001	塑料管	m	10.62	单价	231.80	20.00	0.49	0.03	3.27	8.84	4.14	195.03
					合价	2461.70	212.41	5.25	0.28	34.67	93.91	43.99	2071.20
	8-404	塑料给水管（热熔连接，DN110 以内，埋地部分）	10m	1.062	单价	2317.98	200.01	4.94	0.26	32.65	88.42	41.42	1950.28
					合价	2461.70	212.41	5.25	0.28	34.67	93.91	43.99	2071.20
3	31001001001	复合管	m	135.58	单价	214.70	37.18	14.26	2.49	6.07	16.44	7.70	130.56
					合价	29108.93	5040.46	1933.91	338.14	822.84	2228.39	1043.88	17701.32
	8-181	镀锌钢管（螺纹连接，DN100 以内）	10m	13.558	单价	2146.99	371.77	142.64	24.94	60.69	164.36	76.99	1305.60
					合价	29108.93	5040.46	1933.91	338.14	822.84	2228.39	1043.88	17701.32
4	31001001002	复合管	m	26.86	单价	189.01	32.77	9.84	0.44	5.35	14.49	6.79	119.34
					合价	5076.79	880.20	264.17	11.82	143.70	389.14	182.29	3205.47
	8-180	镀锌钢管（螺纹连接，DN80 以内）	10m	2.686	单价	1890.10	327.70	98.35	4.40	53.50	144.88	67.87	1193.40
					合价	5076.79	880.20	264.17	11.82	143.70	389.14	182.29	3205.47

续表

序号	项目编码	项目名称	计量单位	工程量		合计	其中						未计价材料费
							人工费	材料费	机械费	管理费	规费	利润	
5	31002003001	套管	个	2	单价	170.15	16.95	76.46	0.00	2.77	7.49	3.51	62.97
					合价	340.30	33.90	152.92	0.00	5.54	14.99	7.02	125.93
	8-458	一般塑料套管制作安装（De200 以内）	个	2	单价	107.15	16.95	76.46	0.00	2.77	7.49	3.51	62.97
					合价	340.30	33.90	152.92	0.00	5.54	14.99	7.02	125.93
6	31002003002	套管	个	24	单价	288.69	64.41	78.70	1.66	10.52	28.48	13.34	91.58
					合价	6928.54	1545.84	1888.80	39.84	252.48	683.42	320.14	2198.02
	8-447	一般钢套管制作安装（DN150 以内）	个	24	单价	288.69	64.41	78.7	1.66	10.52	28.48	13.34	91.58
					合价	6928.54	1545.84	1888.80	39.84	252.48	683.42	320.14	2198.02
7	31002003003	套管	个	2	单价	187.78	38.42	51.36	1.60	6.27	16.99	7.96	65.19
					合价	375.56	76.84	102.72	3.20	12.54	33.97	15.91	130.38
	8-445	一般钢套管制作安装（DN100 以内）	个	2	单价	187.78	38.42	51.36	1.60	6.27	16.99	7.96	65.19
					合价	375.56	76.84	102.72	3.20	12.54	33.97	15.91	130.38
8	30901010001	室内消火栓	套	16	单价	609.89	106.22	16.63	0.74	17.34	46.96	22.00	400.00
					合价	9758.21	1699.52	266.08	11.84	277.44	751.36	351.97	6400.00
	7-53	室内消火栓单栓安装（DN65 以内）	套	16	单价	609.89	106.22	16.63	0.74	17.34	46.96	22.00	400.00
					合价	9758.21	1699.52	266.08	11.84	277.44	751.36	351.97	6400.00
9	30901013001	灭火器	具	51	单价	30.16	1.13	0.11	0.01	0.18	0.50	0.23	28.00
					合价	1538.34	57.63	5.61	0.51	9.18	25.48	11.94	1428.00

续表

序号	项目编码	项目名称	计量单位	工程量	单价/合价	合计	人工费	材料费	机械费	管理费	规费	利润	未计价材料费
10	7-61	手提式灭火器安装	具	51	单价	30.16	1.13	0.11	0.01	0.18	0.50	0.23	28.00
					合价	1538.34	57.63	5.61	0.51	9.18	25.48	11.94	1428.00
	31003001001	螺纹阀门	个	11	单价	413.24	109.61	68.58	0.00	17.89	48.46	22.70	146.00
					合价	4545.63	1205.71	754.38	0.00	196.79	533.04	249.70	1606.00
	8-567	螺纹阀门安装（蝶阀，DN100 以内）	个	11	单价	413.24	109.61	68.58	0.00	17.89	48.46	22.70	146.00
					合价	4545.63	1205.71	754.38	0.00	196.79	533.04	249.70	1606.00
11	31002001001	管道支架	kg	57.69	单价	25.48	8.35	2.92	2.91	1.36	3.69	1.73	4.52
					合价	1469.83	481.75	168.29	167.89	78.65	212.98	99.77	260.50
	8-558	一般管架制作安装	100kg	0.58	单价	2353.32	751.45	248.77	291.02	122.68	332.22	155.63	451.55
					合价	1357.63	433.51	143.52	167.89	70.77	191.66	89.78	260.50
	11-111	金属结构刷防锈漆第一遍	100kg	0.58	单价	55.89	22.60	14.93	0.00	3.69	9.99	4.68	
					合价	32.24	13.04	8.61	0.00	2.13	5.76	2.70	
	11-112	金属结构刷防锈漆第二遍	100kg	0.58	单价	49.69	20.34	12.83	0.00	3.32	8.99	4.21	
					合价	28.67	11.73	7.40	0.00	1.92	5.19	2.43	
	11-118	金属结构刷调和漆第一遍	100kg	0.58	单价	44.93	20.34	8.07	0.00	3.32	8.99	4.21	
					合价	25.92	11.73	4.66	0.00	1.92	5.19	2.43	
	11-119	金属结构刷调和漆第二遍	100kg	0.58	单价	43.97	20.34	7.11	0.00	3.32	8.99	4.21	
					合价	25.37	11.73	4.10	0.00	1.92	5.19	2.43	
合计						62400.03	11685.66	5542.12	584.95	1874.14	5166.23	2420.10	35126.82

注："合计"数据存在误差，是保留两位小数导致的。

表 5.20 分部分项工程项目清单计价表

专业工程名称：某厂区办公楼消防工程

序号	项目编码	项目名称	项目特征	计量单位	数量	金额/元		
						综合单价	合价	其中：规费
1	10101007001	管沟土方	1．土壤类别：一般 2．管外径：De114 3．挖沟深度：1.3m 4．回填要求：±0.000	m	10.62	74.97	796.20	199.56
2	031001006001	塑料管	1．安装部位：室内（埋地） 2．介质：消防给水 3．材质、规格：DN100 钢丝网骨架塑料（聚乙烯）复合管 4．连接形式：热熔连接	m	10.62	231.80	2461.72	93.91
3	031001001001	复合管	1．安装部位：室内 2．介质：消防给水 3．材质、规格：DN100 内外涂环氧复合钢管 4．连接形式：丝扣连接	m	135.58	214.70	29109.03	2228.39
4	031001001002	复合管	1．安装部位：室内 2．介质：消防给水 3．材质、规格：DN70 内外涂环氧复合钢管 4．连接形式：丝扣连接	m	26.86	189.01	5076.81	389.14
5	031002003001	套管	1．类型：套管 2．材质：钢丝网骨架塑料（聚乙烯）复合管材 3．规格：DN150	个	2	170.15	340.30	14.99
6	031002003002	套管	1．类型：套管 2．材质：内外涂环氧复合钢管 3．规格：DN150	个	24	288.69	6928.56	683.42
7	031002003003	套管	1．类型：套管 2．材质：内外涂环氧复合钢管 3．规格：DN100	个	2	187.78	375.56	33.97
8	030901010001	室内消火栓	1．安装方式：暗装 2．型号：单栓 3．规格：DN65	套	16	609.89	9758.24	751.36

序号	项目编码	项目名称	项目特征	计量单位	数量	金额/元		
						综合单价	合价	其中：暂估价
9	030901013001	灭火器	1. 形式：手提式 2. 规格：3kg 3. 型号：干粉灭火器（磷酸铵盐）	具	51	30.16	1538.16	25.48
10	031003001001	螺纹阀门	1. 类型：蝶阀 2. 规格：DN100 3. 连接形式：螺纹	个	11	413.24	4545.64	533.04
11	031002001001	管道支吊架	1. 材质：型钢 2. 管架形式：一般	kg	57.69	25.48	1469.94	212.98

表 5.21　措施项目（一）清单计价表

专业工程名称：某厂区办公楼消防工程

序号	项目编码	项目名称	计算基础	金额/元	其中：规费/元
1	031301017001	脚手架措施费	11685.66	467.43	72.33
2	031302001001	安全文明施工措施费	17812.74	228.00	17.14
3	031301018001	竣工验收存档资料编制费	17812.74	17.81	
		本页合计		713.24	89.47
	本表合计［结转至工程量清单计价汇总表］			713.24	89.47

表 5.22　工程量清单计价汇总表

专业工程名称：某厂区办公楼消防工程

序号	费用项目名称	计算公式	金额/元
1	分部分项工程量清单计价合计	$\sum$（工程量×综合单价）	62400.03
2	其中：规费	$\sum$（工程量×综合单价中规费）	5166.23
3	措施项目（一）清单计价合计	$\sum$措施项目（一）金额	844.61
4	其中：规费	$\sum$措施项目（一）金额中规费	72.33
5	措施项目（二）清单计价合计	$\sum$（工程量×综合单价）	0.00
6	其中：规费	$\sum$（工程量×综合单价中规费）	0.00
7	规费	（2）+（4）+（6）	5238.56
8	税金	［（1）+（3）+（5）］×相应费率	1897.34
	含税总计［转至工程量清单总价汇总表］	（1）+（3）+（5）+（8）	65141.98

拓展练习

一、填空题

1. 自动喷水灭火系统按喷头的开启形式，可分为闭式系统和开式系统；按报警阀的形式，可分为_____、_____、_____和_____。

2. 室内消火栓是设置在建筑物内部的，供室内火场使用的灭火设备，包括_____、_____、_____等。

3. 室内消火栓执行 2016 年版《天津市安装工程预算基价》第_____册的室内消火栓安装项目。

二、单选题

1. 室内消火栓一般安装在建筑物楼梯的墙上，距地（　　）m 左右。

　　A. 1.4　　　　　　B. 1.5　　　　　　C. 1.3　　　　　　D. 1.2

2. 根据 2016 年版《天津市安装工程预算基价》，室内消火栓安装工程量以（　　）为计量单位。

　　A. 套　　　　　　B. 组　　　　　　C. 个　　　　　　D. 系统

3. 消防工程施工图例 "△" 表示（　　）。

　　A. 手提式灭火器　　　　　　　　B. 清水灭火器

　　C. 泡沫灭火器　　　　　　　　　D. 消防泵

4. 根据 2016 年版《天津市安装工程预算基价》，火灾自动报警系统中线型探测器以（　　）为计量单位。

　　A. 只　　　　　　B. 米　　　　　　C. 组　　　　　　D. 幅

5. 室内消火栓管网按室内生活给水管道安装定额规定执行，套用（　　）中相应项目。

　　A. 第二册　　　　B. 第七册　　　　C. 第八册　　　　D. 第十一册

三、简答题

1. 建筑消防工程是如何分类的？

2. 湿式自动喷水灭火系统、干式自动喷水灭火系统及预作用喷水灭火系统的区别有哪些？它们的特点分别是什么？

项目

建筑通风、空调工程计量与计价

▌项目概述

建筑通风、空调工程计量与计价是安装工程计量与计价的重要组成部分，主要研究通风及空调管道、设备安装等工程量计算规则及计价方法。本项目以计量规则和计价方法为主线，结合工程实例，应用最新的定额和规范，介绍了定额计价和清单计价方法。

▌学习目标

知识目标	能力目标	素质目标
1．了解建筑通风、空调工程分类及组成； 2．了解建筑通风、空调工程常用材料和设备； 3．掌握建筑通风、空调工程施工图识读方法； 4．掌握建筑通风、空调工程定额内容及注意事项； 5．掌握建筑通风、空调工程清单内容及注意事项； 6．掌握建筑通风、空调工程工程量计算规则； 7．掌握建筑通风、空调工程计价方法	1．具备建筑通风、空调工程施工图识读的能力； 2．具备建筑通风、空调工程列项的能力； 3．能够依据建筑通风、空调工程工程量计算规则，熟练计算工程量； 4．能够根据定额计价方法，编制建筑通风、空调工程预算文件； 5．能够根据清单计价方法，编制建筑通风、空调工程工程量清单及招标控制价	1．培养学生严谨求实、一丝不苟的学习态度； 2．培养学生善于观察、善于思考的学习习惯； 3．培养学生团结协作的职业素养； 4．培养学生绿色节能的理念

▌课程思政

学习通风、空调系统的分类与组成，以及通风、空调系统的工作原理，了解我国节能减排目标及面临的挑战，树立节能减排、保护环境、可持续发展的理念，加强其社会责任感。

观看视频《复工后空调和通风系统如何正确使用》，学习生活小常识，延伸至新冠肺炎疫情对中国社会造成的影响及涌现出的感人事迹；中国在世界范围内率先控制住疫情，实现经济形势持续向好，进一步体会中国特色社会主义的优越性，培养爱国主义情怀。

项目发布

1）图纸：某办公楼通风、空调工程，主体建筑 3 层，钢筋混凝土框架结构，通风、空调工程图见附录 4。

2）预算编制围：①全系统通风管道、设备；②全系统空调管道、设备。

3）参考规范：

定额计价采用 2016 年版《天津市安装工程预算基价》第九册《通风、空调工程》。

清单计价采用《通用安装工程工程量计算规范》(GB 50856—2013)。

未计价材料价格执行当前市场信息价格。

4）成果文件：办公楼通风、空调工程定额计价文件一份、办公楼通风、空调工程清单计价文件一份。

【拍一拍】

通风、空调系统不但为我们日常生活、生产活动中输送了新鲜空气，还调节了室内温度、湿度，净化空气，优化了室内环境。通风、空调装置在我们身边无处不在，同学们可以拍一拍你身边的通风、空调设备（图 6.1 和图 6.2），感受通风、空调系统给我们带来的便利。

图 6.1 空调

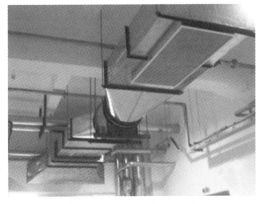

图 6.2 通风管道（风管）

【想一想】

通风系统是怎样交换室内外空气的？空调是怎样运转工作的？

任务6.1 认识通风、空调系统

6.1.1 通风系统的分类、组成

通风就是把室外的新鲜空气不做处理或做适当的处理（如净化、加热等）后送进室内，把室内的废气（经消毒、除害）排至室外，从而保持室内空气的新鲜和洁净度。通风可分为排风和送风，为排风和送风设置的管道及设备装置分别称为排风系统和送风系统，统称为通风系统。

1．通风系统分类

通风系统按照系统的动力可分为自然通风和机械通风两种，按照系统作用的范围大小分为全面通风和局部通风两类。

（1）自然通风

自然通风是在自然压差作用下，室内外空气通过建筑物围护结构孔口流动的通风换气。

根据压差形成的机理，可分为热压作用下的自然通风（图6.3）、风压作用下的自然通风（图6.4）以及热压和风压共同作用下的自然通风。

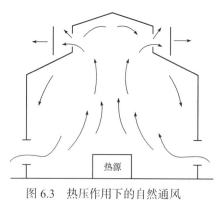

图6.3 热压作用下的自然通风

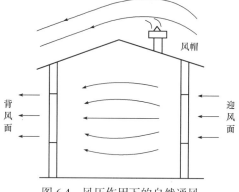

图6.4 风压作用下的自然通风

（2）机械通风

机械通风是完全依靠通风机提供的动力迫使空气流通，进行室内外空气交换的方式。

（3）全面通风

全面通风就是对整个房间或空间进行通风换气。根据具体通风方式，它可分为全面排风（图6.5）和全面送风（图6.6），两者可同时或单独使用。

（4）局部通风

通风的范围限制在污染物形成比较集中的地方，或是人员经常活动的局部地区的机械通风称为局部通风。它可分为局部排风和局部送风，如图6.7和图6.8所示。

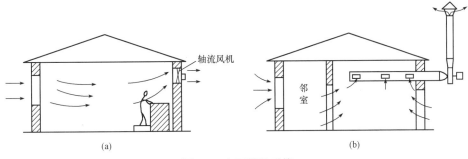

图 6.5　全面排风系统

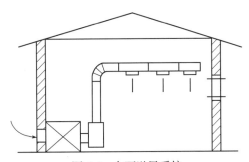

图 6.6　全面送风系统

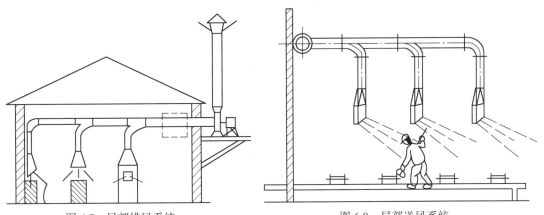

图 6.7　局部排风系统　　　　　　　图 6.8　局部送风系统

2. 室内通风工程系统组成

通风工程系统主要由风机、风道、风管、阀门、风口等组成。

（1）风机

风机是输送空气的动力装置，可以提高风速和风压。常见的风机有轴流式和离心式两种，如图 6.9 所示。

（2）风道

风道采用砖、混凝土、玻璃钢、镀锌板等材料砌筑而成。用于空气流通的通道称为风道。它与建筑物主体构造密切结合在一起，在厨房和卫生间都会设置风道。

(a)轴流式风机　　　　　　　　　　　　　(b)离心式风机

图 6.9　风机

（3）风管

风管的形式一般采用圆形或矩形，相邻管道间用特殊管件进行连接，如图 6.10 所示。

(a)矩形风管及管件　　　　　　　　　　　(b)圆形风管及管件

图 6.10　风管组合示意图

风管常用材料为薄钢板，它分为普通钢板和镀锌钢板两种。一般通风空调系统采用厚度为 0.5 ～ 1.5mm 的钢板。常用风管有薄钢板风管、镀锌钢板（铁皮）风管、不锈钢板风管、铝板风管、玻璃钢风管等，如图 6.11 所示。

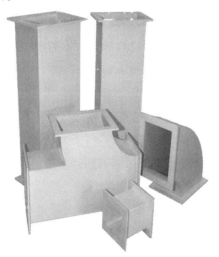

(a)镀锌铁皮风管　　　　　　　　　　　(b)玻璃钢风管

图 6.11　风管

风管与风管之间、风管与部件及配件之间主要采用法兰连接。

风管的支架根据现场支持构建的具体情况和风管的质量，用圆钢、扁钢、角钢等制作。

（4）阀门

通风与空调工程中常用的阀门有插板阀、蝶阀、多叶调节阀、止回阀、防火阀等，如图 6.12 所示。

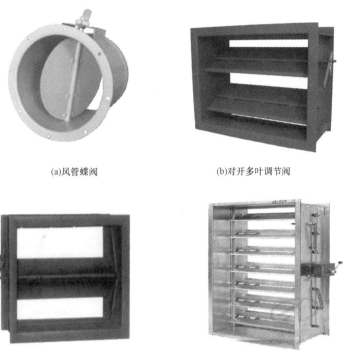

(a)风管蝶阀　　　　　　　　　　(b)对开多叶调节阀

(c)风管止回阀　　　　　　　　　　(d)防火阀

图 6.12　阀门

防火阀是安装在通风、空调系统的送风、回风管道上，平时呈开启状态，火灾时当管道内气体温度达到 70℃时，易熔片熔断，阀门在扭簧力作用下自动关闭，在一定时间内能满足耐火稳定性和耐火完整性要求，起隔烟阻火作用的阀门。排烟防火阀是安装在排烟系统管路上，平时一般呈关闭状态，火灾时手动或电动开启，起排烟作用的阀门。

（5）风口

风口根据其安装部位和用途分为进风口、排风口和送风口。

进风口是将室外新鲜空气送入室内送风系统的装置，常见的有窗口式。

室内污浊空气一般通过排风口送入回风管道或直接排至室外，室内排风口形式种类较少，主要使用百叶窗，工业上常用排风罩。

室内送风口是送风系统中风管（风道）的末端装置，其形式有多种，最简单的形式是在风道上开设空口送风，如图 6.13 所示。根据空口开设的位置，送风口有侧向送风口和下

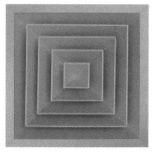

图 6.13　室内送风口

部送风口两种。在工业厂房中，送风口通常采用空气分布器，可使风速均匀分布。

6.1.2　空调系统的分类、组成

空调系统是通过人为的方法处理空气的温度、湿度、洁净度和气流速度的系统，可使某些场所获得具有一定温度、湿度和空气质量的空气，以满足使用者及生产过程要求、改善劳动卫生条件和室内气候条件。

1．空调系统的分类

（1）根据空气处理设备的设置情况分类

1）集中式空调系统。

所有空气处理设备（风机、过滤器、加热器、冷却器、加湿器、减湿器和制冷机组等）都集中在空调机房内，空气经处理后，由风管送到各空调房间。这种空调系统热源和冷源也是集中的。它处理空气量大，运行可靠，便于管理和维修，但机房占地面积大。此系统适用于商场、超市、写字楼、剧院等大型公共场所。

2）半集中式空调系统。

这种系统中，集中在空调机房的空气处理设备，仅处理一部分空气，另外在分散的各空调房间内还有空气处理设备。它们或对室内空气进行就地处理，或对来自集中处理设备的空气进行补充再处理。诱导系统、风机盘管加新风系统就属于半集中式空调系统。它可解决集中式空调系统风管尺寸大、占据空间多的缺点，同时可以根据负荷变化调整风量。半集中式空调系统适用于宾馆客房、办公室等负荷变化较大的房间。

3）局部式空调系统。

局部式空调系统将空气处理设备全部分散在空调房间内，因此该系统又称为分散式空调系统。通常使用的各种空调器就属于此类。空调器将室内空气处理设备、室内风机等与冷热源及制冷剂输出系统分别集中在一个箱体内。局部式空调只向室内输送冷热载体，而风在房间内的风机盘管内进行处理。它可根据负荷变化随意调整风量，但噪声大，运行费用高。立式空调机和挂壁式空调机就属于局部式空调系统。

（2）按负担热湿负荷所用的介质分类

1）全空气式空气调节系统。

全空气式空气调节系统中空调房间的冷热负荷全部由经过处理的空气来承担。集中式空调系统就是全空气式系统。

2）全水式空气调节系统。

全水式空气调节系统中空调房间的冷热负荷全部靠水作为冷热介质来承担。它不能解决房间的通风问题，一般不单独采用。无新风的风机盘管属于这种系统。

3）空气－水空气调节系统。

空气－水空气调节系统中空调房间的冷热负荷既靠空气，又靠水来承担。风机盘管加

新风系统就属于这种系统。

4）制冷剂式空气调节系统。

制冷剂式空气调节系统中空调房间的冷热负荷直接由制冷系统的制冷剂来承担，局部式空调系统就属于此类。

（3）按系统使用新风量的多少分类

1）直流式空气调节系统。

直流式空气调节系统又称全新风空调系统。空调器处理的空气为全新风，送到各房间进行热湿交换后全部排放到室外，没有回风管。这种系统卫生条件好、能耗大、经济性差，用于有害气体产生的车间、实验室等。

2）部分回风式空气调节系统。

部分回风式空气调节系统中空调器处理的空气由回风和新风混合而成。它兼有直流式和全部回风式的优点，应用比较普遍，如宾馆、剧场等场所的空调系统。

3）全部回风式空气调节系统。

全部回风式空气调节系统是处理的空气全部再循环，不补充新风。这种系统能耗小、卫生条件差，需要对空气中氧气再生和备有二氧化碳吸式装置。该系统用于地下建筑及潜艇的空调等。

2. 空调系统的组成

空调系统主要由空气处理部分、空气输送部分及冷热源部分组成。

（1）空气处理部分

空气处理部分主要指空调机房，将新风和回风进行混合、净化、冷却、加热、加湿、祛湿处理。空气湿热处理和净化处理主要通过过滤器、表面式冷却器、喷水室、加热器、加湿器等设备完成，以上各种设备可以单独处理空气，也可以集中设置成专用小室或箱体。

（2）空气输送部分

空气输送部分包括风机（送风机、回风机、排风机）、风机盘管、风管（道）、各种阀门（多叶调节阀、三通调节阀、防火阀等）、各种附属装置及各种风口等。

（3）冷热源部分

冷热源部分包括制冷系统和供热系统，如锅炉房、地源热泵、制冷机房、冷却塔等。

【知识拓展】

随着现代建筑物的使用要求越来越高，通风与空调系统使用率日益增高，施工工艺日趋复杂。通风与空调工程的质量不仅取决于设计水平和设备性能，还取决于其安装质量。2016 年 10 月，我国住房和城乡建设部修订了 2002 年发布的《通风与空调工程施工质量验收规范》，标准号为 GB 50243—2016，以保证工程项目的生产效益。

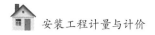

任务训练 1

基于对建筑物通风空调工程基础知识的学习，大家仔细观察周边的通风空调系统，完成以下任务：

1）想一想在生活、生产中用到哪些通风空调设备。

2）查看周边的通风管道、通风设备及空调设备，拍取照片说明它们的品牌、型号规格。

3）查看家里及身边其他通风管道、空调管道的敷设，拍取照片，标记其敷设位置，指出所用管道材质、管道支架类型，并识别管道中的附件及各种阀门类型。

任务6.2 识读建筑通风、空调工程施工图

室内通风空调工程施工图由图纸目录、设计施工说明、设备材料表、平面图、剖面图、系统图、原理图、详图等组成。

1. 图纸目录

图纸目录中分别列出工程设计图纸的名称、图纸编号、图纸规格、备注信息及所用标准图集等。识图时应首先查看图纸目录，这样既可以了解整套图纸的组成，又便于根据目录快速找到想要翻阅的图纸。

2. 设计施工说明

设计施工说明一般包括以下内容。

1）工程概况，介绍建筑物位置、面积、高度及对空调的要求。

2）设计依据，建筑物通风空调设计施工遵循的相关规范和标准。

3）设计计算参数，如室外温度、湿度、风速，室内设计温度等。

4）通风空调系统设计及施工要求，包括通风空调系统布置形式和特点，风管及水管材料、连接方式，管道支架安装方式及设计施工时应遵循的规范标准。

3. 设备材料表

该表列出了通风空调系统中的主要设备和材料的规格型号及数量，既可作为工程项目计价的依据，也可作为施工备料的依据，但在识图时若发现表中的设备、材料数量与图中标注不相符，应以图纸标注数量为准。

4. 平面图

平面图包括建筑物各层通风空调系统平面图、空调机房平面图、制冷机房平面图等。

1）通风空调系统平面图主要标注了通风空调末端设备、风管、冷热水管道、凝结水管道的平面布置情况。

2）空调机房平面图主要标注了各种空气处理装置的平面摆放位置和空气流通方向。

3）制冷机房平面图主要标注了冷水机组、冷冻水泵及附属设备的尺寸和系统连接管道的走向等。

5．剖面图

剖面图通常和平面图配合使用，通过它可以确定设备的高度、内部构造及连接管道的标高等。

6．系统图

系统图表达了通风空调系统的组成及空间走向。

7．原理图

原理图表达了通风空调系统的运行原理和流程以及控制系统各部分之间的关系。

8．详图

详图是对上述图纸和文字说明都无法表达清楚的内容补充，通过它可以对系统中个别设备的细部尺寸及安装做法有进一步的认识。

总之，在识图时切忌单纯地只看一张图纸，应将以上各图纸结合起来看，这样才能更全面地了解通风空调系统。

任务训练 2

依据本项目图纸（附录4），详细识读设计说明、平面图和系统图，完成以下任务：

1）了解此建筑物的层数、层高及平面布置情况，房间的开间和进深尺寸。

2）查阅设计说明，指出所用风管的类型及材质。

3）该工程对风管是否做了绝热处理？若有，指出其施工做法及材料。

4）仔细阅读通风空调工程图例及设备明细表，指出风管、各种阀门及空调机所用图例。

5）对照图例阅读首层空调平面图，找出空调机及风管在平面图中的具体位置。

6）对照图例阅读二层、三层及屋顶空调平面图，找出各层空调机及风管在平面图中的具体位置。

7）对照图例阅读各层空调平面图，查找各种阀门的位置，指出管道连接管件的类型。

任务6.3 建筑通风、空调工程定额计量与计价

6.3.1 定额项目工程量计算规则

1. 通风管道制作与安装工程量计算

（1）工程量计算规则

1）风管制作安装按设计图示尺寸以展开面积计算，以平方米为计量单位。不扣除检查孔、测定孔、送风口、吸风口等所占面积。风管展开面积不包括风管、管口重叠部分面积。

① 圆形管道：

$$F=\pi DL$$

式中　D——圆形风管直径；

　　　L——管道中心线长度。

② 矩形管道：

$$F=2（A+B）L$$

式中　A——矩形管道截面的长度；

　　　B——矩形管道截面的宽度。

2）风管长度计算时一律以设计图示中心线长度为准（主管与支管以其中心线的交点划分），包括弯头、三通、变径管、天圆地方等管件的长度，但不包括部件（如阀门）所占的长度。因此在计算风管长度时，应减去部件所占的长度（表6.1）。

表 6.1　风管部件长度　　　　　　　　　　　　单位：mm

项目	蝶阀		止回阀		密闭式对开多叶调节阀				圆形风管防火阀				矩形风管防火阀		
长度 L	150		300		210				一般为 300～380				一般为 300～380		
项目	密闭式斜插板阀														
直径 D	80	85	90	95	100	105	110	115	120	125	130	135	140	145	150	155
长度 L	280	285	290	300	305	310	315	320	325	330	335	340	345	350	355	360
直径 D	160	165	170	175	180	185	190	195	200	205	210	215	220	225	230	235
长度 L	365	365	370	375	380	385	390	395	400	405	410	415	420	425	430	435

3）在进行展开面积计算时，风管直径和周长按图示尺寸展开，咬口重叠部分已包含在相应定额中，不再展开计算。

4）通风管道主管与支管从其中心线交点处划分，以确定中心线长度，如图6.14～图6.16所示。

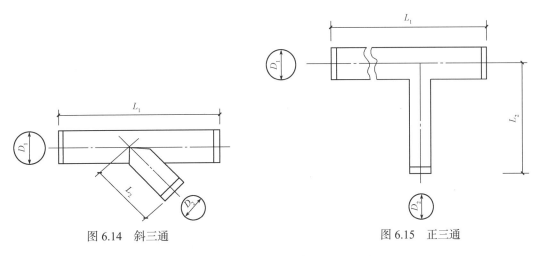

图 6.14 斜三通   图 6.15 正三通

在图 6.15 中，主管展开面积为 $S_1=\pi D_1 L_1$，支管展开面积为 $S_2=\pi D_2 L_2$。

在图 6.16 中，主管展开面积为 $S_1=\pi D_1 L_1$，支管展开面积为 $S_2=\pi D_2 L_2$。

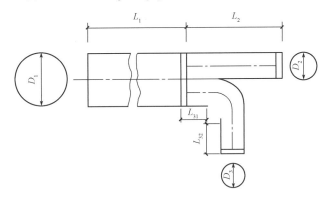

图 6.16 裤衩三通

在图 6.16 中，主管展开面积 $S_1=\pi D_1 L_1$，支管 1 展开面积为 $S_2=\pi D_2 L_2$，支管 2 展开面积为 $S_3=\pi D_3 (L_{31}+L_{32}+r\theta)$。

式中，θ 为弧度，$\theta=$ 角度 $\times 0.01745$，角度为中心线夹角；r 为弯曲半径。

5）风管弯头导流叶片工程量均按设计图示叶片的面积计算，以平方米为计量单位。

6）柔性软风管安装按设计图示管道中心线长度计算，以米为计量单位，柔性软风管阀门安装按设计图示数量计算，以个为计量单位。

7）软管（帆布）接口制作安装按设计图示尺寸，以展开面积计算，以平方米为计量单位。

8）风管检查孔制作安装按设计图示尺寸计算质量，以千克为计量单位。

9）温度、风量测定孔制作安装依据其型号，按设计图示数量计算，以个为计量单位。

（2）使用定额应注意的问题

1）整个通风系统设计采用渐缩管均匀送风时，圆形风管按平均直径，矩形风管按平

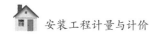

均周长，参照相应规格子目，其人工费应乘以系数2.5。换算方法见例6.1。

【例6.1】 某通风系统采用$\delta=2mm$薄钢板圆形渐缩风管均匀送风，风管大头直径$D=880mm$、小头直径$D=320mm$、管长为100m，请计算安装直接费。

解： ①计算出风管平均直径D。

$$D=（880+320）\div2=600（mm）$$

②计算风管安装工程量。

$$工程量=\pi DL=3.14\times0.6\times100=188.4（m^2）=18.84（10m^2）$$

③查定额基价。直径为600mm的$\delta=2mm$的薄钢板圆形风管的定额编号为（9-19），基价为1767.25元，其中人工费为1222.66元。

④套定额，计算安装直接费。安装直接费一般情况下等于基价与工程量的乘积。但该系统是圆形渐缩风管，按定额规定，其人工费应乘以系数2.5。

所以安装直接费为

$$（1767.25-1222.66+1222.66\times2.5）\times18.84=67847.36（元）$$

2）镀锌薄钢板风管子目中的板材是按镀锌薄钢板编制的，如不用镀锌薄钢板，板材可以换算，其他不变。

3）软管接头使用人造革而不使用帆布时不得换算。

4）风管弯头导流叶片不分单叶片、双叶片，均使用同一子目。

5）如制作空气幕风管，按矩形风管平均周长套用相应风管规格子目，其人工费乘以系数3.0，其余不变。换算方法同渐缩管的换算方法。

6）薄钢板风管制作安装子目中，包括弯头、三通、变径管、天圆地方等管件及法兰、加固框和吊、托支架的制作安装，但不包括过、跨风管落地支架。落地支架套用设备支架子目。

7）薄钢板风管子目中的板材，如与设计要求厚度不同，可以换算，但人工费、机械费不变。

8）如设计安装使用的法兰垫料品种与定额子目中的法兰垫料不同，可以换算，但人工费不变。使用泡沫塑料者，每1kg橡胶板换算为泡沫塑料0.125kg；使用闭孔乳胶海绵者，每1kg橡胶板换算为闭孔乳胶海绵0.5kg。

9）柔性软风管是适用于由金属、涂塑化纤织物、聚酯、聚乙烯、铝箔等材料制成的软风管。

2．调节阀、消声器制作安装

（1）调节阀、消声器制作安装工程量计算

1）调节阀安装依据其类型、直径（圆形）或周长（方形），按设计图示数量计算，以个为计量单位。

2）消声器的制作安装均按其质量计算，以千克为计量单位；非标准消声器制作安装按成品质量计算，以千克为计量单位。消声器为成品安装时制作不再计算。

3）微穿孔板消声器、管式消声器、阻抗式消声器成品安装按设计图示数量计算，以节为计量单位。

4）消声弯头安装按设计图示数量计算，以个为计量单位。

5）消声静压箱安装按设计图示数量计算，以个为计量单位。

（2）调节阀、消声器使用定额应注意的问题

1）蝶阀安装子目适用于圆形保温蝶阀，方、矩形保温蝶阀，圆形蝶阀，方、矩形蝶阀，风管止回阀安装子目适用于圆形风管止回阀、方形风管止回阀。

2）密闭式对开多叶调节阀与手动式对开多叶调节阀执行同一子目。

3）管式消声器安装适用于各类管式消声器。

3．风口、风帽、罩类制作安装

（1）工程量计算

1）各种风口（图 6.17）、散流器安装依据类型、规格尺寸，按设计图示数量计算，以个为计量单位。

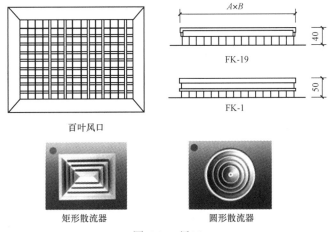

图 6.17　风口

2）钢百叶窗及活动金属百叶风口安装依据规格尺寸，按设计图示数量计算，以个为计量单位。

3）风帽的制作安装均按其质量计算，以千克为计量单位；非标准风帽制作安装按成品质量计算，以千克为计量单位。风帽为成品安装时制作不再计算。

4）风帽筝绳制作安装按设计图示规格长度以质量计算，以千克为计量单位。

5）风帽泛水制作安装按设计图示尺寸以展开面积计算，以平方米为计量单位。

6）风帽滴水盘制作安装按设计图示尺寸以质量计算，以千克为计量单位。

7）罩类的制作安装均按其质量计算，以千克为计量单位；非标准罩类制作安装按成品质量计算，以千克为计量单位。罩类为成品安装时制作不再计算。

（2）使用定额应注意的问题

1）百叶风口安装子目适用于带调节板活动百叶风口、单层百叶风口、双层百叶风口、三层百叶风口、连动百叶风口、135 型单层百叶风口、135 型双层百叶风口、135 型带导流叶片百叶风口、活动金属百叶风口。

2）散流器安装子目适用于圆形直片散流器、方形直片散流器、流线型散流器。

3）送吸风口安装子目适用于单面送吸风口、双面送吸风口。

4．空调部件及设备支架制作安装

（1）工程量计算

1）金属空调器壳体、滤水器、溢水盘制作安装按设计图示尺寸以质量计算，以千克为计量单位。非标准部件制作安装按成品质量计算。

2）挡水板制作安装按空调器断面面积计算，以平方米为计量单位。

3）钢板密闭门制作安装按设计图示数量计算，以个为计量单位。

4）设备支架制作安装根据图示尺寸以质量计算，以千克为计量单位。

5）电加热器外壳制作安装依图纸按质量计算，以千克为计量单位。

（2）使用定额应注意的问题

1）清洗槽、浸油槽、晾干架、LWP滤尘器支架制作安装执行设备支架子目。

2）风机减振台座执行设备支架子目，基价中不包括减振器用量，应依设计图纸按实际另行计算。

3）玻璃挡水板执行钢板挡水板相应子目，其材料费、机械费均乘以系数0.45，人工费不变。

5．通风空调设备安装（图6.18）

(a)组装空调机　　　　　　　　　　　　　(b)叠式组装空调机

图6.18　空调设备安装

（1）工程量计算

1）空气加热器（冷却器）安装按设计图示数量计算，以台为计量单位。

2）通风机安装依据不同形式、规格按设计图示数量计算，以台为计量单位。

3）除尘设备安装按设计图示数量计算，以台为计量单位。

4）整体式空调机组、空调器安装（室内机、室外机之和）按设计图示数量计算，以台为计量单位。

5）风机盘管安装按设计图示数量计算，以台为计量单位。

6）组合式空调机组安装依据设计风量，按设计图示数量计算，以台为计量单位。

7）分段组装式空调器安装按设计图示质量计算，以千克为计量单位。

（2）使用定额应注意的问题

1）通风机安装子目中包括电动机安装，其安装形式包括A、B、C、D等，也适用于不锈钢和塑料风机安装。

2）设备安装子目的基价中，不包括设备费和应配备的地脚螺栓价格，该项费用应列项另计。

3）诱导器安装执行风机盘管安装子目。

4）风机盘管的配管执行 2016 年版《天津市安装工程预算基价》中第九册《通风、空调工程》相应子目。

6.通风空调管道、部件除锈、刷油及绝热工程

（1）工程量计算

1）通风管道除锈、刷油按面积计算，以平方米为计量单位。

2）通风管道部件除锈、刷油按质量计算，以千克为计量单位。

3）管道及设备绝热层依设计图示尺寸按体积计算，以立方米为计量单位。

4）通风管道防潮层、保护层依设计图示尺寸按面积计算，以平方米为计量单位。

（2）使用定额应注意事项

1）保温层厚度大于 100mm，爆冷层厚度大于 80mm 时，按分两层施工计算工程量。

2）管道绝热工程，除法兰、阀门外，均包括其他各种管件绝热。设备绝热工程，除法兰、人孔外，其封头已考虑在基价中。

3）计算管道保护层时，镀锌薄钢板规格按 1000mm×2000mm 和 900mm×1800mm，厚度 0.8mm 以内综合考虑。若采用其他规格薄钢板，可按实际调整。厚度大于 0.8mm 时，其人工工日乘以系数 1.20，卧式设备包含薄钢板其人工工日乘以系数 1.05。

4）矩形风管绝热需要加防雨坡度时，其人工费、材料费、机械费另计。

5）设备、管道绝热定额中均按现场先安装，后绝热施工，若先绝热后安装，其人工费乘以系数 0.9。

6）绝热层安装是按镀锌铁丝捆扎考虑的。如果采用金属带捆扎，可以换算。

任务训练 3

按照以上所讲通风空调工程定额工程量计算规则，依据本项目图纸（附录 4），完成以下各工程量的计算，并填写在"定额计价学生训练手册"工程量计算书中。

1）参照风管计算规则及图纸比例，按照不同层数测量并计算出不同材质、不同管径风管长度。

2）按照不同层数罗列并计算出不同连接管件的工程量。

3）参照计算规则，按照不同层数罗列并计算出各空调设备工程量。

4）按照不同层数列出不同类型、不同规格大小的阀门数量。

5）参照计算规则，按照不同层数计算出风管保温工程量。

6）仔细阅读首层空调平面图，整理出首层、二层、三层及屋面多联机系统工程量。

7）仔细阅读首层空调平面图，整理、计算出排烟系统工程量。

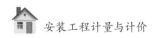

【定额计量示例】

本工程是一栋 3 层便民服务中心办公楼，层高 3m，其暖通空调工程设计说明及施工平面图见附录 4 所示。便民服务中心均采用多联机空调，空调房间吊装多联机空调之室内机，单独设置固定或配置支吊架，房间气流组织形式主要为顶部送风、顶部回风。多联机空调之室内机送、回风管，均采用镀锌钢板制作，风管安装、保温等保温层等要求详见附录 4 "暖通空调工程施工说明"。

多联机冷媒管道采用空调用脱磷无缝紫铜管，钎焊连接，采用发泡聚乙烯保温材料保温，保温层外缠防火绝缘包扎带。保温层厚度见表 6.2。

表 6.2 保温层厚度

管径	厚度 /mm	管径	厚度 /mm	管径	厚度 /mm
$\phi4 \sim \phi15.9$	15	$\phi15.9 \sim \phi38.1$	20	$\phi38.1 \sim \phi51.4$	25

冷凝水管道采用 UPVC 硬塑料管，黏接连接，管道及其支吊架采用柔性泡沫橡塑管壳绝热，绝热层厚度 $\delta=15$mm。

该中心暖通空调工程完工后应由空调制造厂授权的调试人员进行系统调试、试运行。试计算该工程的室内采暖工程量，并编制定额施工图预算文件。

工程量计算如下：

根据施工图样，按分项依次计算工程量，定额工程量计算书及定额工程量汇总表，见表 6.3 和表 6.4。

表 6.3 定额工程量计算书

专业工程名称：便民服务中心暖通空调工程

序号	项目名称	规格型号	计算式	单位	数量
一			一层多联机系统		
1	设备				
	天花板内置低静压风管机	NJ-80	服务大厅	台	4
		NJ-71	服务大厅	台	1
2	冷媒管系统				
2.1	铜管	$\phi9.53$	左上室内机 NJ-80 引出长度 =0.4+1.29+3.28=4.97（m） 中上室内机 NJ-80 引出长度 =0.81+1.29=2.1（m） 中下室内机 NJ-80 引出长度 =0.4+3.15=3.55（m） 右上室内机 NJ-71 引出长度 =0.4+1.05=1.45（m） 右下室内机 NJ-80 引出长度 =0.4+3.15=3.55（m） 左侧第一分歧管至第二分歧管之间长度 =2.35m 左侧第二分歧管至第三分歧管之间长度 =2.63m 左侧第三分歧管至第四分歧管之间长度 =2.95m	m	23.55
		$\phi12.7$	左侧第四分歧管至管道井长度 =1.3+4.99=6.29（m） 立管：一层管道井至屋面层长度 =8m	m	14.29

续表

序号	项目名称	规格型号	计算式	单位	数量
2.1	铜管	φ15.88	左上室内机 NJ-80 引出长度 =0.4+1.29+3.28=4.97（m） 中上室内机 NJ-80 引出长度 =0.81+1.29=2.1（m） 中下室内机 NJ-80 引出长度 =0.4+3.15=3.55（m） 右上室内机 NJ-71 引出长度 =0.4+1.05=1.45（m） 右下室内机 NJ-80 引出长度 =0.4+3.15=3.55（m）	m	15.62
		φ19.05	左侧第一分歧管至第二分歧管之间长度 =2.35m	m	2.35
		φ22.2	左侧第二分歧管至第三分歧管之间长度 =2.63m 左侧第三分歧管至第四分歧管之间长度 =2.95m	m	5.58
		φ25.4	左侧第四分歧管至管道井之间长度 =1.3+4.99=6.29（m） 立管：一层管道井至屋面层长度 =8m	m	14.29
2.2	分歧管			个	8.00
2.3	橡塑保温管	15mm	φ6.35-φ15.88 公式：$V=L\pi（D+1.033\delta）\times1.033\delta$	m³	0.072
		20mm	φ15.88-φ38.1 公式：$V=L\pi（D+1.033\delta）\times1.033\delta$	m³	0.064
3	冷凝水系统				
3.1	聚氯乙烯管（PVCU）	De32	干管：0.15+3.58+2.41=6.14（m） 支管：左上室内机 NJ-80 引出长度 =0.25+0.86=1.11（m） 中上室内机 NJ-80 引出长度 =0.65+0.86=1.51（m） 中下室内机 NJ-80 引出长度 =0.25+3.41=3.66（m） 右上室内机 NJ-71 引出长度 =0.25+0.72=0.97（m） 右下室内机 NJ-80 引出长度 =0.25+3.41=3.66（m）	m	17.05
		De40	干管：3.29+3.01+0.22+4.14=10.66（m）	m	10.66
3.2	聚氯乙烯管（PVCU）弯头	De32		个	5
3.3	聚氯乙烯管（PVCU）三通	De32×32×32		个	3
		De40×40×32		个	2
		De40×40×40		个	1
3.4	橡塑保温管	15mm	$V=L\pi（D+1.033\delta）\times1.033\delta$	m³	0.068
4	空调风系统				
4.1	镀锌钢板送风管	1000×200	长度 =3.10+1+2.77+2.77=9.64（m）	m²	23.14
		830×140	长度 =3.39m	m²	6.58
4.2	镀锌钢板回风管	1000×250	长度 =1.08×4=4.32（m）	m²	10.80
		830×230	长度 =0.96m	m²	2.04
4.3	风管帆布软连接	1000×200	长度 =0.2m×4=0.8（m）	m²	1.92
		830×140	长度 =0.2m	m²	0.39
		1000×250	长度 =0.2m×4=0.8（m）	m²	2
		830×230	长度 =0.2m	m²	0.42
4.4	橡塑保温板	30mm	$V=2\delta（A+B+2\delta）$	m³	1.34

续表

序号	项目名称	规格型号	计算式	单位	数量
4.5	送风口	方形散流器 350×350	NJ-80	个	4
		方形散流器 400×400	NJ-71	个	1
4.6	回风口	单层百叶风口 800×400	NJ-80	个	4
		单层百叶风口 600×400	NJ-71	个	1
4.7	风口软连接	350×350	长度=0.2m×4=0.8（m）	m²	1.12
		400×400	长度=0.2m	m²	0.32
		800×400	长度=0.2m×4=0.8（m）	m²	1.92
		600×400	长度=0.2m	m²	0.40
二			二层多联机系统		
1	设备				
	天花板内置低静压风管机	NJ-80	办公室	台	3
	天花板内置低静压风管机	NJ-56	办公室、接待室	台	2
	天花板内置低静压风管机	NJ-28	办公室	台	1
2	冷媒管系统				
2.1	铜管	φ6.35	接待室室内机NJ-56引出长度=2.84+2.04=4.88（m） 办公室室内机NJ-56引出长度=2.74m 办公室室内机NJ-28引出长度=0.4+2.42=2.82（m）	m	10.44
		φ9.53	办公室室内机NJ-80引出长度=（0.4+2.7）×3=9.3（m） 左侧第一分歧管至第二分歧管之间长度=3.94m 左侧第二分歧管至第三分歧管之间长度=0.6m 左侧第三分歧管至第四分歧管之间长度=1.38m 左侧第四分歧管至第五分歧管之间长度=3.17m	m	18.39
		φ12.7	办公室室内机NJ-28引出长度=0.4+2.42=2.82（m） 左侧第五分歧管至管道井长度=1.39+4.99=6.38（m） 立管：二层管道井至屋面层长度=4.1m	m	13.30
		φ15.88	接待室室内机NJ-56引出长度=2.84+2.04=4.88（m） 办公室室内机NJ-56引出长度=2.74m 办公室室内机NJ-80引出长度=（0.4+2.7）×3=9.3（m） 左侧第一分歧管至第二分歧管之间长度=3.94m	m	20.86
		φ19.05	左侧第二分歧管至第三分歧管之间长度=0.6m	m	0.60
		φ22.2	左侧第三分歧管至第四分歧管之间长度=1.38m 左侧第四分歧管至第五分歧管之间长度=3.17m	m	4.55

续表

序号	项目名称	规格型号	计算式	单位	数量
2.1	铜管	$\phi25.4$	左侧第五分歧管至管道井长度 =1.39+4.99=6.38（m） 立管：二层管道井至屋面层长度 =4.1m	m	10.48
2.2	分歧管			个	10
2.3	橡塑保温管	15mm	$\phi6.35{-}\phi15.88$ 公式：$V=L\pi（D+1.033\delta）\times1.033\delta$	m³	0.084
		20mm	$\phi15.88{-}\phi38.1$ 公式：$V=L\pi（D+1.033\delta）\times1.033\delta$	m³	0.078
3	冷凝水系统				
3.1	聚氯乙烯管（PVCU）	$De32$	干管：0.35+1.76+4.59=6.7（m） 支管：接待室室内机 NJ-56 引出长度 =2.53m 办公室室内机 NJ-56 引出长度 =2.53m 办公室室内机 NJ-28 引出长度 =0.25+2.08=2.33（m） 办公室室内机 NJ-80 引出长度 =（0.25+2.97）×3=9.66（m）	m	23.75
		$De40$	干管：2.72+2.89+0.34+1.12=7.07（m）	m	7.07
3.2	聚氯乙烯管（PVCU）弯头	$De32$		个	4
3.3	聚氯乙烯管（PVCU）三通	$De32\times32\times32$		个	2
		$De40\times32\times32$		个	1
		$De40\times40\times32$		个	3
		$De40\times40\times40$		个	1
3.4	橡塑保温管	15mm	$V=L\pi（D+1.033\delta）\times1.033\delta$	m³	0.074
4	空调风系统				
4.1	镀锌钢板送风管	1000×200	长度 =3.19+3.19+3.19=9.57（m）	m²	22.97
		830×140	长度 =3.18+3.18=6.36（m）	m²	6.52
		600×150	长度 =1.61m	m²	2.42
4.2	镀锌钢板回风管	1000×250	长度 =1.08+1.08+1.08=3.24（m）	m²	8.10
		850×230	长度 =0.96+0.96=1.92（m）	m²	4.15
		600×250	长度 =0.43m	m²	0.73
4.3	风管帆布软连接	1000×200	长度 =0.2m×3=0.6（m）	m²	1.44
		830×140	长度 =0.2m×2=0.4（m）	m²	0.78
		600×150	长度 =0.2m	m²	0.30
		1000×250	长度 =0.2m×3=0.6（m）	m²	1.50
		850×230	长度 =0.2m×2=0.4（m）	m²	0.86
		600×250	长度 =0.2m	m²	0.34
4.4	橡塑保温板	30mm	$V=2\delta（A+B+2\delta）$	m³	1.42

序号	项目名称	规格型号	计算式	单位	数量
4.5	送风口	方形散流器 300×300	NJ-28	个	1
		方形散流器 350×350	NJ-80	个	3
		方形散流器 400×400	NJ-56	个	2
4.6	回风口	单层百叶风口 500×250	NJ-28	个	1
		单层百叶风口 800×400	NJ-80	个	3
		单层百叶风口 600×400	NJ-56	个	2
4.7	风口软连接	300×300	长度 =0.2m	m²	0.24
		350×350	长度 =0.2m×3=0.6（m）	m²	0.84
		400×400	长度 =0.2m×2=0.4（m）	m²	0.64
		500×250	长度 =0.2m	m²	0.30
		800×400	长度 =0.2m×3=0.6（m）	m²	1.44
		600×400	长度 =0.2m×2=0.4（m）	m²	0.80
三			三层多联机系统		
1	设备				
1.1	天花板内置低静压风管机	NJ-80	办公室	台	3
	天花板内置低静压风管机	NJ-56	办公室、接待室	台	2
	天花板内置低静压风管机	NJ-28	办公室	台	1
2	冷媒管系统				
2.1	铜管	φ6.35	接待室室内机 NJ-56 引出长度 =2.84+2.04=4.88（m） 办公室室内机 NJ-56 引出长度 =2.74m 办公室室内机 NJ-28 引出长度 =0.4+2.42=2.82（m）	m	10.44
		φ9.53	办公室室内机 NJ-80 引出长度 =（0.4+2.7）×3=9.3（m） 左侧第一分歧管至第二分歧管之间长度 =3.94m 左侧第二分歧管至第三分歧管之间长度 =0.6m 左侧第三分歧管至第四分歧管之间长度 =1.38m 左侧第四分歧管至第五分歧管之间长度 =3.17m	m	18.39
		φ12.7	办公室室内机 NJ-28 引出长度 =0.4+2.42=2.82（m） 左侧第五分歧管至管道井长度 =1.39+4.99=6.38（m） 立管：二层管道井至屋面层长度 =0.6m	m	9.80

续表

序号	项目名称	规格型号	计算式	单位	数量
2.1	铜管	ϕ15.88	接待室室内机 NJ-56 引出长度 =2.84+2.04=4.88（m） 办公室室内机 NJ-56 引出长度 =2.74m 办公室室内机 NJ-80 引出长度 =（0.4+2.7）×3=9.3（m） 左侧第一分歧管至第二分歧管之间长度 =3.94m	m	20.86
		ϕ19.05	左侧第二分歧管至第三分歧管之间长度 =0.6m	m	0.60
		ϕ22.2	左侧第三分歧管至第四分歧管之间长度 =1.38m 左侧第四分歧管至第五分歧管之间长度 =3.17m	m	4.55
		ϕ25.4	左侧第五分歧管至管道井长度 =1.39+4.99=6.38（m） 立管：二层管道井至屋面层长度 =0.6m	m	6.98
2.2	分歧管			个	10
2.3	橡塑保温管	15mm	ϕ6.35-ϕ15.88 公式：$V=L\pi（D+1.033\delta）×1.033\delta$	m³	0.084
		20mm	ϕ15.88-ϕ38.1 公式：$V=L\pi（D+1.033\delta）×1.033\delta$	m³	0.078
3	冷凝水系统				
3.1	聚氯乙烯管 （PVCU）	De32	干管：0.35+1.76+4.59=6.7（m） 支管： 接待室室内机 NJ-56 引出长度 =2.53m 办公室室内机 NJ-56 引出长度 =2.53m 办公室室内机 NJ-28 引出长度 =0.25+2.08=2.33（m） 办公室室内机 NJ-80 引出长度 =（0.25+2.97）×3=9.66（m）	m	23.75
		De40	干管：2.72+2.89+0.34+1.12=7.07（m）	m	7.07
3.2	聚氯乙烯管 （PVCU）弯头	De32		个	4
3.3	聚氯乙烯管 （PVCU）三通	De32×32×32		个	2
		De40×32×32		个	1
		De40×40×32		个	3
		De40×40×40		个	1
3.4	橡塑保温管	15mm	$V=L\pi（D+1.033\delta）×1.033\delta$	m³	0.07
4	空调风系统				
4.1	镀锌钢板 送风管	1000×200	长度 =3.19+3.19+3.19=9.57（m）	m²	22.97
		830×140	长度 =3.18+3.18=6.36（m）	m²	6.52
		600×150	长度 =1.61m	m²	2.42
4.2	镀锌钢板回 风管	1000×250	长度 =1.08+1.08+1.08=3.24（m）	m²	8.10
		850×230	长度 =0.96+0.96=1.92（m）	m²	4.15
		600×250	长度 =0.43m	m²	0.73

续表

序号	项目名称	规格型号	计算式	单位	数量
4.3	风管帆布软连接	1000×200	长度 =0.2m×3=0.6（m）	m²	1.44
		830×140	长度 =0.2m×2=0.4（m）	m²	0.78
		600×150	长度 =0.2m	m²	0.30
		1000×250	长度 =0.2m×3=0.6（m）	m²	1.50
		850×230	长度 =0.2m×2=0.4（m）	m²	0.86
		600×250	长度 =0.2m	m²	0.34
4.4	橡塑保温板	30mm	$V=2\delta（A+B+2\delta）$	m³	1.42
4.5	送风口	方形散流器 300×300	NJ–28	个	1
		方形散流器 350×350	NJ–80	个	3
		方形散流器 400×400	NJ–56	个	2
4.6	回风口	单层百叶风口 500×250	NJ–28	个	1
		单层百叶风口 800×400	NJ–80	个	3
		单层百叶风口 600×400	NJ–56	个	2
4.7	风口软连接	300×300	长度 =0.2m	m²	0.24
		350×350	长度 =0.2m×3=0.6（m）	m²	0.84
		400×400	长度 =0.2m×2=0.4（m）	m²	0.64
		500×250	长度 =0.2m	m²	0.30
		800×400	长度 =0.2m×3=0.6（m）	m²	1.44
		600×400	长度 =0.2m×2=0.4（m）	m²	0.80
四			屋面层多联机系统		
1	设备				
1.1	室外机	WJ–400	屋面	台	3
2	冷媒管系统				
2.1	铜管	ϕ12.7	K1 系统长度 =2.332+10.89+1.906（m） K2 系统长度 =2.182+9.63+2.056（m） K3 系统长度 =2.032+8.37+2.206（m）	m	41.60
		ϕ25.4	K1 系统长度 =2.332+10.89+1.906（m） K2 系统长度 =2.182+9.63+2.056（m） K3 系统长度 =2.032+8.37+2.206（m）	m	41.60

续表

序号	项目名称	规格型号	计算式	单位	数量
2.2	橡塑保温管	15mm	$\phi 6.35 - \phi 15.88$ 公式：$V=L\pi（D+1.033\delta）\times 1.033\delta$	m³	0.055
		20mm	$\phi 15.88 - \phi 38.1$ 公式：$V=L\pi（D+1.033\delta）\times 1.033\delta$	m³	0.124
五			排烟系统		
1	排烟风机	500m³/h	一层通风、空调设备间	个	1
2	排风扇	180m³/h	一层无障碍卫生间；二层男卫生间；三层女卫生间	个	3
3	镀锌钢板送风管	250×200	一层通风、空调设备间，长度=2.7m	m²	2.43
4	金属波纹软风管	DN120	一层无障碍卫生间，长度=1m 二层男卫生间，长度=0.6m 三层女卫生间，长度=0.6m	m	2.2
5	防雨百叶风口	250×200	一层通风、空调设备间	个	1
		120×120	一层无障碍卫生间	个	1
6	单百叶风口	250×200	一层通风、空调设备间	个	1
7	止回风阀	250×200	一层通风、空调设备间	个	1
8	70℃防火阀	DN120	一层无障碍卫生间；二层男卫生间；三层女卫生间	个	3
9	风口软连接	250×200	一层通风、空调设备间长度=0.5m	m²	0.45

表 6.4　定额工程量汇总表

专业工程名称：便民服务中心暖通空调工程

序号	项目名称	单位	数量
1	室外机 WJ-400	台	3
2	天花板内置低静压风管机 NJ-80	台	10
3	天花板内置低静压风管机 NJ-71	台	1
4	天花板内置低静压风管机 NJ-56	台	4
5	天花板内置低静压风管机 NJ-28	台	2
6	排烟风机	台	1
7	排风扇	台	3
8	铜管 $\phi 6.35$	m	20.88
9	铜管 $\phi 9.53$	m	60.33
10	铜管 $\phi 12.7$	m	78.99
11	铜管 $\phi 15.88$	m	57.34

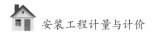

续表

序号	项目名称	单位	数量
12	铜管 ϕ19.05	m	3.55
13	铜管 ϕ22.2	m	14.68
14	铜管 ϕ25.4	m	73.35
15	分歧管	个	28
16	聚氯乙烯管（PVCU）De32	m	64.55
17	聚氯乙烯管（PVCU）De40	m	24.8
18	聚氯乙烯管（PVCU）弯头 De32	个	13
19	聚氯乙烯管（PVCU）三通 De32×32×32	个	7
20	聚氯乙烯管（PVCU）三通 De40×32×32	个	1
21	聚氯乙烯管（PVCU）三通 De40×40×32	个	8
22	聚氯乙烯管（PVCU）三通 De40×40×40	个	3
23	橡塑保温管 15mm	m³	0.511
24	橡塑保温管 20mm	m³	0.344
25	镀锌钢板矩形风管	m²	134.74
26	金属波纹软风管	m	2.20
27	帆布软连接	m²	28.44
28	橡塑保温板 30mm	m³	4.18
29	方形散流器 300×300	个	2
30	方形散流器 350×350	个	10
31	方形散流器 400×400	个	5
32	单层百叶风口 250×200	个	1
33	单层百叶风口 500×250	个	2
34	单层百叶风口 600×400	个	5
35	单层百叶风口 800×400	个	10
36	防雨百叶风口 250×200	个	1
37	防雨百叶风口 120×120	个	1
38	止回风阀 250×200	个	1
39	70℃防火阀	个	3
40	铜管氮气吹扫	m	309.12
41	设备支架	kg	188
42	管道支架	kg	63.11

6.3.2　定额内容及注意事项

定额模式下的施工图预算编制应使用各地区现行的安装工程预算定额和相应的材料价格。本部分内容主要引用 2016 年版《天津市安装工程预算基价》第九册《通风、空调工程》。

1．定额内容

本册包括碳钢通风管道制作安装、调节阀制作安装、风口制作安装、风帽制作安装、罩类制作安装、消声器制作安装、空调部件及设备支架制作安装、通风空调设备安装、净化通风管道及部件制作安装、不锈钢板通风管道及部件制作安装、铝板通风管道及部件制作安装、塑料通风管道及部件制作安装、玻璃钢通风管道及部件制作安装、复合型风管制作安装、器具安装、人防设备安装等 15 章，共 441 条基价子目。

2．定额的适用范围

本计价适用于新建、扩建工程中的通风空调工程。

3．定额项目费用的系数规定

1）系统调试费按系统工程人工费的 7% 计取，其中人工费占 35%，包括漏风量测试和漏光法测试费用。

2）脚手架措施费按分部分项工程费中人工费的 4% 计取，其中人工费占 35%。

3）本册基价的操作物高度是按距离楼地面 6.0m 考虑的。当操作物高度超过 6.0m 时，操作高度增加费按照超过部分人工费乘以系数 0.20 计取，全部记为人工费。

4）建筑物超高增加费的计取：以包括 6 层或 20m 以内（不包括地下室）的分部分项工程费中人工费为计算基数，乘以表 6.5 中系数（其中人工费占 65%）。

表 6.5　高层建筑增加费计取

层数	9 层以内（30m）	12 层以内（40m）	15 层以内（50m）	18 层以内（60m）	21 层以内（70m）
以人工费为计算基数	1%	2%	3%	5%	7%
层数	24 层以内（80m）	27 层以内（90m）	30 层以内（100m）	33 层以内（110m）	36 层以内（120m）
以人工费为计算基数	9%	11%	13%	15%	17%

注：120m 以外可参照此表相应递增。

5）安装与生产同时进行，降效增加费按分部分项工程费中人工费的 10% 计取，全部记为人工费。

6）在有害身体健康的环境中施工，降效增加费按分部分项工程费中人工费的 10% 计取，全部为人工费。

任务训练 4

按照安装工程费用的组成，在本项目（附录 5）通风空调工程定额工程量计算基础上，完成以下各项费用的计算，并填写在"定额计价学生训练手册"相应费用计算表中。

1）参照附录 5（常用定额计价表），依次列出该通风空调工程中所用到的主要材料费用。

2）对该工程进行计价时是否要考虑操作高度增加费？

3）对该工程是否应计取建筑物超高增加费？

4）参照附录 5（常用定额计价表），计算各分部分项工程费。

5）该工程实施过程中应计取哪些措施费？各措施费应如何计算？

6）完成该通风空调工程费用汇总表。

【定额计价示例】

该工程主要材料费用计算表、分部分项工程计价表（预算子目）、措施项目（一）预（结）算计价表、施工图预（结）算计价汇总表分别见表 6.6～表 6.9。

表 6.6 主要材料费用表

专业工程名称：便民服务中心暖通空调工程

序号	材料名称及规格	单位	数量	单价/元	金额/元
1	室外机 WJ-400	台	3	25000	75000
2	天花板内置低静压风管机 NJ-80	台	10	3000	30000
3	天花板内置低静压风管机 NJ-71	台	1	2850	2850
4	天花板内置低静压风管机 NJ-56	台	4	2700	10800
5	天花板内置低静压风管机 NJ-28	台	2	2100	4200
6	排烟风机 500m³/h	台	1	2000	2000
7	排风扇 180m³/h	台	3	150	450
8	铜管 ϕ6.35	m	20.88×1.02=21.2976	9	191.68
9	铜管 ϕ9.53	m	60.33×1.02=61.5366	15	923.05
10	铜管 ϕ12.7	m	78.99×1.02=80.5698	20	1611.4
11	铜管 ϕ15.88	m	57.34×1.02=58.4868	30	1754.6
12	铜管 ϕ19.05	m	3.55×1.02=3.621	35	126.74

序号	材料名称及规格	单位	数量	单价/元	金额/元
13	铜管 ϕ22.2	m	14.68×1.02=14.9736	45	673.81
14	铜管 ϕ25.4	m	73.35×1.02=74.817	52	3890.48
15	分歧管	个	28×1.01=28.28	45	1272.6
16	聚氯乙烯管（PVCU）De32	m	64.55×1.02=65.841	5	329.21
17	聚氯乙烯管（PVCU）De40	m	24.8×1.02=25.296	7	177.07
18	硬聚氯乙烯管接头零件 DN32mm	个	64.55×0.803=51.83365	1.50	77.75
19	硬聚氯乙烯管接头零件 DN40mm	个	24.8×0.716=17.7568	2.50	44.39
20	橡塑保温管 15mm	m³	0.511×1.03=0.52633	1250	657.91
21	橡塑保温管 20mm	m³	0.344×1.03=0.35432	1300	460.62
22	镀锌钢板矩形风管（δ=1.2mm 以内咬口）周长（2000mm 以内）	m²	28.34×1.138=32.2509	55	1773.8
23	镀锌钢板矩形风管（δ=1.2mm 以内咬口）周长（4000mm 以内）	m²	106.4×1.138=121.083	55	6659.58
24	金属波纹软风管 DN120	m	2.20	400	880
25	橡塑保温板 30mm	m³	4.18×1.08=4.5144	1400	6320.16
26	方形散流器 300mm×300mm	个	2	22	44
27	方形散流器 350mm×350mm	个	10	25	250
28	方形散流器 400mm×400mm	个	5	30	150
29	单层百叶风口 250mm×200mm	个	1	15	15
30	单层百叶风口 500mm×250mm	个	2	40	80
31	单层百叶风口 600mm×400mm	个	5	55	275
32	单层百叶风口 800mm×400mm	个	10	65	650
33	防雨百叶风口 250mm×200mm	个	1	15	15
34	防雨百叶风口 120mm×120mm	个	1	12	12
35	止回风阀 250mm×200mm	个	1	45	45
36	70℃防火阀 DN120	个	3	115	345
37	型钢	t	0.6311×0.106=0.066897	4395.95	294.08
合计					155299.93

表 6.7　分部分项工程计价表（预算子目）

专业工程名称：便民服务中心暖通空调工程

金额单位：元

序号	定额编号	工程及费用名称	工程量		工程造价	未计价材料费		总价分析							
			单位	数量	合价	单价	合价	人工费		材料费		机械费		管理费	
								单价	合价	单价	合价	单价	合价	单价	合价
1	9-298	落地式空调器（质量 1.0t 以内）	台	3	3609.39			1047.20	3141.60	8.17	24.51	0.00	0.00	147.76	443.28
		室外机 WJ-400	台	3	75000.00	25000.00	75000.00								
2	9-295	吊顶式空调器（质量 0.15t 以内）	台	10	1663.30			138.60	1386.00	8.17	81.70	0.00	0.00	19.56	195.60
		天花板内置低静压风管机 NJ-80	台	10	30000.00	3000.00	30000.00								
3	9-295	吊顶式空调器（质量 0.15t 以内）	台	1	166.33			138.60	138.60	8.17	8.17	0.00	0.00	19.56	19.56
		天花板内置低静压风管机 NJ-71	台	1	2850.00	2850.00	2850.00								
4	9-295	吊顶式空调器（质量 0.15t 以内）	台	4	665.32			138.60	554.40	8.17	32.68	0.00	0.00	19.56	78.24
		天花板内置低静压风管机 NJ-56	台	4	10800.00	2700.00	10800.00								
5	9-295	吊顶式空调器（质量 0.15t 以内）	台	2	332.66			138.60	277.20	8.17	16.34	0.00	0.00	19.56	39.12
		天花板内置低静压风管机 NJ-28	台	2	4200.00	2100.00	4200.00								
6	9-282	轴流通风机（风量 8900m³/h）	台	1	108.42			91.63	91.63	3.86	3.86	0.00	0.00	12.93	12.93
		排烟风机 500m³/h	台	1	2000.00	2000.00	2000.00								
7	9-290	卫生间通风器安装	台	3	39.54			11.55	34.65	0.00	0.00	0.00	0.00	1.63	4.89
		排风嘴 180m³/h	台	3	450.00	150.00	450.00								
8	8-187	室内管道铜管（氧乙炔焊）（铜管 管外径 20mm 以内）	10m	2.09	187.03			72.38	151.27	6.90	14.42	0.00	0.00	10.21	21.34

续表

序号	定额编号	工程及费用名称	工程量		工程造价	未计价材料费		总价分析							
								人工费		材料费		机械费		管理费	
			单位	数量	合价	单价	合价	单价	合价	单价	合价	单价	合价	单价	合价
		铜管 φ6.35	m	21.30	191.68	9.00	191.68								
9	8-187	室内管道 铜管（氧乙炔焊）（铜管 管外径 20mm 以内）	10m	6.033	539.90			72.38	436.67	6.90	41.63	0.00	0.00	10.21	61.60
		铜管 φ9.53	m	61.54	923.05	15.00	923.05								
10	8-187	室内管道 铜管（氧乙炔焊）（铜管 管外径 20mm 以内）	10m	7.90	706.88			72.38	571.80	6.90	54.51	0.00	0.00	10.21	80.65
		铜管 φ12.7	m	80.57	1611.40	20.00	1611.40								
11	8-187	室内管道 铜管（氧乙炔焊）（铜管 管外径 20mm 以内）	10m	5.73	513.14			72.38	414.74	6.90	39.54	0.00	0.00	10.21	58.50
		铜管 φ15.88	m	58.49	1754.60	30.00	1754.60								
12	8-187	室内管道 铜管（氧乙炔焊）（铜管 管外径 20mm 以内）	10m	0.36	31.77			72.38	25.69	6.90	2.48	0.00	0.00	10.21	3.62
		铜管 φ19.05	m	3.621	126.74	35.00	126.74								
13	8-188	室内管道 铜管（氧乙炔焊）（铜管 管外径 30mm 以内）	10m	1.468	146.57			85.47	125.47	2.31	3.39	0.00	0.00	12.06	17.70
		铜管 φ22.2	m	14.9736	673.81	45.00	673.81								
14	8-188	室内管道铜管（氧乙炔焊）（铜管 管外径 30mm 以内）	10m	7.335	732.33			85.47	626.92	2.31	16.94	0.00	0.00	12.06	88.46
		铜管 φ25.4	m	74.817	3890.48	52.00	3890.48								
15	8-200	室内管道 铜管（氧乙炔焊）（管件 管外径 20mm 以内）	10个	2.8	520.94			145.53	407.48	19.90	55.97	0.00	0.00	20.53	57.48
		分歧管	个	28.28	1272.60	45.00	1272.60								0.00
16	8-278	室内管道 硬聚氯乙烯管（黏接连接）De=32mm	10m	6.455	788.41			100.87	651.12	7.04	45.44	0.00	0.00	14.23	91.85
		硬聚氯乙烯管接头零件 De=32mm	个	51.83365	77.75	1.50	77.75								

续表

序号	定额编号	工程及费用名称	工程量 单位	工程量 数量	工程造价 合价	未计价材料费 单价	未计价材料费 合价	人工费 单价	人工费 合价	材料费 单价	材料费 合价	机械费 单价	机械费 合价	管理费 单价	管理费 合价
17	8-279	室内管道 硬聚乙烯管（粘接连接）$De=40mm$	10m	2.48	337.75			119.35	295.99	0.00	0.00	0.00	0.00	16.84	41.76
		硬聚乙烯管 $De=32mm$	m	65.841		5.00	329.21								
		硬聚氯乙烯管接头零件 $De=40mm$	个	17.7568	44.39	2.50	44.39								
		硬聚氯乙烯管 $De=40mm$	m	25.296	177.07	7.00	177.07								
18	11-539	橡塑保温管壳（管道）（安装管道 $D57mm$ 以内）	m³	0.511	391.22			448.83	229.35	253.44	129.51	0.00	0.00	63.33	32.36
		橡塑海绵 15mm	m³	0.52633	657.91	1250.00	657.91								
19	11-539	橡塑保温管壳（管道）（安装管道 $D57mm$ 以内）	m³	0.344	263.37			448.83	154.40	253.44	87.18	0.00	0.00	63.33	21.79
		橡塑海绵 20mm	m³	0.35432	460.62	1300.00	460.62								
20	9-6	镀锌薄钢板矩形风管（$\delta=1.2mm$ 以内咬口）（周长 2000mm 以内）	10m²	2.834	2490.32			511.28	1448.97	270.79	767.42	24.52	69.49	72.14	204.44
		镀锌钢板 $\delta1.2$	m²	32.25092	1773.80	55.00	1773.80								
21	9-7	镀锌薄钢板矩形风管（$\delta=1.2mm$ 以内咬口）（周长 4000mm 以内）	10m²	10.64	7189.24			384.23	4088.21	223.74	2380.59	13.50	143.64	54.21	576.79
		镀锌钢板 $\delta1.2$	m²	121.0832	6659.58	55.00	6659.58								
22	8-305	室内管道 金属软管 法兰连接（公称直径125mm 以内）	m	2.2	554.33			48.51	106.72	187.41	412.30	9.21	20.26	6.84	15.05
		金属软管 $DN125$	m	2.2	880.00	400.00	880.00								
23	11-551	橡塑板（风管）安装 风管（橡塑板厚度 32mm 以内）	m³	4.18	2913.13			438.90	1834.60	196.09	819.66	0.00	0.00	61.93	258.87
		橡塑板 30mm	m³	4.5144	6320.16	1400.00	6320.16								

总价分析

续表

序号	定额编号	工程及费用名称	工程量		工程造价	未计价材料费		总价分析							
								人工费		材料费		机械费		管理费	
			单位	数量	合价	单价	合价	单价	合价	单价	合价	单价	合价	单价	合价
24	9-156	方形散流器安装周长（2000mm以内）	个	2	72.68			27.72	55.44	4.71	9.42		0.00	3.91	7.82
		方形散流器 300mm×300mm	个	2	44.00	22.00	44.00								
25	9-156	方形散流器安装周长（2000mm以内）	个	10	363.40			27.72	277.20	4.71	47.10		0.00	3.91	39.10
		方形散流器 350mm×350mm	个	10	250.00	25.00	250.00								
26	9-156	方形散流器安装周长（2000mm以内）	个	5	181.70			27.72	138.60	4.71	23.55		0.00	3.91	19.55
		方形散流器 400mm×400mm	个	5	150.00	30.00	150.00								
27	9-141	百叶风口安装周长（900mm以内）200mm	个	1	19.71			13.86	13.86	3.11	3.11	0.24	0.24	1.96	1.96
		单层百叶风口 250mm×200mm	个	1	15.00	15.00	15.00								
28	9-143	百叶风口安装周长（1800mm以内）	个	2	90.70			34.65	69.30	5.57	11.14	0.24	0.48	4.89	9.78
		单层百叶风口 500mm×250mm	个	2	80.00	40.00	80.00								
29	9-144	百叶风口安装周长（2500mm以内）	个	5	338.65			52.36	261.80	7.74	38.70	0.24	1.20	7.39	36.95
		单层百叶风口 600mm×400mm	个	5	275.00	55.00	275.00								
30	9-144	百叶风口安装周长（2500mm以内）	个	10	677.30			52.36	523.60	7.74	77.40	0.24	2.40	7.39	73.90
		单层百叶风口 800mm×400mm	个	10	650.00	65.00	650.00								
31	9-141	百叶风口安装周长（900mm以内）	个	1	19.17			13.86	13.86	3.11	3.11	0.24	0.24	1.96	1.96

续表

序号	定额编号	工程及费用名称	工程量		工程造价	未计价材料费		总价分析							
			单位	数量	合价	单价	合价	人工费		材料费		机械费		管理费	
								单价	合价	单价	合价	单价	合价	单价	合价
		防雨百叶风口 250mm×200mm	个	1	15.00	15.00	15.00								
32	9-141	百叶风口安装周长（900mm以内）	个	1	19.71			13.86	13.86	3.11	3.11	0.24	0.24	1.96	1.96
		防雨百叶风口 120mm×120mm	个	1	12.00	12.00	12.00								
33	9-26	软管接口	m²	28.44	9359.32			125.51	3569.50	183.54	5219.88	2.33	66.27	17.71	503.67
34	9-85	圆形、方形风管止回阀安装周长（800mm以内）	个	1	27.38			19.25	19.25	5.41	5.41	0.00	0.00	2.72	2.72
		止回风阀 250mm×200mm	个	1	45.00	45.00	45.00								
35	9-96	风管防火阀安装周长（2200mm以内）	个	3	99.78			16.17	48.51	14.81	44.43	0.00	0.00	2.28	6.84
		70℃防火阀 DN120	个	3	345.00	115.00	345.00								
36	6-2525	空气吹扫（公称直径50mm以内）	100m	3.092	618.89			111.65	345.22	46.05	142.39	26.71	82.59	15.75	48.70
37	9-271	设备支架50kg以内	100kg	0.68	776.42			529.76	360.24	509.36	346.36	27.93	18.99	74.75	50.83
38	9-272	设备支架50kg以外	100kg	1.2	928.81			249.48	299.38	473.47	568.16	15.86	19.03	35.20	42.24
39	8-318	一般管架制作安装	100kg	0.6311	963.37			780.78	492.75	294.73	186.00	340.82	215.09	110.17	69.53
		型钢	t	0.066897	294.08	4395.95	294.08								
40	11-103	金属结构刷油 红丹防锈漆第一遍	100kg	1.8749	59.49			15.40	28.87	14.16	26.55	0.00	0.00	2.17	4.07
41	11-104	金属结构刷油 红丹防锈漆第二遍	100kg	1.8749	51.50			13.86	25.99	11.65	21.84			1.96	3.67
42	11-113	金属结构刷油 调和漆第二遍	100kg	1.8749	43.05			13.86	25.99	7.14	13.39			1.96	3.67
		合计			39602.50		155149.93		23777.06		118293.1		640.16		3354.89

注："合价"数据存在误差，是保留两位小数导致的。

表 6.8　措施项目（一）预（结）算计价表

专业工程名称：便民服务中心暖通空调工程

序号	项目名称	计算基础	费率 /%	金额 / 元	其中：人工费 / 元
1	安全文明施工措施费	人工费 + 材料费 + 机械费	1.2	2298.55	367.77
2	系统调试费	人工费		6657.50	675.90
（1）	系统调试费（第九册《通风、空调工程》）	人工费	13	3090.98	546.79
（2）	系统调试费（第八册《给排水、采暖、燃气工程》）	人工费	15	3566.52	129.11
3	脚手架措施费	人工费		1230.79	297.21
（1）	脚手架措施费（第九册《通风、空调工程》）			870.96	210.32
（2）	脚手架措施费（第八册《给排水、采暖、燃气工程》）			222.93	53.83
（3）	脚手架措施费（第十一册《刷油、防腐蚀、绝热工程》）			119.02	28.74
（4）	脚手架措施费（第六册《工业管道工程》）			17.88	4.32
	本页小计	（1）+（2）+（3）		10186.84	1340.88
	本表合计［结转至施工图预（结）算计价汇总表］	（1）+（2）+（3）		10186.84	1340.88

表 6.9　施工图预（结）算计价汇总表

专业工程名称：便民服务中心暖通空调工程

序号	费用项目名称	计算公式	费率 /%	金额 / 元
1	分部分项工程项目预（结）算计价合计	∑（工程量 × 编制期预算基价）		194900.73
2	其中：人工费	∑（工程量 × 编制期预算基价中人工费）		23776.77
3	措施项目（一）预（结）算计价合计	∑施工措施项目（一）金额		10186.84
4	其中：人工费	∑施工措施项目（一）金额中人工费		1340.88
5	措施项目（二）预（结）算计价合计	∑施工措施项目（二）金额		0.00
6	其中：人工费	∑施工措施项目（二）金额中人工费		0.00
7	规费	［（2）+（4）+（6）］× 相应费率	44.21	11104.51
8	利润	［（2）+（4）+（6）］× 相应利润率	24.81	6231.69
9	其中：施工装备费	［（2）+（4）+（6）］× 相应施工装备费率	11	2762.94
10	税金	［（1）+（3）+（5）+（7）+（8）］× 征收率或税率	3	7562.41
11	含税造价	（1）+（3）+（5）+（7）+（8）+（10）		229986.18

任务 6.4 建筑通风、空调工程清单计量与计价

6.4.1 清单内容设置

建筑通风、空调安装工程清单工程量计算规则应以《通用安装工程工程量计算规范》（GB 50856—2013）附录 G "通风空调工程" 及相关内容为依据。

附录 G "通风空调工程" 中包括以下内容。

1）通风、空调设备及部件制作安装。

2）通风管道制作安装。

3）通风管道部件制作安装。

4）通风工程检测、调试。

5）相关问题及说明。

6.4.2 清单项目工程量计算方法

清单项目工程量的计算方法与定额工程量计算方法基本一致，只是在清单计价模式下，个别项目安装工程量需按照规范中规定的工程量计算规则进行计算。与定额工程量计算规则不同的是，除另有说明外，所有清单项目的工程量应以实体工程量为准，并以完成后的净值计算；投标人投标报价时，应在单价中考虑施工中的各种损耗和需要增加的工程量。

6.4.3 清单项目工程量计算规则

通风空调工程中通风管道支架的制作安装工程量计算规则与给排水清单工程量计算规则均相同，这里不再赘述。

（1）通风、空调设备及部件制作安装

通风、空调设备及部件制作安装工程量清单项目设置、项目特征描述的内容、计量单位及工程量计算规则，应按表 6.10 的规定执行。

表 6.10　通风、空调设备及部件制作安装（编码：030701）

项目编码	项目名称	项目特征	计量单位	工程量计算规则	工作内容
030701001	空气加热器（冷却器）	1. 名称 2. 型号 3. 规格 4. 质量 5. 安装形式 6. 支架形式、材质	台	按设计图示数量计算	1. 本体安装、调试 2. 设备支架制作、安装 3. 补刷（喷）油漆
030701002	除尘设备				1. 本体安装、调试 2. 设备支架制作、安装 3. 补刷（喷）油漆

续表

项目编码	项目名称	项目特征	计量单位	工程量计算规则	工作内容
030701003	空调器	1. 名称 2. 型号 3. 规格 4. 质量 5. 安装形式 6. 隔振垫（器）、支架形式、材质	台（组）	按设计图示数量计算	
030701004	风机盘管	1. 名称 2. 型号 3. 规格 4. 安装形式 5. 减振器、支架形式、材质 6. 试压要求	台	按设计图示数量计算	1. 本体安装、调试 2. 设备支架制作、安装 3. 试压 4. 补刷（喷）油漆
030701005	表冷器	1. 名称 2. 型号 3. 规格			1. 本体安装 2. 型钢制作、安装 3. 过滤器安装 4. 挡水板安装 5. 调试及运转 6. 补刷（喷）油漆
030701006	密闭门	1. 名称 2. 型号 3. 规格 4. 形式 5. 支架形式、材质	个		1. 本体制作 2. 本体安装 3. 支架制作、安装
030701007	挡水板				
030701008	滤水器、溢水盘				
030701009	金属壳体				
030701010	过滤器	1. 名称 2. 型号 3. 规格 4. 类型 5. 框架形式、材质	1. 台 2. m²	1. 以台计量，按设计图示数量计算 2. 以面积计量，按设计图示尺寸以过滤面积计算	1. 本体安装 2. 框架制作、安装 3. 补刷（喷）油漆
030701011	净化工作台	1. 名称 2. 型号 3. 规格 4. 类型	台	按设计图示数量计算	1. 本体安装 2. 补刷（喷）油漆
030701012	风淋室	1. 名称 2. 型号 3. 规格 4. 类型 5. 质量			1. 本体安装 2. 补刷（喷）油漆
030701013	洁净室				

续表

项目编码	项目名称	项目特征	计量单位	工程量计算规则	工作内容
030701014	除湿机	1. 名称 2. 型号 3. 规格 4. 类型	台	按设计图示数量计算	本体安装
030701015	人防过滤器吸收器	1. 名称 2. 规格 3. 形式 4. 材质 5. 支架形式、材质			1. 过滤吸收器安装 2. 支架制作、安装

（2）通风管道制作安装

通风管道制作安装工程量清单项目设置、项目特征描述的内容、计量单位及工程量计算规则应按表 6.11 的规定执行。

表 6.11　通风管道制作安装（编码：030702）

项目编码	项目名称	项目特征	计量单位	工程量计算规则	工作内容
030702001	碳钢通风管道	1. 名称 2. 材质 3. 形状 4. 规格 5. 板材厚度 6. 管件、法兰等附件及支架设计要求 7. 接口形式		按设计图示内径尺寸以展开面积计算	1. 风管、管件、法兰、零件、支吊架制作、安装 2. 过跨风管落地支架制作、安装
030702002	净化通风管道				
030702003	不锈钢板通风管道	1. 名称 2. 形状 3. 规格 4. 板材厚度 5. 管件、法兰等附件及支架设计要求 6. 接口形式	m²	按设计图示内径尺寸以展开面积计算	1. 风管、管件、法兰、零件、支吊架制作、安装 2. 过跨风管落地支架制作、安装
030702004	铝板通风管道				
030702005	塑料通风管道				
030702006	玻璃钢通风管道	1. 名称 2. 形状 3. 规格 4. 板材厚度 5. 支架形式、材质 6. 接口形式		按设计图示外径尺寸以展开面积计算	1. 风管、管件安装 2. 支吊架制作、安装 3. 过跨风管落地支架制作、安装

项目编码	项目名称	项目特征	计量单位	工程量计算规则	工作内容
030702007	复合型风管	1. 名称 2. 材质 3. 形状 4. 规格 5. 板材厚度 6. 接口形式 7. 支架形式、材质	m²	按设计图示外径尺寸以展开面积计算	1. 风管、管件安装 2. 支吊架制作、安装 3. 过跨风管落地支架制作、安装
030702008	柔性软风管	1. 名称 2. 材质 3. 规格 4. 风管接头、支架形式、材质	1. m 2. 节	1. 以米计量，按设计图示中心线长度计算 2. 以节计量，按设计图示数量计算	1. 风管安装 2. 风管接头安装 3. 支吊架制作、安装
030702009	弯头导流叶片	1. 名称 2. 材质 3. 规格 4. 形式	1. m² 2. 组	1. 以平方米计量，按设计图示尺寸以展开面积计算 2. 以组计量，按设计图示数量计算	1. 制作 2. 安装
030702010	风管检查孔	1. 名称 2. 材质 3. 规格	1. kg 2. 个	1. 以千克计量，按风管检查孔质量计算 2. 以个计量，按设计图示数量计算	1. 制作 2. 安装
030702011	温度、风量测定孔	1. 名称 2. 材质 3. 规格 4. 设计要求	个	按设计图示数量计算	1. 制作 2. 安装

（3）通风管道部件制作安装

通风管道部件制作安装工程工程量清单项目设置、项目特征描述的内容、计量单位及工程量计算规则，应按表 6.12 的规定执行。

表 6.12　通风管道部件制作安装（编码：030703）

项目编码	项目名称	项目特征	计量单位	工程量计算规则	工作内容
030703001	碳钢阀门	1. 名称 2. 型号 3. 规格 4. 质量 5. 类型 6. 支架形式、材质	个	按设计图示数量计算	1. 阀体制作 2. 阀体安装 3. 支架制作、安装

续表

项目编码	项目名称	项目特征	计量单位	工程量计算规则	工作内容
030703002	柔性软风管阀门	1. 名称 2. 规格 3. 材质 4. 类型			阀体安装
030703003	铝蝶阀	1. 名称 2. 规格 3. 质量 4. 类型			阀体安装
030703004	不锈钢蝶阀				
030703005	塑料阀门	1. 名称 2. 型号 3. 规格 4. 类型			
030703006	玻璃钢蝶阀				
030703007	碳钢风口、散流器、百叶窗	1. 名称 2. 型号 3. 规格 4. 质量 5. 类型 6. 形式	个	按设计图示数量计算	1. 风口制作、安装 2. 散流器制作、安装 3. 百叶窗安装
030703008	不锈钢风口、散流器、百叶窗	1. 名称 2. 型号 3. 规格 4. 质量 5. 类型 6. 形式			
030703009	塑料风口、散流器、百叶窗				
030703010	玻璃钢风口	1. 名称 2. 型号 3. 规格 4. 类型 5. 形式			风口安装
030703011	铝及铝合金风口、散流器				1. 风口制作、安装 2. 散流器制作、安装
030703012	碳钢风帽	1. 名称 2. 规格 3. 质量 4. 类型 5. 形式 6. 风帽筝绳、泛水设计要求			1. 风帽制作、安装 2. 筒形风帽滴水盘制作、安装 3. 风帽筝绳制作、安装 4. 风帽泛水制作、安装
030703013	不锈钢风帽				
030703014	塑料风帽				
030703015	铝板伞形风帽				1. 板伞形风帽制作、安装 2. 风帽筝绳制作、安装 3. 风帽泛水制作、安装
030703016	玻璃钢风帽				1. 玻璃钢风帽安装 2. 筒形风帽滴水盘安装 3. 风帽筝绳安装 4. 风帽泛水安装

续表

项目编码	项目名称	项目特征	计量单位	工程量计算规则	工作内容
030703017	碳钢罩类	1. 名称 2. 型号 3. 规格 4. 质量 5. 类型 6. 形式	个	按设计图示数量计算	1. 罩类制作 2. 罩类安装
030703018	塑料罩类				
030703019	柔性接口	1. 名称 2. 规格 3. 材质 4. 类型 5. 形式	m²	按设计图示尺寸以展开面积计算	1. 柔性接口制作 2. 柔性接口安装
030703020	消声器	1. 名称 2. 规格 3. 材质 4. 形式 5. 质量 6. 支架形式、材质	个	按设计图示数量计算	1. 消声器制作 2. 消声器安装 3. 支架制作安装
030703021	静压箱	1. 名称 2. 规格 3. 形式 4. 材质 5. 支架形式、材质	1. 个 2. m²	1. 以个计量，按设计图示数量计算 2. 以平方米计量，按设计图示尺寸以展开面积计算	1. 静压箱制作、安装 2. 支架制作、安装
030703022	人防超压自动排气阀	1. 名称 2. 型号 3. 规格 4. 类型	个	按设计图示数量计算	安装
030703023	人防手动密闭阀	1. 名称 2. 型号 3. 规格 4. 支架形式、材质			1. 密闭阀安装 2. 支架制作、安装

（4）通风工程检测、调试工程

通风工程检测、调试工程量清单项目设置、项目特征描述的内容、计量单位及工程量计算规则，应按表6.13的规定执行。

表 6.13　通风工程检测、调试（编码：030704）

项目编码	项目名称	项目特征	计量单位	工程量计算规则	工作内容
030704001	通风工程检测、调试	风管工程量	系统	按通风系统计算	1. 通风管道风量测定 2. 风压测定 3. 温度测定 4. 各系统风口、阀门调整
030704002	风管漏光实验、漏风实验	漏光实验、漏风实验、设计要求	m²	按设计图纸或规范要求以展开面积计算	通风管道漏光实验、漏风实验

任务训练 5

　　按照以上所讲通风空调工程清单工程量计算规则，依据本项目图纸（附录5），在定额计价的基础上完成以下工程量清单计价任务，并填写在"清单计价学生训练手册"中。

　　1）对比通风空调工程的定额工程量计算规则与清单计算规则有何异同。

　　2）参照通风空调工程清单计价规则，依次列出本工程中各分部分项工程清单项，包括每一项的项目编码、项目名称、项目特征、计量单位。

　　3）参照通风空调工程清单计价规则及定额计量结果，整理计算出各分部分项工程清单工程数量。

　　4）参考附录5（常用定额基价表），计算出每项分部分项工程的综合单价。

　　5）根据已计算出的各分部分项工程清单工程量及综合单价，合计出每一项分部分项工程合价。

　　6）该通风空调工程实施过程中应计取哪些清单项目措施费？各清单项目措施费应如何计算？

　　7）完成该工程的工程量清单计价费用汇总表。

【清单计价示例】

　　依据便民中心暖通空调工程施工图纸，根据《通用安装工程工程量计算规范》（GB 50856—2013）、《建设工程工程量清单计价规范》（GB 50500—2013），并根据前文计算的工程量，编制该便民中心暖通空调工程项目清单计价文件。

　　分部分项工程项目清单综合单价分析表、分部分项工程项目清单计价表、措施项目（一）清单计价表、措施项目（二）清单计价表、工程量清单计价汇总表分别见表6.14～表6.18。

表 6.14 分部分项工程量清单综合单价分析表

专业工程名称：便民服务中心暖通空调工程

标段：

金额单位：元

序号	项目编码	项目名称	计量单位	工程量	合计		人工费	材料费	机械费	其中 管理费	规费	利润	未计价材料费
1	030701003001	空调器	台	3.0	单价	27007.77	1080.46	71.30	2.11	152.45	477.67	223.76	25000.00
					合价	81023.30	3241.39	213.90	6.34	457.36	1433.02	671.29	75000.00
	9-298	落地式空调器（质量 1.0t 以内）	台	3	单价	26882.97	1047.20	8.17	0.00	147.76	462.97	216.88	25000.00
					合价	80648.92	3141.60	24.51	0.00	443.28	1388.90	650.63	75000.00
	9-272	设备支架 50kg 以外	100kg	0.4	单价	935.97	249.48	473.47	15.86	35.20	110.30	51.67	0.00
					合价	374.38	99.79	189.39	6.34	14.08	44.12	20.67	0.00
2	030701004001	风机盘管	台	10.0	单价	3302.49	153.02	28.19	0.34	21.59	67.65	31.69	3000.00
					合价	33024.88	1530.19	281.94	3.40	215.95	676.50	316.90	30000.00
	9-295	吊顶式空调器（质量 0.15t 以内）	台	10	单价	3256.31	138.60	8.17	0.00	19.56	61.28	28.70	3000.00
					合价	32563.09	1386.00	81.70	0.00	195.60	612.75	287.04	30000.00
	9-26	软管接口	m²	0.98	单价	410.57	125.51	183.54	2.33	17.71	55.49	25.99	0.00
					合价	402.36	123.00	179.87	2.28	17.36	54.38	25.47	0.00
	9-271	设备支架 50kg 以内	100kg	0.04	单价	1485.72	529.76	509.36	27.93	74.75	234.21	109.71	0.00
					合价	59.43	21.19	20.37	1.12	2.99	9.37	4.39	0.00
3	030701004002	风机盘管	台	1.0	单价	3498.30	261.45	177.21	3.00	36.90	115.59	54.15	2850.00
					合价	3498.30	261.45	177.21	3.00	36.90	115.59	54.15	2850.00
	9-295	吊顶式空调器（质量 0.15t 以内）	台	1	单价	3106.31	138.60	8.17	0.00	19.56	61.28	28.70	2850.00
					合价	3106.31	138.60	8.17	0.00	19.56	61.28	28.70	2850.00
	9-26	软管接口	m²	0.81	单价	410.57	125.51	183.54	2.33	17.71	55.49	25.99	0.00
					合价	332.56	101.66	148.67	1.89	14.35	44.95	21.05	0.00

续表

序号	项目编码	项目名称	计量单位	工程量	合计		人工费	材料费	机械费	其中			未计价材料费
										管理费	规费	利润	
	9-271	设备支架 50kg 以内	100kg	0.04	单价	1485.72	529.76	509.36	27.93	74.75	234.21	109.71	0.00
					合价	59.43	21.19	20.37	1.12	2.99	9.37	4.39	0.00
4	030701004003	风机盘管	台	4.0	单价	3069.19	173.86	57.08	0.84	24.54	76.86	36.01	2700.00
					合价	12276.76	695.45	228.34	3.34	98.14	307.46	144.03	10800.00
	9-295	吊顶式空调器（质量 0.15t 以内）	台	4.0	单价	2956.31	138.60	8.17	0.00	19.56	61.28	28.70	2700.00
					合价	11825.24	554.40	32.68	0.00	78.24	245.10	114.82	10800.00
	9-26	软管接口	m²	0.955	单价	410.57	125.51	183.54	2.33	17.71	55.49	25.99	0.00
					合价	392.10	119.86	175.28	2.23	16.91	52.99	24.82	0.00
	9-271	设备支架 50kg 以内	100kg	0.04	单价	1485.72	529.76	509.36	27.93	74.75	234.21	109.71	0.00
					合价	59.43	21.19	20.37	1.12	2.99	9.37	4.39	0.00
5	030701004004	风机盘管	台	2.0	单价	2517.41	189.36	77.09	1.30	26.72	83.72	39.22	2100.00
					合价	5034.81	378.72	154.18	2.61	53.44	167.43	78.43	4200.00
	9-295	吊顶式空调器（质量 0.15t 以内）	台	2.0	单价	2356.31	138.60	8.17	0.00	19.56	61.28	28.70	2100.00
					合价	4712.62	277.20	16.34	0.00	39.12	122.55	57.41	4200.00
	9-26	软管接口	m²	0.64	单价	410.57	125.51	183.54	2.33	17.71	55.49	25.99	0.00
					合价	262.77	80.33	117.47	1.49	11.33	35.51	16.64	0.00
	9-271	设备支架 50kg 以内	100kg	0.04	单价	1485.72	529.76	509.36	27.93	74.75	234.21	109.71	0.00
					合价	59.43	21.19	20.37	1.12	2.99	9.37	4.39	0.00
6	30108003001	轴流通风机	台	1.0	单价	2167.91	91.63	3.86	0.00	12.93	40.51	18.98	2000.00
					合价	2167.91	91.63	3.86	0.00	12.93	40.51	18.98	2000.00

续表

序号	项目编码	项目名称	计量单位	工程量	合计		人工费	材料费	机械费	管理费	规费	利润	未计价材料费
										其中			
7	9-282	轴流式通风机（风量8900m³/h）	台	1	单价	2167.91	91.63	3.86	0.00	12.93	40.51	18.98	2000.00
					合价	2167.91	91.63	3.86	0.00	12.93	40.51	18.98	2000.00
	03040403031001	小电器	台	3	单价	170.68	11.55	0.00	0.00	1.63	5.11	2.39	150.00
					合价	512.03	34.65	0.00	0.00	4.89	15.32	7.18	450.00
	9-290	卫生间通风器安装	台	3	单价	170.68	11.55	0.00	0.00	1.63	5.11	2.39	150.00
					合价	512.03	34.65	0.00	0.00	4.89	15.32	7.18	450.00
8	03080101014001	低压铜及铜合金管	m	20.88	单价	23.70	7.39	0.75	0.05	1.04	3.27	1.53	9.67
					合价	494.78	154.30	15.74	0.95	21.77	68.22	31.96	201.85
	8-187	室内管道 铜管（氧乙炔焊）铜管（管外径20mm以内）	10m	2.088	单价	145.48	72.38	6.90	0.00	10.21	32.00	14.99	9.00
					合价	476.65	151.13	14.41	0.00	21.32	66.81	31.30	191.68
	11-539	橡塑保温管壳（管道）安装（管道D57mm以内）	m³	0.0011	单价	2306.98	448.83	253.44	0.00	63.33	198.43	92.95	1250.00
					合价	2.54	0.49	0.28	0.00	0.07	0.22	0.10	1.38
	8-318	一般管架制作安装	100kg	0.002	单价	6429.33	780.78	294.73	340.82	110.17	345.18	161.70	4395.95
					合价	12.86	1.56	0.59	0.68	0.22	0.69	0.32	8.79
	6-2525	空气吹扫（公称直径50mm以内）	100m	0.01	单价	272.64	111.65	46.05	26.71	15.75	49.36	23.12	0.00
					合价	2.73	1.12	0.46	0.27	0.16	0.49	0.23	0.00
9	03080101014002	低压铜及铜合金管	m	60.33	单价	29.25	7.29	0.71	0.02	1.03	3.22	1.51	15.47
					合价	1764.78	439.89	42.98	0.95	62.05	194.47	91.10	933.34
	8-187	室内管道 铜管（氧乙炔焊）铜管（管外径20mm以内）	10m	6.033	单价	151.48	72.38	6.90	0.00	10.21	32.00	14.99	15.00
					合价	1746.43	436.67	41.63	0.00	61.60	193.05	90.43	923.05

续表

序号	项目编码	项目名称	计量单位	工程量		合计	人工费	材料费	机械费	管理费	规费	利润	未计价材料费
10	03080101 4003												
	11-539	橡塑保温管壳（管道）安装（管道D57mm以内）	m³	0.0012	单价	2306.98	448.83	253.44	0.00	63.33	198.43	92.95	1250.00
					合价	2.77	0.54	0.30	0.00	0.08	0.24	0.11	1.50
	8-318	一般管架制作安装	100kg	0.002	单价	6429.33	780.78	294.73	340.82	110.17	345.18	161.70	4395.95
					合价	12.86	1.56	0.59	0.68	0.22	0.69	0.32	8.79
	6-2525	空气吹扫（公称直径50mm以内）	100m	0.01	单价	272.64	111.65	46.05	26.71	15.75	49.36	23.12	0.00
					合价	2.73	1.12	0.46	0.27	0.16	0.49	0.23	0.00
	03080101 4003	低压铜及铜合金管	m	78.99	单价	34.29	7.28	0.71	0.01	1.03	3.22	1.51	20.53
					合价	2708.33	575.04	55.90	0.95	81.12	254.22	119.09	1622.01
	8-187	室内管道铜管（氧乙炔焊）铜管（管外径20mm以内）	10m	7.899	单价	156.48	72.38	6.90	0.00	10.21	32.00	14.99	20.00
					合价	2689.45	571.73	54.50	0.00	80.65	252.76	118.41	1611.40
11	03080101 4004												
	11-539	橡塑保温管壳（管道）安装（管道D57mm以内）	m³	0.0014	单价	2356.98	448.83	253.44	0.00	63.33	198.43	92.95	1300.00
					合价	3.30	0.63	0.35	0.00	0.09	0.28	0.13	1.82
	6-2525	空气吹扫（公称直径50mm以内）	100m	0.01	单价	272.64	111.65	46.05	26.71	15.75	49.36	23.12	0.00
					合价	2.73	1.12	0.46	0.27	0.16	0.49	0.23	0.00
	8-318	一般管架制作安装	100kg	0.002	单价	6429.33	780.78	294.73	340.82	110.17	345.18	161.70	4395.95
					合价	12.86	1.56	0.59	0.68	0.22	0.69	0.32	8.79
	03080101 4004	低压铜及铜合金管	m	57.34	单价	44.58	7.30	0.71	0.02	1.03	3.23	1.51	30.79
					合价	2556.29	418.38	41.00	0.95	59.02	184.97	86.65	1765.34
	8-187	室内管道铜管（氧乙炔焊）铜管（管外径20mm以内）	10m	5.734	单价	166.48	72.38	6.90	0.00	10.21	32.00	14.99	30.00
					合价	2537.17	415.03	39.57	0.00	58.54	183.48	85.95	1754.60

续表

| 序号 | 项目编码 | 项目名称 | 计量单位 | 工程量 | 合计 | | 人工费 | 材料费 | 机械费 | 其中 | | | 未计价材料费 |
										管理费	规费	利润	
	11-539	橡塑保温管壳（管道）安装 D57mm以内	m³	0.0015	单价	2356.98	448.83	253.44	0.00	63.33	198.43	92.95	1300.00
					合价	3.54	0.67	0.38	0.00	0.09	0.30	0.14	1.95
	8-318	一般管架制作安装	100kg	0.002	单价	6429.33	780.78	294.73	340.82	110.17	345.18	161.70	4395.95
					合价	12.86	1.56	0.59	0.68	0.22	0.69	0.32	8.79
	6-2525	空气吹扫（公称直径50mm以内）	100m	0.01	单价	272.64	111.65	46.05	26.71	15.75	49.36	23.12	0.00
					合价	2.73	1.12	0.46	0.27	0.16	0.49	0.23	0.00
12	03080101014005	低压铜及铜合金管	m	3.55	单价	71.87	11.52	2.98	0.27	1.63	5.09	2.39	48.00
					合价	255.14	40.90	10.57	0.95	5.77	18.08	8.47	170.41
	8-187	室内管道铜管（氧乙炔焊）铜管（管外径20mm以内）	10m	0.355	单价	171.48	72.38	6.90	0.00	10.21	32.00	14.99	35.00
					合价	60.87	25.70	2.45	0.00	3.63	11.36	5.32	126.74
	11-539	橡塑保温管壳（管道）安装 D57mm以内	m³	0.0279	单价	2306.98	448.83	253.44	0.00	63.33	198.43	92.95	1250.00
					合价	64.36	12.52	7.07	0.00	1.77	5.54	2.59	34.88
	8-318	一般管架制作安装	100kg	0.002	单价	6429.33	780.78	294.73	340.82	110.17	345.18	161.70	4395.95
					合价	12.86	1.56	0.59	0.68	0.22	0.69	0.32	8.79
	6-2525	空气吹扫（公称直径50mm以内）	100m	0.01	单价	272.64	111.65	46.05	26.71	15.75	49.36	23.12	0.00
					合价	2.73	1.12	0.46	0.27	0.16	0.49	0.23	0.00
13	03080101014006	低压铜及铜合金管	m³	14.68	单价	62.99	8.82	0.35	0.07	1.24	3.90	1.83	46.78
					合价	924.66	129.48	5.18	0.98	18.27	57.24	26.82	686.68
	8-188	室内管道铜管（氧乙炔焊）铜管（管外径30mm以内）	10m	1.468	单价	200.33	85.47	2.31	0.00	12.06	37.79	17.70	45.00
					合价	294.08	125.47	3.39	0.00	17.70	55.47	25.98	673.81

续表

序号	项目编码	项目名称	计量单位	工程量		合计	人工费	材料费	机械费	管理费	规费	利润	未计价材料费
	11-539	橡塑保温管壳（管道）安装（管道D57mm以内）	m³	0.0028	单价	2356.98	448.83	253.44	0.00	63.33	198.43	92.95	1300.00
					合价	6.60	1.26	0.71	0.00	0.18	0.56	0.26	3.64
	8-318	一般管架制作安装	100kg	0.0021	单价	6429.33	780.78	294.73	340.82	110.17	345.18	161.70	4395.95
					合价	13.50	1.64	0.62	0.72	0.23	0.72	0.34	9.23
	6-2525	空气吹扫（公称直径50mm以内）	100m	0.01	单价	272.64	111.65	46.05	26.71	15.75	49.36	23.12	0.00
					合价	2.73	1.12	0.46	0.27	0.16	0.49	0.23	0.00
14	03080101 4007	低压铜及铜合金管	m³	73.35	单价	68.88	8.60	0.26	0.01	1.21	3.80	1.78	53.22
					合价	5052.63	630.93	18.73	0.98	89.03	278.94	130.67	3903.35
	8-188	室内管道铜管（氧乙炔焊）铜管（管外径30mm以内）	10m	7.335	单价	207.33	85.47	2.31	0.00	12.06	37.79	17.70	52.00
					合价	5029.80	626.92	16.94	0.00	88.46	277.16	129.84	3890.48
	11-539	橡塑保温管壳（管道）安装（管道D57mm以内）	m³	0.0028	单价	2356.98	448.83	253.44	0.00	63.33	198.43	92.95	1300.00
					合价	6.60	1.26	0.71	0.00	0.18	0.56	0.26	3.64
	8-318	一般管架制作安装	100kg	0.0021	单价	6429.33	780.78	294.73	340.82	110.17	345.18	161.70	4395.95
					合价	13.50	1.64	0.62	0.72	0.23	0.72	0.34	9.23
	6-2525	空气吹扫（公称直径50mm以内）	100m	0.01	单价	272.64	111.65	46.05	26.71	15.75	49.36	23.12	0.00
					合价	2.73	1.12	0.46	0.27	0.16	0.49	0.23	0.00
15	03080401 0001	低压铜及铜合金管件	个	1.0	单价	2058.08	407.48	55.97	0.00	57.48	180.15	84.39	1272.60
					合价	2058.08	407.48	55.97	0.00	57.48	180.15	84.39	1272.60
	8-200	室内管道铜管（氧乙炔焊）管件（管外径20mm以内）	10个	2.8	单价	325.44	145.53	19.90	0.00	20.53	64.34	30.14	45.00
					合价	2058.08	407.48	55.97	0.00	57.48	180.15	84.39	1272.60

续表

序号	项目编码	项目名称	计量单位	工程量		合计	人工费	材料费	机械费	管理费	规费	利润	未计价材料费
										其中			
16	031001006001	塑料管	m	64.55	单价	25.15	10.10	0.71	0.00	1.43	4.47	2.09	6.35
					合价	1623.50	652.15	46.03	0.00	92.00	288.31	135.06	409.95
	8-278	室内管道 硬聚氯乙烯管（黏接连接）（公称直径 32mm 以内）	10m	6.455	单价	187.62	100.87	7.04	0.00	14.23	44.59	20.89	
					合价	1211.08	651.12	45.44	0.00	91.86	287.86	134.85	406.96
	11-539	橡塑保温管壳（管道）安装（管道 D57mm 以内）	m³	0.0023	单价	2356.98	448.83	253.44	0.00	63.33	198.43	92.95	1300.00
					合价	5.42	1.03	0.58	0.00	0.15	0.46	0.21	2.99
17	031001006002	塑料管	m	24.8	单价	30.56	11.99	0.03	0.00	1.69	5.30	2.48	9.08
					合价	757.97	297.24	0.71	0.00	41.94	131.41	61.56	225.10
	8-279	室内管道 硬聚氯乙烯管（黏接连接）（公称直径 40mm 以内）	10m	2.48	单价	213.67	119.35	0.00	0.00	16.84	52.76	24.72	
					合价	751.37	295.99	0.00	0.00	41.76	130.86	61.30	221.46
	11-539	橡塑保温管壳（管道）安装（管道 D57mm 以内）	m³	0.0028	单价	2356.98	448.83	253.44	0.00	63.33	198.43	92.95	1300.00
					合价	6.60	1.26	0.71	0.00	0.18	0.56	0.26	3.64
18	030702001001	碳钢通风管道	m²	28.34	单价	186.12	51.58	27.28	2.45	7.28	22.80	10.68	64.04
					合价	5274.58	1461.83	773.16	69.49	206.26	646.27	302.74	1814.82
	9-6	镀锌薄钢板矩形风管（δ=1.2mm 以内咬口，周长 2000mm 以内）	10m²	2.834	单价	1265.65	511.28	270.79	24.52	72.14	226.04	105.89	55.00
					合价	5204.79	1448.97	767.42	69.49	204.45	640.59	300.08	1773.80
	11-551	橡塑板（风管）安装（风管厚度 32mm 以内）	m³	0.0293	单价	2381.85	438.90	196.09	0.00	61.93	194.04	90.90	1400.00
					合价	69.79	12.86	5.75	0.00	1.81	5.69	2.66	41.02
19	030702001002	碳钢通风管道	m²	106.4	单价	155.81	38.55	22.43	1.35	5.44	17.04	7.98	63.01
					合价	16578.31	4102.03	2386.77	143.64	578.74	1813.51	849.53	6704.08

续表

序号	项目编码	项目名称	计量单位	工程量		合计	人工费	材料费	机械费	管理费	规费	利润	未计价材料费
	9-7	镀锌薄钢板矩形风管（δ=1.2mm以内咬口，周长4000mm以内）	10m²	10.64	单价	980.12	384.23	223.74	13.50	54.21	169.87	79.57	55.00
					合价	10428.48	4088.21	2380.59	143.64	576.79	1807.40	846.67	585.20
	11-551	橡塑板（风管）安装（橡塑板厚度32mm以内）	m³	0.0315	单价	2381.85	438.90	196.09	0.00	61.93	194.04	90.90	1400.00
					合价	75.03	13.83	6.18	0.00	1.95	6.11	2.86	44.10
20	030702008001	柔性软风管	m	2.2	单价	683.46	48.51	187.41	9.21	6.84	21.45	10.05	400.00
					合价	1503.62	106.72	412.30	20.26	15.05	47.18	22.10	880.00
	8-305	室内管道 金属软管法兰连接（公称直径125mm以内）	m	2.2	单价	683.46	48.51	187.41	9.21	6.84	21.45	10.05	400.00
					合价	1503.62	106.72	412.30	20.26	15.05	47.18	22.10	880.00
21	030703007001	碳钢风口、散流器、百叶窗	个	2.0	单价	147.60	42.78	48.73	0.28	6.04	18.91	8.86	22.00
					合价	295.21	85.56	97.47	0.56	12.07	37.83	17.72	44.00
	补充主材001	方形散流器300mm×300mm	个	2	单价	22.00	0.00	22.00	0.00	0.00	0.00	0.00	0.00
					合价	44.00	0.00	44.00	0.00	0.00	0.00	0.00	0.00
	9-156	方形散流器安装（周长2000mm以内）	个	2	单价	76.34	27.72	4.71	0.00	3.91	12.26	5.74	22.00
					合价	152.67	55.44	9.42	0.00	7.82	24.51	11.48	44.00
	9-26	软管接口	m²	0.24	单价	410.57	125.51	183.54	2.33	17.71	55.49	25.99	0.00
					合价	98.54	30.12	44.05	0.56	4.25	13.32	6.24	0.00
22	030703007002	碳钢风口、散流器、百叶窗	个	10.0	单价	115.83	31.23	34.85	0.07	4.41	13.81	6.47	25.00
					合价	1158.32	312.34	348.49	0.65	44.06	138.09	64.69	250.00
	补充主材002	方形散流器350mm×350mm	个	10	单价	25.00	0.00	25.00	0.00	0.00	0.00	0.00	0.00
					合价	250.00	0.00	250.00	0.00	0.00	0.00	0.00	0.00

注：表中"其中"涵盖人工费、材料费、机械费、管理费、规费、利润。

续表

序号	项目编码	项目名称	计量单位	工程量	合计		人工费	材料费	机械费	其中			未计价材料费
										管理费	规费	利润	
	9—156	方形散流器安装（周长 2000mm 以内）	个	10	单价	79.34	27.72	4.71	0.00	3.91	12.26	5.74	25.00
					合价	793.36	277.20	47.10		39.10	122.55	57.41	250.00
	9—26	软管接口	m²	0.28	单价	410.57	125.51	183.54	2.33	17.71	55.49	25.99	0.00
					合价	114.96	35.14	51.39	0.65	4.96	15.54	7.28	0.00
23	03070300 7003	碳钢风口、散流器、百叶窗	个	5.0	单价	116.61	35.75	22.46	0.15	5.04	15.81	7.40	30.00
					合价	583.06	178.76	112.28	0.75	25.22	79.03	37.02	150.00
	补充主材 003	方形散流器 400mm×400mm	个	1	单价	30.00	0.00	30.00	0.00	0.00	0.00	0.00	0.00
					合价	30.00	0.00	30.00	0.00	0.00	0.00	0.00	0.00
	9—156	方形散流器安装（周长 2000mm 以内）	个	5	单价	84.34	27.72	4.71	0.00	3.91	12.26	5.74	30.00
					合价	421.68	138.60	23.55	0.00	19.55	61.28	28.70	150.00
	9—26	软管接口	m²	0.32	单价	410.57	125.51	183.54	2.33	17.71	55.49	25.99	0.00
					合价	131.38	40.16	58.73	0.75	5.67	17.76	8.32	0.00
24	03070300 7004	碳钢风口、散流器、百叶窗	个	1.0	单价	242.92	70.34	100.70	1.29	9.93	31.10	14.57	15.00
					合价	242.92	70.34	100.70	1.29	9.93	31.10	14.57	15.00
	补充主材 004	单层百叶风口 250mm×200mm	个	1	单价	15.00	0.00	15.00	0.00	0.00	0.00	0.00	0.00
					合价	15.00	0.00	15.00	0.00	0.00	0.00	0.00	0.00
	9—141	百叶风口安装（周长 900mm 以内）	个	1	单价	43.17	13.86	3.11	0.24	1.96	6.13	2.87	15.00
					合价	43.17	13.86	3.11	0.24	1.96	6.13	2.87	15.00
	9—26	软管接口	m²	0.45	单价	410.57	125.51	183.54	2.33	17.71	55.49	25.99	0.00
					合价	184.76	56.48	82.59	1.05	7.97	24.97	11.70	0.00

续表

序号	项目编码	项目名称	计量单位	工程量		合计	其中						未计价材料费
							人工费	材料费	机械费	管理费	规费	利润	
25	03070300 7005	碳钢风口、散流器、百叶窗	个	2.0	单价	209.43	53.48	73.10	0.59	7.55	23.64	11.07	40.00
					合价	418.86	106.95	146.20	1.18	15.09	47.28	22.15	80.00
	补充主材005	单层百叶风口500mm×250mm	个	2	单价	40.00	0.00	40.00				0.00	40.00
					合价	80.00	0.00	80.00				0.00	80.00
	9-143	百叶风口安装（周长1800mm以内）	个	2	单价	107.84	34.65	5.57	0.24	4.89	15.32	7.18	40.00
					合价	215.69	69.30	11.14	0.48	9.78	30.64	14.35	80.00
	9-26	软管接口	m²	0.3	单价	410.57	125.51	183.54	2.33	17.71	55.49	25.99	0.00
					合价	123.17	37.65	55.06	0.70	5.31	16.65	7.80	0.00
26	03070300 7006	碳钢风口、散流器、百叶窗	个	5.0	单价	244.57	62.40	77.42	0.43	8.81	27.59	12.92	55.00
					合价	1222.84	312.00	387.12	2.13	44.03	137.94	64.62	275.00
	补充主材006	单层百叶风口600mm×400mm	个	5	单价	55.00	0.00	55.00				0.00	55.00
					合价	275.00	0.00	275.00				0.00	275.00
	9-144	百叶风口安装（周长2500mm以内）	个	5	单价	156.72	52.36	7.74	0.24	7.39	23.15	10.84	55.00
					合价	783.61	261.80	38.70	1.20	36.95	115.74	54.22	275.00
	9-26	软管接口	m²	0.4	单价	410.57	125.51	183.54	2.33	17.71	55.49	25.99	0.00
					合价	164.23	50.20	73.42	0.93	7.08	22.20	10.40	0.00
27	03070300 7007	碳钢风口、散流器、百叶窗	个	10.0	单价	251.43	58.38	81.55	0.35	8.24	25.81	12.09	65.00
					合价	2514.30	583.84	815.50	3.52	82.40	258.12	120.91	650.00
	补充主材007	单层百叶风口800mm×400mm	个	10	单价	65.00	0.00	65.00				0.00	65.00
					合价	650.00	0.00	650.00				0.00	650.00

续表

序号	项目编码	项目名称	计量单位	工程量		合计	其中						未计价材料费
							人工费	材料费	机械费	管理费	规费	利润	
28	9-144	百叶风口安装（周长2500mm以内）	个	10	单价	166.72	52.36	7.74	0.24	7.39	23.15	10.84	65.00
					合价	1667.22	523.60	77.40	2.40	73.90	231.48	108.44	650.00
	9-26	软管接口	m²	0.48	单价	410.57	125.51	183.54	2.33	17.71	55.49	25.99	0.00
					合价	197.07	60.24	88.10	1.12	8.50	26.63	12.48	0.00
	030703007008	碳钢风口、散流器、百叶窗	个	1.0	单价	58.17	13.86	18.11	0.24	1.96	6.13	2.87	15.00
					合价	58.17	13.86	18.11	0.24	1.96	6.13	2.87	15.00
	补充主材008	防雨百叶风口250mm×200mm	个	1	单价	15.00	0.00	15.00	0.00	0.00	0.00	0.00	0.00
					合价	15.00	0.00	15.00	0.00	0.00	0.00	0.00	0.00
29	9-141	百叶风口安装（周长900mm以内）	个	1	单价	43.17	13.86	3.11	0.24	1.96	6.13	2.87	15.00
					合价	43.17	13.86	3.11	0.24	1.96	6.13	2.87	15.00
	030703007009	碳钢风口、散流器、百叶窗	个	1	单价	52.17	13.86	15.11	0.24	1.96	6.13	2.87	12.00
					合价	52.17	13.86	15.11	0.24	1.96	6.13	2.87	12.00
	补充主材009	防雨百叶风口120mm×120mm	个	1	单价	12.00	0.00	12.00	0.00	0.00	0.00	0.00	0.00
					合价	12.00	0.00	12.00	0.00	0.00	0.00	0.00	0.00
30	9-141	百叶风口安装（周长900mm以内）	个	1	单价	40.17	13.86	3.11	0.24	1.96	6.13	2.87	12.00
					合价	40.17	13.86	3.11	0.24	1.96	6.13	2.87	12.00
	030703001001	碳钢阀门	个	1	单价	129.88	19.25	50.41	0.00	2.72	8.51	3.99	45.00
					合价	129.88	19.25	50.41	0.00	2.72	8.51	3.99	45.00
	补充主材010	止回风阀	个	1	单价	45.00	0.00	45.00	0.00	0.00	0.00	0.00	0.00
					合价	45.00	0.00	45.00	0.00	0.00	0.00	0.00	0.00

续表

序号	项目编码	项目名称	计量单位	工程量		合计	人工费	材料费	机械费	其中管理费	规费	利润	未计价材料费
31	9-85	圆形、方形风管止回阀安装（周长800mm以内）	个	1	单价	84.88	19.25	5.41	0.00	2.72	8.51	3.99	45.00
					合价	84.88	19.25	5.41	0.00	2.72	8.51	3.99	45.00
	030703001002	碳钢阀门	个	3	单价	273.76	16.17	129.81	0.00	2.28	7.15	3.35	115.00
					合价	821.27	48.51	389.43	0.00	6.84	21.45	10.05	345.00
	补充主材011	70℃防火阀DN120	个	3	单价	115.00	0.00	115.00	0.00	0.00	0.00	0.00	0.00
					合价	345.00	0.00	345.00	0.00	0.00	0.00	0.00	0.00
	9-96	风管防火阀安装（周长2200mm以内）	个	3	单价	158.76	16.17	14.81	0.00	2.28	7.15	3.35	115.00
					合价	476.27	48.51	44.43	0.00	6.84	21.45	10.05	345.00
32	031201003001	金属结构刷油	kg	187.49	单价	1.10	0.43	0.33	0.00	0.06	0.19	0.09	0.00
					合价	206.53	80.85	61.78	0.00	11.42	35.74	16.74	0.00
	11-103	金属结构刷油 红丹防锈漆第一遍	100kg	1.8749	单价	41.73	15.40	14.16	0.00	2.17	6.81	3.19	0.00
					合价	78.24	28.87	26.55	0.00	4.07	12.76	5.98	0.00
	11-104	金属结构刷油 红丹防锈漆第二遍	100kg	1.8749	单价	36.47	13.86	11.65	0.00	1.96	6.13	2.87	0.00
					合价	68.37	25.99	21.84	0.00	3.68	11.49	5.38	0.00
	11-113	金属结构刷油 调和漆第二遍	100kg	1.8749	单价	31.96	13.86	7.14	0.00	1.96	6.13	2.87	0.00
					合价	59.92	25.99	13.39	0.00	3.68	11.49	5.38	0.00
33	030704001001	通风工程检测、调试	系统	1	单价	2631.63	546.83	1640.50	0.00	89.30	241.75	113.25	0.00
					合价	2631.63	546.83	1640.50	0.00	89.30	241.75	113.25	0.00
	BM64	系统调试费（第九册《通风、空调工程》）	元	1	单价	2631.63	546.83	1640.50	0.00	89.30	241.75	113.25	0.00
					合价	2631.63	546.83	1640.50	0.00	89.30	241.75	113.25	0.00

续表

序号	项目编码	项目名称	计量单位	工程量	合计		人工费	材料费	机械费	其中			未计价材料费
										管理费	规费	利润	
34	031301017001	通风工程检测、调试	系统	1	单价	2631.63	546.83	1640.50	0.00	89.30	241.75	113.25	0.00
					合价	2631.63	546.83	1640.50	0.00	89.30	241.75	113.25	0.00
	BM64	系统调试费（第九册《通风、空调工程》）	元	1	单价	2631.63	546.83	1640.50	0.00	89.30	241.75	113.25	0.00
					合价	2631.63	546.83	1640.50	0.00	89.30	241.75	113.25	0.00
35	313010170001	脚手架搭拆	项	1	单价	1430.30	297.20	891.62	0.00	48.53	131.39	61.55	0.00
					合价	1430.30	297.20	891.62	0.00	48.53	131.39	61.55	0.00
	BM65	脚手架措施费（第九册《通风、空调工程》）	元	1	单价	1012.17	210.32	630.96	0.00	34.35	92.98	43.56	0.00
					合价	1012.17	210.32	630.96	0.00	34.35	92.98	43.56	0.00
	BM49	脚手架措施费（第八册《给排水、燃气工程》）	元	1	单价	259.07	53.83	161.50	0.00	8.79	23.80	11.15	0.00
					合价	259.07	53.83	161.50	0.00	8.79	23.80	11.15	0.00
	BM83	脚手架措施费（第十一册《刷油、防腐蚀、绝热工程》）	元	1	单价	138.31	28.74	86.22	0.00	4.69	12.71	5.95	0.00
					合价	138.31	28.74	86.22	0.00	4.69	12.71	5.95	0.00
	BM33	脚手架措施费（第六册《工业管道工程》）	元	1	单价	20.75	4.31	12.94	0.00	0.70	1.91	0.89	0.00
					合价	20.75	4.31	12.94	0.00	0.70	1.91	0.89	0.00
36	031009001001	采暖工程系统调试	系统	1	单价	750.98	129.20	516.80	0.00	21.10	57.12	26.76	0.00
					合价	750.98	129.20	516.80	0.00	21.10	57.12	26.76	0.00
	BM50	系统调试费（第八册《给排水、燃气工程》）	元	1	单价	750.98	129.20	516.80	0.00	21.10	57.12	26.76	0.00
					合价	750.98	129.20	516.80	0.00	21.10	57.12	26.76	0.00

注："合价"数据存在误差，是保留两位小数导致的。

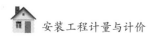

表 6.15 分部分项工程清单计价表

专业工程名称：便民服务中心   标段：

序号	项目编码	项目名称	项目特征描述	计量单位	工程量	综合单价	合价	其中：规费
						金额 / 元		
1	030701003001	空调器	1. 名称：室外机 2. 型号：WJ-400 3. 规格：制冷量 40kW，制热量 45kW	台	3	27007.77	81023.30	1433.02
2	030701004001	风机盘管	1. 名称：天花板内置低静压风管机 2. 型号：NJ-80 3. 规格：制冷量 8.4kW，制热量 9.6kW	台	10	3302.49	33024.88	676.50
3	030701004002	风机盘管	1. 名称：天花板内置低静压风管机 2. 型号：NJ-71 3. 规格：制冷量 7.1kW，制热量 8.5kW	台	1	3498.30	3498.30	115.59
4	030701004003	风机盘管	1. 名称：天花板内置低静压风管机 2. 型号：NJ-56 3. 规格：制冷量 5.6kW，制热量 6.5kW	台	4	3069.19	12276.76	307.46
5	030701004004	风机盘管	1. 名称：天花板内置低静压风管机 2. 型号：NJ-28 3. 规格：制冷量 2.8kW，制热量 3.3kW	台	2	2517.41	5034.81	167.43
6	030108003001	轴流通风机	1. 名称：排烟风机 2. 规格：500m3/h	台	1	2167.91	2167.91	40.51
7	030404031001	小电器	1. 名称：排风扇 2. 规格：180m³/h	台	3	170.68	512.03	15.32
8	030801014001	低压铜及铜合金管	1. 材质：紫铜 2. 规格：$\phi6.35$ 3. 焊接方法：钎焊 4. 橡塑保温 15mm	m	20.88	23.70	494.78	68.22
9	030801014002	低压铜及铜合金管	1. 材质：紫铜 2. 规格：$\phi9.53$ 3. 焊接方法：钎焊 4. 橡塑保温 15mm	m	60.33	29.25	1764.78	194.47
10	030801014003	低压铜及铜合金管	1. 材质：紫铜 2. 规格：$\phi12.7$ 3. 焊接方法：钎焊 4. 橡塑保温 15mm	m	78.99	34.29	2708.33	254.22

续表

序号	项目编码	项目名称	项目特征描述	计量单位	工程量	综合单价	合价	其中：规费
						金额/元		
11	030801014004	低压铜及铜合金管	1. 材质：紫铜 2. 规格：ϕ15.88 3. 焊接方法：钎焊 4. 橡塑保温 15mm	m	57.34	44.58	2556.29	184.97
12	030801014005	低压铜及铜合金管	1. 材质：紫铜 2. 规格：ϕ19.05 3. 焊接方法：钎焊 4. 橡塑保温 20mm	m	3.55	71.87	255.14	18.08
13	030801014006	低压铜及铜合金管	1. 材质：紫铜 2. 规格：ϕ22.2 3. 焊接方法：钎焊 4. 橡塑保温 20mm	m	14.68	62.99	924.66	57.24
14	030801014007	低压铜及铜合金管	1. 材质：紫铜 2. 规格：ϕ25.4 3. 焊接方法：钎焊 4. 橡塑保温 20mm	m	73.35	68.88	5052.63	278.94
15	030804010001	低压铜及铜合金管件	1. 名称：分歧管 2. 材质：紫铜 3. 焊接方法：钎焊	个	1	2058.08	2058.08	180.15
16	031001006001	塑料管	1. 介质：冷凝水 2. 材质、规格：UPVC、De32 3. 连接形式：黏接 4. 橡塑保温 15mm	m	64.55	25.15	1623.50	288.31
17	031001006002	塑料管	1. 介质：冷凝水 2. 材质、规格：UPVC、De40 3. 连接形式：黏接 4. 橡塑保温 15mm	m	24.8	30.56	757.97	131.41
18	030702001001	碳钢通风管道	1. 名称：风管 2. 材质：镀锌薄钢板 3. 形状：矩形 4. 规格：周长 2000mm 以内 5. 板材厚度：δ=1.2mm 6. 橡塑保温板 30mm	m²	28.34	186.12	5274.58	646.27
19	030702001002	碳钢通风管道	1. 名称：风管 2. 材质：镀锌薄钢板 3. 形状：矩形 4. 规格：周长 4000mm 以内 5. 板材厚度：δ=1.2mm 6. 橡塑保温板 30mm	m²	106.4	155.81	16578.31	1813.51

续表

序号	项目编码	项目名称	项目特征描述	计量单位	工程量	金额/元		
						综合单价	合价	其中：规费
20	030702008001	柔性软风管	1．名称：金属软管 2．规格：DN125	m	2.2	683.46	1503.62	47.18
21	030703007001	碳钢风口、散流器、百叶窗	1．名称：方形散流器 2．规格：300×300	个	2	147.60	295.21	37.83
22	030703007002	碳钢风口、散流器、百叶窗	1．名称：方形散流器 2．规格：350×350	个	10	115.83	1158.32	138.09
23	030703007003	碳钢风口、散流器、百叶窗	1．名称：方形散流器 2．规格：400×400	个	5	116.61	583.06	79.03
24	030703007004	碳钢风口、散流器、百叶窗	1．名称：单层百叶风口 2．规格：250×200	个	1	242.92	242.92	31.10
25	030703007005	碳钢风口、散流器、百叶窗	1．名称：单层百叶风口 2．规格：500×250	个	2	209.43	418.86	47.28
26	030703007006	碳钢风口、散流器、百叶窗	1．名称：单层百叶风口 2．规格：600×400	个	5	244.57	1222.84	137.94
27	030703007007	碳钢风口、散流器、百叶窗	1．名称：单层百叶风口 2．规格：800×400	个	10	251.43	2514.30	258.12
28	030703007008	碳钢风口、散流器、百叶窗	1．名称：防雨百叶风口 2．规格：250×200	个	1	58.17	58.17	6.13
29	030703007009	碳钢风口、散流器、百叶窗	1．名称：防雨百叶风口 2．规格：120×120	个	1	52.17	52.17	6.13
30	030703001001	碳钢阀门	1．名称：止回风阀 2．规格：250×200	个	1	129.88	129.88	8.51
31	030703001002	碳钢阀门	1．名称：70℃防火阀 2．规格：DN120	个	3	273.76	821.27	21.45
32	031201003001	金属结构刷油	金属结构刷油 红丹防锈漆 第一遍 红丹防锈漆 第二遍 调和漆 第二遍	kg	187.49	1.10	206.53	35.74
			本页合计				186794.19	7726.15
			本表合计［结转至工程量清单计价汇总表］				186794.19	7726.15

注：为计取规费等的使用，可在表中增设"其中：定额人工费"。

"合价"数据存在误差，是保留两位小数导致的。

表 6.16　措施项目（一）清单计价表

专业工程名称：便民服务中心暖通空调工程

序号	项目编码	项目名称	计算基础	金额 / 元	其中：规费 / 元
1	31302001001	安全文明施工	分部分项人工费＋分部分项材料费＋分部分项机械费＋分部分项主材费＋分部分项设备费	2075.80	917.71
		本页合计		2075.80	917.71
	本表合计［结转至工程量清单计价汇总表］			2075.80	917.71

表 6.17　措施项目（二）清单计价表

专业工程名称：便民服务中心暖通空调工程

序号	项目编码	项目名称	项目特征	计量单位	工程量	金额 / 元		
						综合单价	合价	其中：规费
1	30704001001	通风工程检测、调试		系统	1	2631.63	2631.63	241.75
2	31301017001	脚手架搭拆		项	1	2631.63	2631.63	241.75
3	31009001001	采暖工程系统调试		系统	1	1430.30	1430.30	131.39
4	31009001001	采暖工程系统调试		系统	1	750.98	750.98	57.12
	本页小计						7444.54	672.01
	本表合计［结转至工程量清单计价汇总表］						7444.54	672.01

表 6.18　工程量清单计价汇总表

专业工程名称：便民服务中心暖通空调工程

序号	费用项目名称	计算公式	金额 / 元
1	分部分项工程量清单计价合计	$\sum$（工程量×综合单价）	186794.19
2	其中：规费	$\sum$（工程量×综合单价中规费）	7726.15
3	措施项目（一）清单计价合计	$\sum$ 施工措施项目（一）金额	2075.80
4	其中：规费	$\sum$ 施工措施项目（一）金额中规费	917.71
5	措施项目（二）清单计价合计	$\sum$（工程量×综合单价）	7444.54
6	其中：规费	$\sum$（工程量×综合单价中规费）	672.01
7	规费	（2）＋（4）＋（6）	9315.87
8	税金	［（1）＋（3）＋（5）］×3.4%	6674.69
含税总计［结转至工程量清单计价汇总表］		（1）＋（3）＋（5）＋（8）	202989.22

▎拓展练习

一、单选题

1. 风管制作安装工程量应计算其（　　）。

　　A．长度　　　　B．展开面积　　　C．体积　　　　D．以上都不对

2. 计算风管长度时，一律以图示（　　　）长度为准。

　　A. 外包长度　　　　B. 标注　　　　　C. 中心线　　　　D. 都不对

3. 调节阀、消声器的制作安装工程量，按（　　　）计算。

　　A. 个　　　　　　　B. 组　　　　　　C. 套　　　　　　D. 重量

4.（　　　）风口制作、风帽、罩类制作安装依设计型号，查阅标准部件质量表，按其质量，以"100kg"为单位进行计算。

　　A. 标准设计　　　　B. 非标准部件　　C. 各类　　　　　D. 以上都不对

二、多选题

1. 2016年版《天津市安装工程预算基价》中第九册《通风、空调工程》定额包括（　　　）。

　　A. 通风管道的制作与安装　　　　　B. 通风空调设备的安装

　　C. 风帽的制作与安装　　　　　　　D. 空调设备刷油及绝热

2. 通风空调系统中（　　　）以"台"为计量单位计算其工程量。

　　A. 除尘器安装　　　　　　　　　　B. 空气过滤器制作、安装

　　C. 风帽制作与安装　　　　　　　　D. 风机盘安装

3. 空调系统按空气处理设备布置情况分为（　　　）。

　　A. 集中式空调系统　　　　　　　　B. 全空气空调系统

　　C. 半集中式空调系统　　　　　　　D. 局部式空调系统

4. 建筑通风系统按其原理可分为（　　　）。

　　A. 自然通风　　　B. 室内通风　　　C. 室外通风　　　D. 机械通风

5. 薄钢板通风管道制作安装，如设计安装使用的法兰垫料品种与定额子目中的法兰垫料不同时（　　　）。

　　A. 可以换算　　　B. 人工不变　　　C. 不能换算

　　D. 人工换算　　　E. 机械换算

三、判断题

1. 薄钢板通风管道制作安装定额中各种钢板为未计价材料。　　　　　　（　　　）

2. 计算风管长度时，应扣除部件（如阀门）所在位置的长度。　　　　　（　　　）

3. 在计算风管展开面积计算时，风管直径和周长按图注尺寸展开，咬口重叠部分不计。　　　　　　　　　　　　　　　　　　　　　　　　　　　　　　　（　　　）

4. 根据2016年版《天津市安装工程预算基价》，风管导流叶片的工程量以"个"为计量单位。　　　　　　　　　　　　　　　　　　　　　　　　　　　　　（　　　）

5. 软管接头使用人造革而不使用帆布时可以换算。　　　　　　　　　　（　　　）

四、简答题

1. 通风系统有哪些分类方法？

2. 简述空调系统的组成。

3. 通风、空调管道与部件制作及安装根据材料不同可分为哪几类？

4. 空调部件及设备支架制作安装工程量如何计算？

参 考 文 献

天津市城乡建设委员会.天津市安装工程预算基价（2016）[M].北京：中国计划出版社，2016.

天津市建设工程定额管理研究站.天津市建设工程计价办法：DBD29-001-2016[S].天津：天津市城乡建设和交通委员会，2012.

中华人民共和国住房和城乡建设部，中华人民共和国国家质量监督检验检疫总局.建设工程工程量清单计价规范：GB 50500—2013[S].北京：中国计划出版社，2013.

中国建筑标准设计研究院.建筑电气工程设计常用图形和文字符号：09DX001[M].北京：中国计划出版社，2010.

中华人民共和国住房和城乡建设部，中华人民共和国国家质量监督检验检疫总局.建筑给水排水制图标准：GB/T 50106—2010[S].北京：中国建筑工业出版社，2010.

中华人民共和国住房和城乡建设部，中华人民共和国国家质量监督检验检疫总局.通用安装工程工程量计算规范：GB 50856—2013[S].北京：中国计划出版社，2012.

中华人民共和国住房和城乡建设部，中华人民共和国财政部.建筑安装工程费用项目组成（建标〔2013〕44号）[Z].

附录1 电气工程图纸

电气设计说明

一、概述

1.电气设计包括低压配电、照明、分体式空调电源及保护接地装置等。

2.电源由室外变电站引入，采用W-1kV型电缆，埋深为0.8m。电源电压为AC380/220V，室内采用三相五线制供电系统。

二、低压配电、照明

1.照明配电箱，均为墙上安装，箱体中心距地1.6m。

2.导线颜色：根据要求本图为三相供电，L1、L2、L3各相色分别为黄、绿、红色；N线为蓝色，PE线为黄绿色。各户为单相供电，单相负荷平衡接在三相上。未标注导线截面者为2.5mm²。

3.该工程中所用管均为KBG钢管，电气设备选择及安装见本图图例、设备材料表。

三、电话、有线电视等弱电系统

从室外引入电话通信、有线电视电缆，穿保护管进入建筑。图中电话电视插座均为暗装，安装高度为底边距地0.3m。

电话：ZRRVWP（2×1.0）KBG16（2~3）ZRRVWP（2×1.0）KBG20（4~6）ZRRVWP（2×1.0）KBG25。

电视线：干线为SYWV75-9KBG25。支线为SYWV75-5KBG20。电话、电视均埋地引入，但需加装浪涌保护器。

四、接地设计

1.该工程采用N-S系统，三相五线制，采用综合接地，接地电阻小于1Ω。接地极利用基础钢筋，若接地电阻达不到要求，另加人工接地体。

2.各种金属管道进入户处作总等电位连接。DZM接线箱体进户钢管采用焊（气）焊连接，由等电位接地盒至各钢管道均与等电位的连接线均采用BV-1×2.5PC16暗敷设。各金属线盒、各金属管等附近各设出线盒，作法详见98D01。

五、其他

建筑施工时应与土建专业密切配合，空调插座穿墙配合。建筑预留的空调板或空调穿墙孔配合。

图例及设备材料表

图例	名称	型号及规格	安装地点及高度	备注
	配电箱1AL1 2AL1	铁质	楼道间 暗装 下皮距地 1.6m	
	配电箱AL1		暗装 下皮距地 1.6m	
	配电箱AL		暗装 下皮距地 1.6m	
	配电箱AL2		暗装 下皮距地 1.6m	
	配电箱AL3		暗装 下皮距地 1.6m	
	防水吸顶灯	$\frac{40}{}$	卫生间 楼道间 吸顶安装	防水型灯口
	吸顶灯	$\frac{40}{}$		
	应急灯	2×60W	暗装 下皮距地 2.5m	蓄电池供电时间大于30min
	电度表			
	一般插座	GP410US, 10A	室内等 下皮距地 0.3m	
	电视配电箱		暗装 下皮距地 1.4m	带安全门
	电话配电箱		暗装 下皮距地 1.4m	
	电话插座		室内等 下皮距地 0.3m	
	电视终端		室内等 下皮距地 0.3m	
	空调插座	GP416US, 16A	室内等 下皮距地 0.3m 2.2m	距外墙内侧0.3m
	格栅式荧光灯	2×36W	办公室 吊顶安装	不吊顶处采用盒式荧光灯
	格栅式荧光灯	3×36W	办公室 吊顶安装	不吊顶处采用盒式荧光灯
	照明开关	GP31（2，3）/1，10A	全部 下皮距地1.4m 距门口边0.2m	单极、双极、三极
	安全出口标志灯		门口上方0.2m 暗装	蓄电池供电时间大于30min
	MEB等电位端子箱	300×300×160	进户处外墙安装 距地 0.3m	
	等电位盒	88×88×53	卫生间 下皮距地 0.5m	

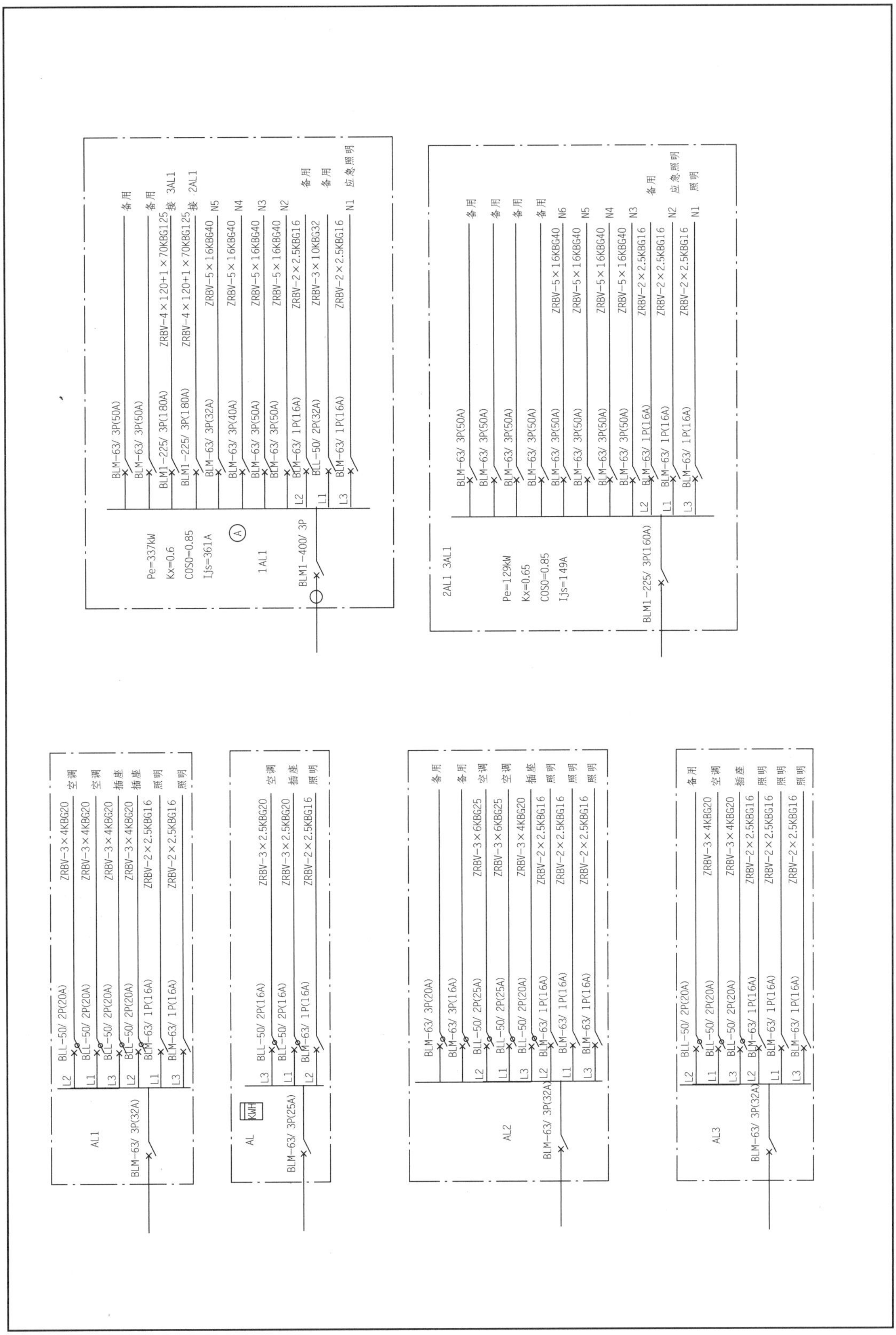
1AL1
Pe=337kW
Kx=0.6
COSΦ=0.85
Ijs=361A
BLM1-400/ 3P
BLM-63/ 3P(50A) 备用
BLM-63/ 3P(50A) 备用
BLM1-225/ 3P(180A) ZRBV-4×120+1×70KBG125 接 3AL1
BLM1-225/ 3P(180A) ZRBV-4×120+1×70KBG125 接 2AL1
BLM-63/ 3P(32A) ZRBV-5×16KBG40 N5
BLM-63/ 3P(40A) ZRBV-5×16KBG40 N4
BLM-63/ 3P(50A) ZRBV-5×16KBG40 N3
BLM-63/ 3P(50A) ZRBV-5×16KBG40 N2
L2 BLM-63/ 1P(16A) ZRBV-2×2.5KBG16 备用
L1 BLL-50/ 2P(32A) ZRBV-3×10KBG32 备用
L3 BLM-63/ 1P(16A) ZRBV-2×2.5KBG16 N1 应急照明
2AL1 3AL1
Pe=129kW
Kx=0.65
COSΦ=0.85
Ijs=149A
BLM1-225/ 3P(160A)
BLM-63/ 3P(50A) 备用
BLM-63/ 3P(50A) 备用
BLM-63/ 3P(50A) 备用
BLM-63/ 3P(50A) 备用
BLM-63/ 3P(50A) ZRBV-5×16KBG40 N6
BLM-63/ 3P(50A) ZRBV-5×16KBG40 N5
BLM-63/ 3P(50A) ZRBV-5×16KBG40 N4
BLM-63/ 3P(50A) ZRBV-5×16KBG40 N3
L2 BLM-63/ 1P(16A) ZRBV-2×2.5KBG16 备用
L1 BLM-63/ 1P(16A) ZRBV-2×2.5KBG16 N2 应急照明
L3 BLM-63/ 1P(16A) ZRBV-2×2.5KBG16 N1 照明
AL1
BLM-63/ 3P(32A)
L2 BLL-50/ 2P(20A) ZRBV-3×4KBG20 空调
L1 BLL-50/ 2P(20A) ZRBV-3×4KBG20 空调
L3 BLL-50/ 2P(20A) ZRBV-3×4KBG20 插座
L2 BLL-50/ 2P(20A) ZRBV-3×4KBG20 插座
L1 BLM-63/ 1P(16A) ZRBV-2×2.5KBG16 照明
L3 BLM-63/ 1P(16A) ZRBV-2×2.5KBG16 照明
AL
KWH
BLM-63/ 3P(25A)
L3 BLL-50/ 2P(16A) ZRBV-3×2.5KBG20 空调
L1 BLL-50/ 2P(16A) ZRBV-3×2.5KBG20 插座
L2 BLM-63/ 1P(16A) ZRBV-2×2.5KBG16 照明
AL2
BLM-63/ 3P(32A)
BLM-63/ 3P(20A) 备用
BLM-63/ 3P(16A) 备用
L2 BLL-50/ 2P(25A) ZRBV-3×6KBG25 空调
L1 BLL-50/ 2P(25A) ZRBV-3×6KBG25 空调
L3 BLL-50/ 2P(20A) ZRBV-3×4KBG20 插座
L2 BLM-63/ 1P(16A) ZRBV-2×2.5KBG16 照明
L1 BLM-63/ 1P(16A) ZRBV-2×2.5KBG16 照明
L3 BLM-63/ 1P(16A) ZRBV-2×2.5KBG16 照明
AL3
BLM-63/ 3P(32A)
L2 BLL-50/ 2P(20A) 备用
L1 BLL-50/ 2P(20A) ZRBV-3×4KBG20 空调
L3 BLL-50/ 2P(20A) ZRBV-3×4KBG20 插座
L2 BLM-63/ 1P(16A) ZRBV-2×2.5KBG16 照明
L1 BLM-63/ 1P(16A) ZRBV-2×2.5KBG16 照明
L3 BLM-63/ 1P(16A) ZRBV-2×2.5KBG16 照明

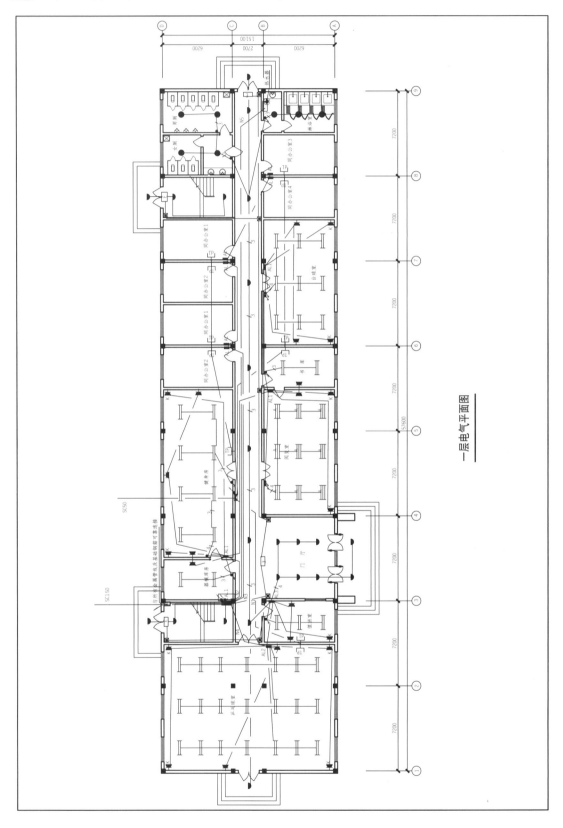

一层电气平面图

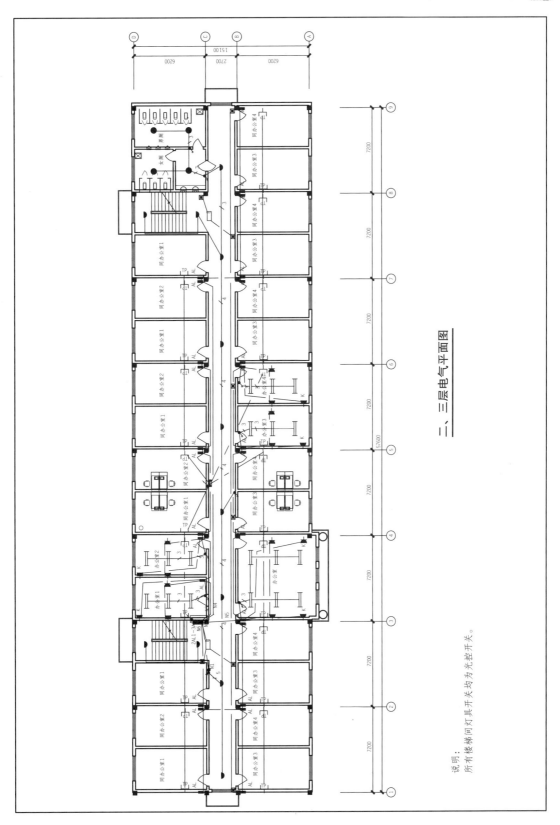

二、三层电气平面图

说明:

所有楼梯间灯具开关均为光控开关。

附录 2 给排水工程和消防工程图纸

室内给排水施工图说明及图例

一、设计依据

1. 现行国家有关设计规范及规程,省内地方法规及本公司专业技术统一措施。
2. 《建筑给水排水设计规范》(GB 50015—2019)。
3. 《建筑设计防火规范》(GB 50016-2016)。
4. 《建筑灭火器配置设计规范》(GB 50140-2005)。

二、工程概况

本厂由接入两条 DN150mm 给水管作为该厂水源,自来水压力不低于 0.28MPa,生产、生活、消防供水采用共用独立系统,厂区消防采用临时高压制,共四层,一层屋面高 4.2m,二至四层层高 3.9m,本工程属于民用项目。消防建筑面积为 2394.57m²,建筑物高度为二级。耐火等级为二级。

三、设计范围

室内给排水系统,消火栓给水系统加至 0.4MPa。用经无负压供水设备增压至 0.4MPa。用经无负压供水设备增压。

四、给排水系统概况

1. 给水系统:生产生活给水由厂区给水管道引入,经无负压供水设备增压。水量 Q=7.50m³/d。

2. 消防系统

(1) 根据消防规范要求,本次设计建筑物内将设置消火栓系统和配置灭火器。

(2) 消火栓设计:室内消火栓用水量为 10L/s,室外用水量为 20L/s,火灾延续时间按 2h 计,连续延续时间按 2h 计。室内消火栓采用单栓组合式消火栓箱,室内消火栓采用组合式消火栓,厂房暗敷分区,尺寸为:1600mm×700mm×240mm;明装部分尺寸为:1800mm×700mm×240mm;明装部分尺寸为:1800mm×700mm×240mm;厂房暗敷分区。

(3) 消防泵房内设置两台消火栓泵,一用一备;水系型号:消防泵系 XBD-5/35-DL,流量 35L/s,扬程 0.5MPa,流量 35L/s,30kW;消防水量;气体顶消火栓设备 1 台,满足室内消防前 10min 用水量。A 级火灾,轻危险级,选用手提式磷酸铵盐干粉灭火器。

3. 灭火器配置:选用手提式磷酸铵盐干粉灭火器,根据《建筑灭火器配置设计规范》(GB 50140-2005),火灾类别:A 类火灾,火灾危险等级:轻危险级。灭火级别为 A 类。最大保护距离不超过 25m。

五、节能

1. 给水进口处均设置水表计量,本建筑采用雨水三级标准。室内排水、雨水三级标准后排至市政污水管网。本建筑排水采用雨污分流制,室内排水采用雨污分流制,室内污水经室内化粪池至三级标准后排至市政污水网。

2. 给水表按《冷水水表》的有关规范选用依产品。水表采用优先采用选用符合要求采购规范要求的水表类。避免使用中出现水量漏计现象,避免使用中出现水量漏计现象,根据需要定期更换。水表检定符合不大于 6L,卫生设备安装参照国标图集和设备厂商提供的安装参照国标图集和设备厂商提供的安装。

六、其他

1. 图中标高、管长均以米计,其余尺寸以毫米计。
2. 室内地坪相对标高为 ±0.000,室外地坪 -0.450m。
3. 架空管道安装标高为管中心,埋地管道安装标高为管内底,地沟。

4. (1) 地面以上给水、中水和循环给水管道采用衬塑复合钢管,给水、中水管道采用法兰连接,给水、中水管道采用卫生标准。排水管高出标高采用。DN≤100mm 采用

(2) 地面以上消火栓和喷淋给水管道采用内涂塑复合钢管。循环水、消防、消火,DN>100mm 时采用卡箍连接,DN≤100mm 时螺纹连接。

(3) 埋地部分给水、中水、消防、循环水管道均采用钢丝网骨架塑料(聚乙烯)复合管,热熔连接。

(4) 循环水、给水管道关闭有关部分采用橡塑材料保温。冬季停用期间,放空管道内存水。

(5) 管道连接件及配件的材质应选用与管材相适应的材质,柔性承插连接或消防。

5. 生活排水管道采用 HRS 加强型螺旋消声管施工,柔性承插连接或消除。$De50mm,i=0.025$;$De75mm,i=0.015$;$De110mm,i=0.012$;$De160mm,i=0.007$。

6. 生活排水管道除注明外均按以下坡度施工:$De110mm,i=0.012$;$De160mm$。

7. 重力排水管道安装完毕后,必须做满水、通球试验。

压力给水管道安装完毕后,应做压力试验。

8. 试验要求:压力给水管道安装完毕后,应做做水压试验,压力给水管道试验:

   试验要求见《建筑给水排水及采暖工程施工质量验收规范》(GB 50242—2002)中的相关规定。其中生活给水管道试验压力不小于 0.80MPa,压力不小于 0.60MPa,消防给水管道试验压力不小于 0.80MPa;

8. (1) 构造内存水弯或在地漏下设有存水弯,且水封深度不得小于洁净区采用洁净的水封,严禁采用活动机械密封件代水封。严禁采用钟罩(扣碗)式地漏。洁净区采用洁净区采用洁净。

9. 排水立管在安装有存水弯的排水口以下设存水弯,且水封深度不小于 50mm,严禁采用活动地漏。严禁采用活动地漏封水深度不小于 50mm。

   (2) 水封采用活动地漏封水封深度不小于 50mm,严禁采用钟罩(扣碗)式地漏。地漏。严禁采用活动地漏。

10. 排水立管检查口安装距离地(楼板面)均为 1.00m。

11. 室内消火栓出口交安装高度距地面(楼板面)1.10m。

12. 室内钢管支吊架参见国家标准图集 03S402;PVCU排水管。

管道支架间距应按国标图集 03S402 和相关施工验收规范执行。

13. 管道冲洗和消毒:给水管道在系统运行前必须冲洗和消毒,并按有关部分分别检验,并按有关部分分别检验。

符合国家现行《生活饮用水标准》(GB 5749—2006)后方可使用。

14. 卡箍式连接安装要求见满足《沟槽式连接管道施工技术规程》(T/CECS151—2009)中有关规定。

15. 给排水工程施工时应与其他相关专业密切配合。

16. 本设计施工未尽部分参见国家建筑工程施工质量验收规范及标准图集《建筑给水排水及采暖工程施工质量验收规范》(GB50242-2002),《建筑给水排水塑料管道工程技术规程》(CJJ/T29—2010)中的强制性条文必须严格执行。

17. 本工程给水排水管道长度统计至墙外 3m。

七、图例

序号	图例	名称
1	—J—	生产生活给水管
2	—XH—	消火栓给水管
3	—ZJ—	中水给水管
4	—P—	排水管
5	—YY—	压力流雨水管
6	—Y—	重力流雨水管
7		蝶阀
8		止回阀
9		球阀
10		倒流防止器
11		压力表
12		清扫口
13		圆形地漏
14		

序号	图例	名称
15		通气帽
16		延时自闭冲洗阀
17		水嘴
18		立管检查口
19		S型、P型存水弯
20		小便器
21		污染盆
22		洗脸盆
23		蹲式大便器
24		消火栓箱(平面、系统)
25		管道立管及编号
26		87型钢筋混凝土雨水斗及编号
27		管道出户管及编号
28		

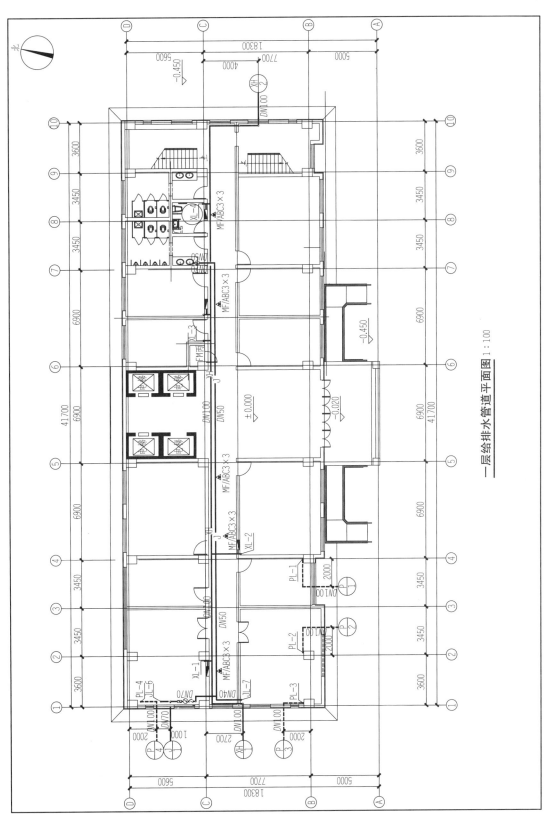

一层给排水管道平面图 1:100

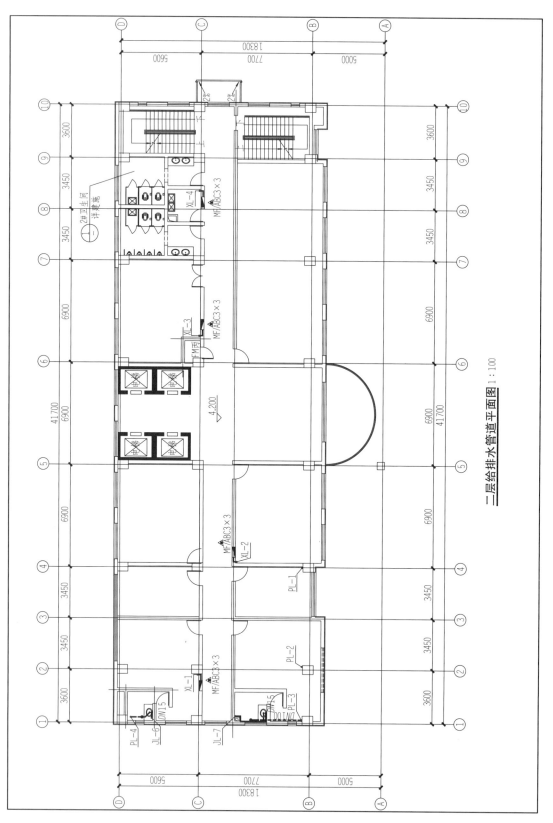

二层给排水管道平面图 1:100

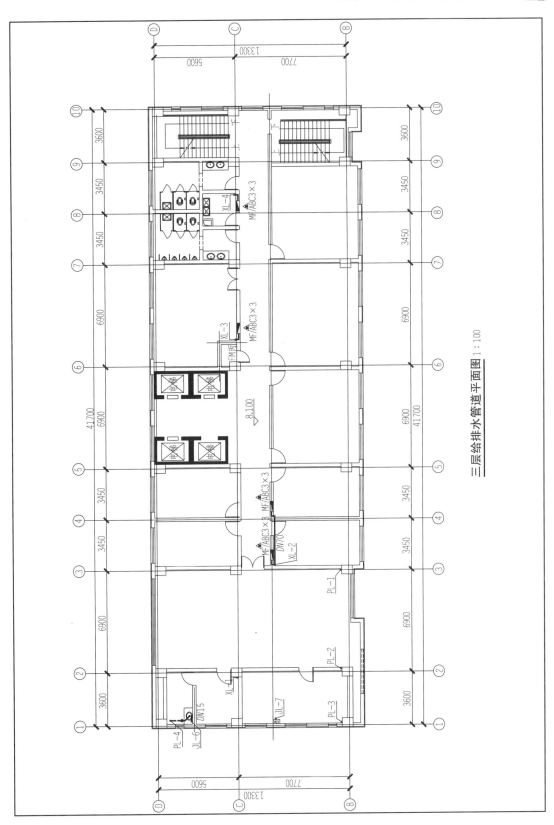

三层给排水管道平面图 1:100

安装工程计量与计价

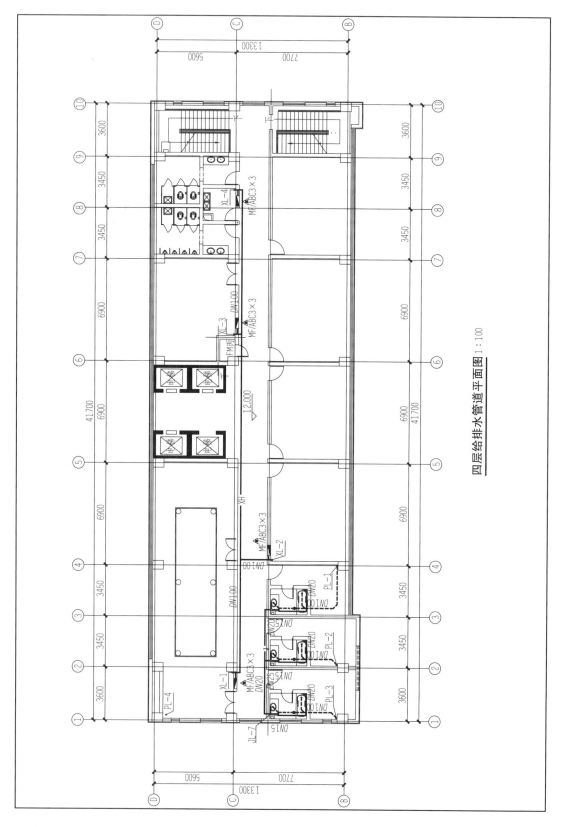

四层给排水管道平面图 1:100

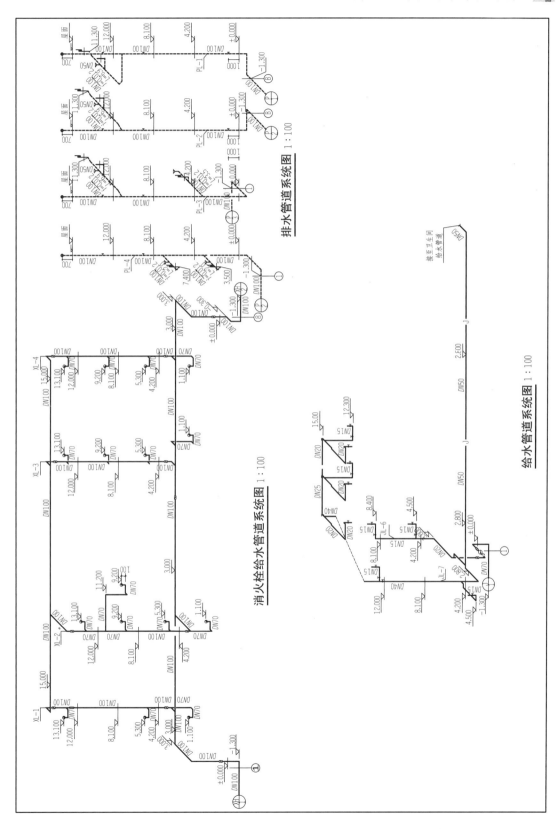

排水管道系统图 1:100

给水管道系统图 1:100

消火栓给水管系统图 1:100

附录 3 采暖工程图纸

设计施工说明

1. 设计概况

本设计为天津某科技发展有限公司新能源动车辆项目的办公楼采暖通风空调施工图设计。

2. 设计依据

建筑专业提供的平、立、剖面图；

2.1 《工业建筑供暖通风与空气调节设计规范》(GB 50019—2015)；

2.2 《工业建筑供暖通风与空气调节设计规范》(GB 50019—2015)；

2.3 《公共建筑节能设计标准》(GB 50189—2015)；

2.4 《全国民用建筑工程设计技术措施：暖通空调·动力》(2009年版)；

2.5 《风机与动力管道设计施工规范》(GB 50738—2011)；

2.6 《室内动力管道装置安装设计规程》(01R415)；

2.7 《天津市公共建筑节能设计标准》(DB 29-153—2014)；

2.8 《中小学设计规范》(GB 50099—2011)；

2.9 《多联机空调系统工程技术规程》(JGJ 174—2010)。

3. 设计参数

3.1 室外计算气象参数：(天津市)

空调室外计算干球温度：冬季 t_{wn} = -11℃；夏季 33.4℃。

冬季采暖室外计算温度：-7℃；冬季通风室外计算温度：-4℃；

夏季空调室外计算干球温度 t_w=26.9℃；夏季通风室外计算湿球温度 t_{ws}=78%。

3.2 室内设计计算参数：

名称	夏季温度	冬季温度
行政室、业务室、会议室	26℃	18℃
董事长室、经理室、销售部	27℃	18℃
清洁室、卫生间	—	16℃

4. 设计范围

4.1 办公楼采暖系统设计；

4.2 办公楼空调系统设计；

4.3 卫生间、卫生间通风系统设计；

5. 设计内容

5.1 采暖系统设计：

采暖楼采暖系统选用上供下回双管同程系统，总热负荷为98.6kW，单位面积热负荷为41kW/m。供水温度为60℃，回水温度为85℃，回水温度差（Δt冷=64.5℃）。散热器采用钢铝复合翼型散热器，均要求将其做在，高度为650mm，高台共计算，做法详见05N1-P197。

5.2 中央空调系统设计：

每层划分为一个系统，每个空调室外机放置于屋面上，室内机根据装修情况进行安装。一层空调室外机额定室冷负荷53kW，二层空调室外机额定室冷负荷58kW，三层室外机额定室冷负荷217.6kW，单位建筑面积冷指标每平方米88.4kW。

5.3 通风系统设计：

卫生间均按照10次/h的换气次数计算通风量，通过吸收式换气扇引至排风竖井从屋面排出室外。

6. 防火篇

6.1 所有采暖管道、回水管与空调冷凝水管及两处空调材料与石棉材料对接时均加防火套管，风管与空调管道之间做防火阀，外保温采用难燃B1级橡塑保温材料保温，外保温套管之间的空隙采用石棉非燃材料填充。

6.2 通风管道均为镀锌钢板制风阀，风管与空调连接处做风阀。风管与空调管之间采用防火PVC，外保温材料保温采用难燃B1级橡塑保温材料保温，厚度为10mm，凝结水排口设置于在70℃自动关闭的自动排气阀，视向照明灯具位置冲击调整。

7. 节能专篇

7.1 吊顶层、非采空间空调管道采用难燃B1级橡塑保温保温，厚度满足公共建筑节能设计要求。

空调冷凝水管道采用难燃B1级橡塑保温，外保温采用难燃B1级橡塑保温保温，厚度为10mm。

空调冷凝水管采用难燃B1级难燃火等级材料保温，产品必须符合国标要求。

计相关系数：密度梯度 20~80kg/m，导热系数<0.033W/(m·K)

7.2 要求：非凝式细玻璃棒，密度梯度 20~80kg/m，导热系数<0.033W/(m·K)。

7.3 房间内散热器加装控温、温度室内负荷变化时节冷暖管的流量，根据室内负荷控温。

7.4 多联式空调采用变频节能技术，制冷性能系数 EER≥3.4，满足公共建筑节能设计要求。

施工说明

1. 通风系统

1.1 通风工程安装、设备及材料应遵守《通风与空调工程施工及验收规范》(GB50243—2016)；

1.2 所有的风阀、防火阀均止回阀。

2. 采暖系统

2.1 采暖管道在施工安装中，防火安装时按采暖区域内按照厚度要求进行绝热措施；在采暖板底的两侧，应设置绝热保护。

2.2 供热水管道采用镀锌钢管焊接，管道做离心玻璃棉保温，厚度参考下表：

管径	厚度/mm
≤DN50	50
DN70~150	60
≥DN200	70

2.3 图中的排气阀均为带锁自动排气阀。图中的铜阀均为带锁自动排气阀（接DN20）。

2.4 采暖管道等在吊架制作作安装。

2.5 走廊等采暖管道应按2.2要求对采暖管道进行绝热保温，在墙体或楼板埋设处，应设置绝热保护。

2.6 采暖管道施工、安装前，必须将管内的异物清除干净。

2.7 采暖管道应，松散热法，应按照离心玻璃棉保温，厚度要不大于，离心玻璃棉保温填充。

中间空间空间，详见《05系列建筑标准设计图集》(DBJT29—18—2005)。

2.8 试压、采暖管道安装完毕，管道保温之前应进行水暖压力试验。试验压力为0.6MPa，在试验前应进行压力检查。试验压力保持10min内，压力降至0.02MPa，降至工作压力后检查不渗、不漏为合格。

2.9 验收规范 (GB50242—2002)及《通风与空调工程施工及验收规范》(GB 50243—2016)进行。

3. 空调系统

3.1 多联式空调设备应运到核对厂家出示的基础资料，设备安装前应核对相应的《铜制合金铜管》资料，多联机空调系统安装运运行对近的《卫生自同排水处，凝结水排行安装。

3.2 冷媒管道，采用铜管无缝紫铜，厚度按供的铜管塑保温材料保温，视场按应做的空调系统，冷媒管与空调管之间采用难燃B1级橡塑保温PVC，外保温厚度为10mm，做向指向临近的卫生自同排水处，凝结水排口连接。

3.3 空调冷凝水管始管与其他采暖管之间的铜管，必须采用去镀紫铜，厚度要求将其做《铜管无缝紫铜材料保温》(GB/T 1527—2017)，供其采用。

3.4 空调过冷管如难燃材料保温棉不燃棉及石棉不燃。

3.5 施工中空调器与空调管，视向照明灯具位置冲击调整。

3.6 施工中空调器如难燃材料采用难燃B1级PVC，外保温与专业管线如与通风与空调连接，其他采用难燃材料采用难燃石棉不燃。

6. 其他

6.3 楼梯间及走廊均有可开口窗有可开启外窗自然排烟，不进行机械排烟设计。

6.4 空调冷媒水管道采用耐难火等级材料保温B1级橡塑保温，外品必须符合国标要求。

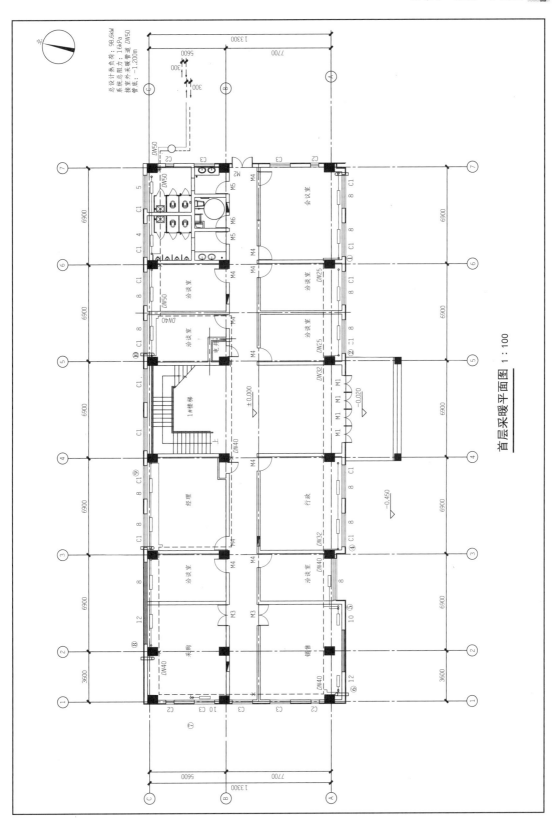

首层采暖平面图 1:100

安装工程计量与计价

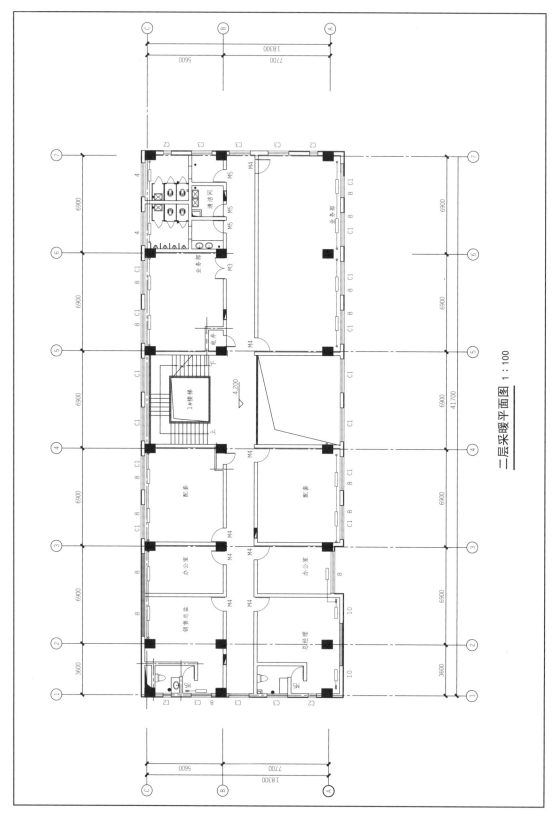

二层采暖平面图 1:100

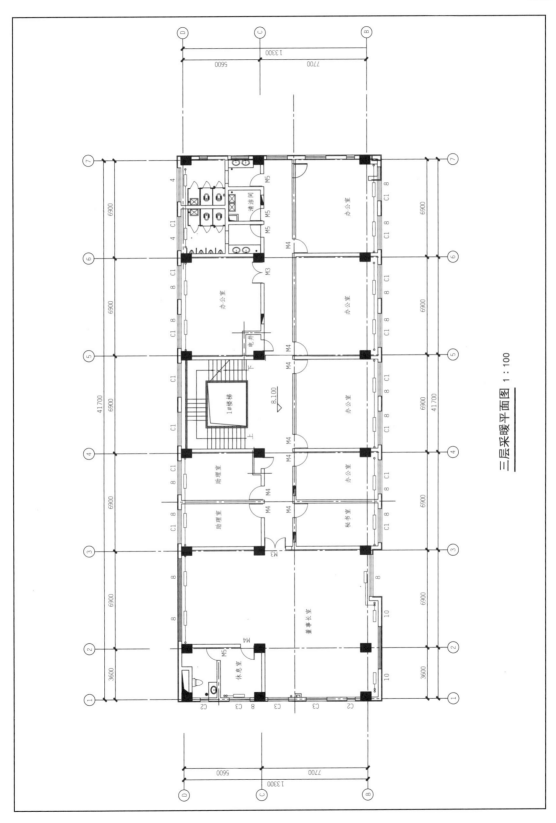

三层采暖平面图 1:100

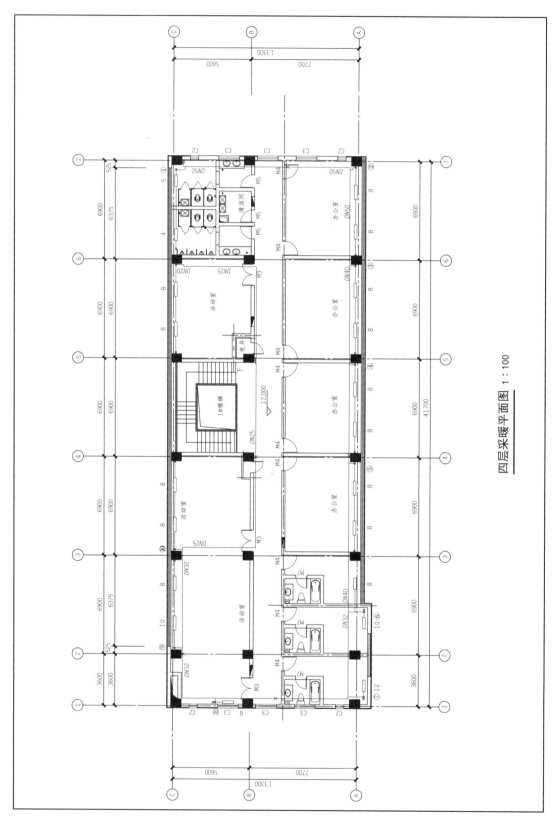

四层采暖平面图 1:100

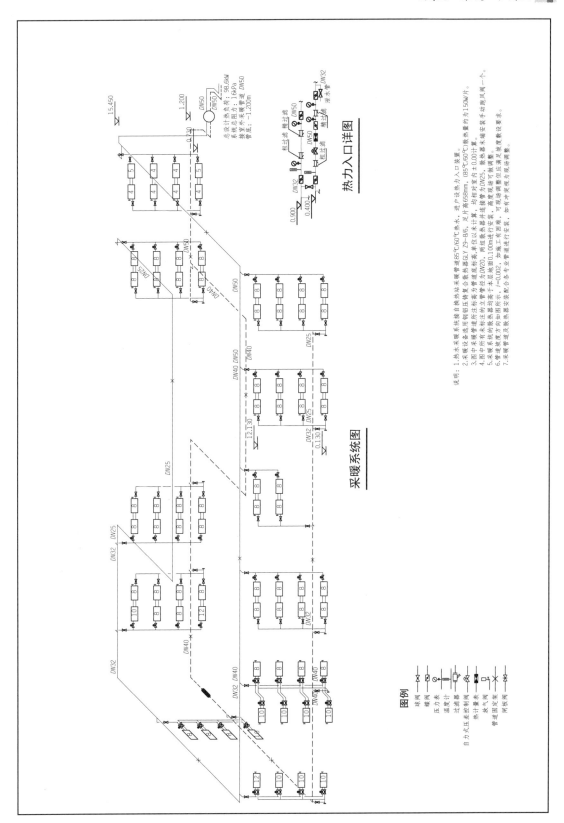

采暖系统图

热力入口详图

图例

说明：1.热水采暖系统接自换热站采暖管道85℃/60℃热水，进户设热力入口装置。
2.采暖设备选用钢铝压铸复合散热器GLY Z9-8/6，足片数量，（85℃/60℃)散热量约为150kW/片。
3.图中未标注管道所在标高为管道高，单位以米计算，高相对室内为±0.00计算。
4.图中所有未标注的立管径均为DN20，两组散热器并连接管为DN25，散热器末端安装手动跳风阀一个。
5.采暖系统的散热器均采用DN25，如施工有困难，可现场调整以满足采暖设量要求。
6.管道坡度方向如图所示，i=0.002，如施工有困难，可现场调整但应满足采暖设置要求。
7.采暖管道及散热器安装应配合各专业管道敷设如有冲突采视为现场调整。

附录 4 通风、空调工程图纸

暖通空调工程设计说明

第一部分 设计说明通则

一、工程概况

1. 建设地点：天津市滨海新区中部城镇北起友庄02-69地块。
2. 项目名称：天津滨海新区滨海源邻里中心。
3. 项目规模：本工程由4栋单体建筑组成，地上3层（无地下室）；②1个社区服务站，地上3层，地下1层；③1个便民服务中心（无地下室）；④警卫室。
4. 建设单位：天津市×××教育有限公司。
5. 设计咨询：天津××××教育咨询有限公司。
6. 本设计适用范围：社区服务站、便民服务中心、警卫室。
7. 设计内容：空调设计、供暖系统设计、防、排烟设计、通风系统设计，其余所有房间等均采有采暖设施（散热器供暖）。

二、主要设计依据

1. 《民用建筑供暖通风与空气调节设计规范》(GB 50736—2012)；
2. 《建筑设计防火规范》(GB 50016—2014)；
3. 《公共建筑节能设计标准》(GB 50189—2015)；
4. 《天津市公共建筑节能设计标准》(DB 29—153—2014)；
5. 《天津市居住建筑节能设计标准》(DB 29—205—2015)；
6. 《天津市民用建筑太阳能热水系统应用技术规程》(DB 29—26—2008)；
7. 《供暖计量技术规程》(JGJ 173—2009)；
8. 《民用建筑供暖通风设计技术措施》(2009年版)；
9. 《全国民用建筑工程设计技术措施 暖通空调·动力》(2012年版)；
10. 《天津市建筑设计技术规定》(JGJ 174—2010)；
11. 《多联机空调系统设计图集》；
12. 空调制造厂提供的设计手册；
13. 空调专业提供的图纸，建设单位提供的设计任务书及有关协商纪要。

三、设计参数

室外设计参数（天津市滨海新区）：冬季空调干球温度−9.2℃，冬季空调计算相对温度68%，夏季空调计算干球温度32.5℃，夏季空调计算湿球温度26.9℃，夏季平均风速4.2m/s，夏季大气压力1004.6hPa；冬季空调计算干球温度−6.8℃，冬季通风室外计算温度−3.3℃，冬季室外平均风速3.9m/s，冬季大气压力1026.3hPa。

房间名称	冬季（散热器）		夏季（空调）		新风量/[m³/（h·p）]	换气次数/次/h
	温度/℃	相对湿度/%	温度/℃	相对湿度/%		
办公室	20	—	26	60	—	—
理疗室	18	—	26	60	—	—
服务大厅	18	—	27	60	—	—
卫生间	20	—	27	60	—	6
公共卫生间	16	—	27	70	—	6
门厅、走道	16	—	—	—	—	—
水泵房	5	—	—	—	—	6

第二部分 空调工程设计说明

一、空调工程概况

1. 空调形式：社区服务站和便民服务中心，均采用多联机空调。警卫室采用分体空调。
2. 空调机房及气流组织：空调房间吊装多联式空调室内机，房间气流组织形式为上送上回方式，顶部回风。
3. 冷热源：社区服务站空调冷热负荷133.7kW，空调冷指标111W/m²；便民服务中心空调冷负荷53kW，空调冷指标98W/m²；警卫室空调负荷1.788kW，空调冷指标126W/m²。

二、多联机性能系数

多联机的选择，室内外环境温度应满足下表所列冬夏季节性系数IPLV（C）门实测值应满足冷热数的有关规定。

表一 多联式空调冷热媒

冷媒	R410A
制冷持续室内外温度	−5℃～43℃（室外温度范围）
	−5℃～16℃（室内温度范围）
制热持续室内外温度	−23℃～16℃（室外温度范围）
	15℃～27℃（室内温度范围）

表二 多联式空调（热泵）机组制冷综合性能系数[IPLV（C）]

名义制冷量CC/kW	综合性能系数[IPLV（C）]
CC≤28	3.90
28<CC≤84	3.85
CC>84	3.75

三、自动控制

多联机，采用一台室外机对应连接一组室内机（≤16台），室内外专用控制方式，按室内机开启的数量和容量来控制室外机内的压缩机输出容量、制冷剂的流量来进行制冷剂流量控制。所有室内机可分别进行单独温度控制，室内机设置控制面板，预留与中央自控的接口。

四、室内机、室外机的安装

室内机，采用吊顶暗装方式，吊顶内藏风管式内机，吊风采用ϕ10圆钢。并对室内机按照风带照明带要求一组室外机内。

1. 保证安装的长度和距离符合设计要求，在室内机出风口处吊平不得有积水现象。
2. 接管完成后面向机组内顶上设置预留一个不小于450mm×450mm的检修口。
3. 室内机安装步骤：确定安装位置→面板安装→打膨胀螺栓→吊装安装→连接管路→机组调试。
4. 室外机安装于室外空间，室内机设于建筑物之间应空间有资料中规定尺寸进行处理。

五、风管制作、安装

1. 多联机系统之室内机组，回风口，均采用镀锌钢板制作，风管安装保温沿接成变形缝长度为150～250mm处应设置吊架。
2. 空调凝结水管，采用PVC管，出口与相接直接保温，保温层厚度60℃mm，出风采用制冷"室内空调工程设计说明"。
3. 内机组，必须设置室外风管两侧，所有室内机的吐入、针样连接，并应符合国标。

六、多联机冷媒管管道系统

1. 材料：冷媒管合金管采用TP2脱氧无缝紫铜管，保温层外缆防火绝缘带，δ=15mm。
2. 保温：保温层厚度采用JV泡沫保温乙烯保温材保温（GB/T 1527—2017）。包括外径≤12.7mm时，δ=20mm；外径6.4≤ϕ≤15.9mm时，保温层厚度δ=15mm；外径6.6≤ϕ≤51.4mm时，保温层厚度δ=25mm；发泡聚乙烯保温材料特性：密度ρ=60kg/m³，导热系数λ≤0.034[W/（m·K）]，燃烧性能等级为难燃B1级材料。3.本套多联机系统冷媒管道选用单位的招标选空调厂家之后，再深化空调图纸后，施工说明等中冷媒管穿径、再补充管径，施工说明书等。

七、冷凝水管道系统

1. 冷凝水管道均采用U-PVC建型硬管，粘接连接。
2. 冷凝水管道及其发泡吊装吊装，换热层厚度δ=15mm。做法见引2N4−2或151−153页。
3. 凝结坡度满足。水平支管一定坡度设计时，必须保证凝水平干管，进度保证凝水平干管，坡度≥0.01，冷凝水平干管，坡度≥0.003。

八、多联机调试，试运行

1. 首次调试，由空调权安设工厂培训设计人员进行，试机工作应在完成，并进行调试。现场应记录接主要系数后与系统各项数据。
2. 火、密闭性试验，油漆空，无漏水平表空等与要查整查后进行。
3. 项目记录不全件各单位主要人员，应在全部各项目调试之前，检查确认试，最后引手室内调试。

第三部分 防排烟（火灾）工程设计说明

一、地下室

社区服务站的地下室机房，同时设计排烟补风机。

二、楼梯间

1. 自然排烟，楼梯间。均采用自然排烟，其中地下层楼梯间间与电梯井自贯间为自然排烟。
2. 自然排烟面积，靠外墙的疏散楼梯间，每五层内可开启外窗或可开启内层可开启的窗户的面积≥2.0m²。

三、房间和走道

除采用自然排烟，其有自然排烟于大排烟。

四、排烟系统动控制

排烟系统的控制与火灾自动报警系统应与（GB 50116—2013）相关应符合下列要求：①现场手动启动；②消防自动报警系统联动启动；③火灾自动报警系统启动；④系统中每一排烟阀应其自开启时的报警功能；每五层内应在280℃时应自关闭。

3.机械排烟系统中的常闭排烟阀或排烟口采用手动或自动开启方式，排烟口的设置具有手动和自动开启功能，其手动开启装置应设置在距地面1.5m内有明显标志应便于操作的部位，并在15s内自动启动，并在30s内自动关闭与相相邻烟道。

4.当火灾确认后，应在两个防火技以上的防烟分区的排烟系统，排烟口的设以开烟与防烟防烟分区的排烟风机和补风，风压自动开启相关防火的，无火自动关闭防烟分区的排烟风机应便阀开着状态的。

5.火灾确认后，开启着火防火分区的排烟风机，其手启信号应与排烟机联动，排烟风机和补风，风应在15s内自动联动开启，并应打开着火防火分区的排烟风机和防火分区的排烟风设置机。并在12h以上连续自动排烟加热器连续，最后引手室内排烟加热器室内。

第四部分 平时通风工程设计说明

一、地上房间和走道自然通风

所有地上房间走道，均可利用开启外窗自然通风。

二、卫生间通风

所有卫生间均设通风器，污浊空气经过通风管，排风井，由屋顶排出室外。

三、排风装置

地下配电室，地下水泵房，换热站，这些地下机房内均设置机械排风装置。

暖通空调工程施工说明

一、尺寸

1.本工程图标高以米计，其他尺寸以毫米计。

2.本工程图，非屋面层标高均指建筑标高，屋面层标高均指结构标高。建筑标高以建筑专业地面（楼面）完成层为基准标高面，结构标高以结构板的上皮为基准标高面。

二、风管与设备安装

1.本说明风机包括风机、风机箱；本说明风管包括“风管材质表”中的所有管道。

2.风管材质表：

风管材质表			
风管编号	风管简称	材质	适用部位或备注
风管1A	普通型消防风管	镀锌钢板	消防加压送风管、消防排烟风管、排烟兼排风风管、排烟补风管。
风管1B	隔热型消防风管	镀锌钢板	
风管1C	防火风管	镀锌钢板	
风管2	事故风管	铝板	事故通风管
风管3	油烟风管	不锈钢板（304）	厨房送、排风管
风管4	卫生风管	金属波纹软风管	卫生间通风器排风管，长度$L\leqslant1500$mm（长度$L>1500$mm时，按普通风管）
风管5	室内机风管	镀锌钢板	与风机盘管或多联机室内机连接的风管
风管6	新风风管	镀锌钢板	与组合式、柜式、吊顶式空气处理机组、热回收式新风换气机连接的风管
风管7	普通风管	镀锌钢板	普通送、排风风管（除风管1～风管6之外的风管）

注：
（1）风管1A、1B、1C均为消防风管。风管1A为无隔热层、无防火包裹层的普通型消防风管；1B为隔热型消防风管；1C为防火风管。
（2）所有防火阀与防火墙之间的风管均采用2mm厚的钢板制作，且应满足隔热型消防风管1B的要求；
（3）说明或图纸中不注明风管为1A、1B、1C时，1A均采用“风管”。

3.风管厚度确定原则、连接方式、法兰垫料材质表：

风管厚度确定原则、连接方式、风管法兰垫料材质					
风管编号	风管名称	风管厚度确定原则	连接方式	风管法兰垫料材质	法兰垫料厚度
风管1A、1B、1C、2	消防风管、事故风管	GB 50243—2002规定的高压系统	角钢法兰	石棉橡胶板	6mm
风管3	油烟风管	执行现行规范	执行现行规范	闭孔海绵橡胶板	5mm
风管4	卫生风管	执行风管制造厂标准	卡箍连接	闭孔海绵橡胶板	5mm
风管5、6、7	室内机风管、新风风管、普通风管	GB 50243—2002规定的中、低压系统	执行现行规范	闭孔海绵橡胶板	4～5mm

注：一个系统应采用一种密封材料。

4.风管的制作安装，一律按《通风与空调工程施工质量验收规范》（GB 50243—2002）的规定执行。其加工方法及加固方式按现行相关规范、标准执行。

5.风管绝热厚度表：

风管绝热厚度表					
风管编号	风管名称	绝热材质	绝热厚度	面层或做法	适用部位或备注
风管1C	防火风管	防火板	$\delta\geqslant9$mm	详见12N5-2第53、54页“铁皮包敷式防火风管”	布置在楼座地下室的加压送风管、以及跨越防火分区的各种风管
风管1B	普通型消防风管	离心玻璃棉板	$\delta=50$mm	复合（防火）铝箔	吊顶内排烟风管，以及所有防火阀与防火墙之间的各种风管
风管1A、2、3、4、7	普通型消防风管、事故风管、油烟风管、卫生风管、普通风管	不保温			
风管5	室内机风管	橡塑	$\delta=30$mm	绝热层外满缠防火包扎带	
风管6	新风风管	离心玻璃棉板	$\delta=30$mm	复合（防火）铝箔	

注：
（1）橡塑特性：全称为柔性闭孔泡沫橡塑，密度$\rho=40\sim80\text{kg/m}^3$、导热系数$\lambda\leqslant0.03375+0.0001375t_m$[W(m·K)]湿阻因子$\mu\geqslant10000$、防火等级为难燃B1级材料；
（2）离心玻璃棉特性：密度$\rho\geqslant45$kg/m3、导热系数$\lambda=0.031+0.00017t_m$[W（m·K）]、防火等级为A级。

6.所有水平或垂直的绝热风管与非绝热风管，必须设置必要的支、吊或托架，其构造形式由安装单位在保证牢固、可靠的原则下，根据现场情况按标准图12N5-2第150～165页选用。

7.风管支、吊、托架间距应符合下列规定：

风管支、吊、托架间距应符合下列规定
水平安装：风管直径或大边长<400mm者，间距不超过4m；
风管直径或大边长≥400mm者，间距不超过3m。
垂直安装：风管间距不大于4m。
直风管段：每个水平或垂直直管段的固定支、吊、托架不应少于2个。

8.悬吊的风管和部件应设置防止摆动的固定装置。

9.风机、防火阀、排烟阀、排烟口等设施，必须单独固定或配置支吊架。

10.通风、空调风管的下列部位均装设防火阀：①风管穿越防火分区的隔墙处；②风管穿越通风、空调机房隔墙和楼板处；③垂直风管与每层水平风管交接处的水平管段上；④风管穿越变形缝处两侧。

11.防排烟系统设备材料防火：所有风机、风管、风口、风阀，均为钢制产品。

12.防排烟系统部件安装：多叶排烟口、送风口、排烟阀的安装见12N5-2第143页；PYK-4型排烟口，均配套远程控制装置（BSD），远程控制装置安装见12N5-2第142～144页。

13.所有风管和风机敞口处，均配置镀锌铁丝网和百叶风口。未配置风管的风机，出口侧配置镀锌铁丝网和自垂百叶风口、入口侧配置单层百叶风口。镀锌铁丝网孔口尺寸10mmx10mm。

三、管道与设备安装

1.本说明管道包括水管和风管，本说明水管包括“ 供暖水管材质、绝热材质、绝热厚度表 ”中所列的全部管道。

2.支、吊或托架：所有水管，必须设置支、吊或托架，管道支架及吊架按照标准图集12S10/25～27选用（1个横担承担≤3根管道，同处>3根管道时应分别设置支吊架）。施工单位也可在保证牢固、可靠的原则下，根据现场情况按其他标准图施工。

3.管道坡度：所有水管敷设时，必须保持一定的坡度。除图文中另有注明外，连接设备的支管坡度$i\geqslant0.01$（1%）；干管坡度$i\geqslant0.002$（2‰）。（供暖管道坡度详见上文）

4.排气、泄水：供暖空调水管系统每个集气管段的最高点、应分别配置E121型自动排气阀。管道系统的最低点应配置泄水管并安装同口径球阀。排气口和泄水口应用管道引至排水系统内，且排气口和泄水口，与管道之间应固定不漏水。

5.吹扫和冲洗：所有管道在安装前必须用压缩空气进行反复吹扫，安装停顿期间对管道开口处应采取封闭保护措施。所有管道系统安装完毕后，必须先用压缩空气进行反复吹扫，吹扫至靶板上无污物为合格。吹扫干净后再用清水进行反复冲洗，冲洗时以系统能达到的最大压力和流量进行，直到出水口水色和透明度与入水口目测一致为合格。吹扫和冲洗时，压缩空气或冲洗水不得经过供暖末端设备、热量表、热水表、过滤器。

6.试压：试压事项按照现行相关规范要求进行。

7.水管和风管上的可拆卸接口，不得设置在墙体和楼板内。

8.安装调节阀等调节配件时，必须将操作手柄配置在便于操作的部位。

9.在法兰、阀门、测量孔等处，不得设置支、吊或托架。仪表安装应方便查表和维修。

10.管道转弯时的弯管，除需要拆装或不易施工的管道外，必须采用冷弯或热弯方法制作。

11.焊接要求：管道焊接按照《现场设备、工业管道焊接工程施工规范》(GB 50236-2011)执行，管道类别P1类，焊缝等级III级。

12.水管和风管上必须标明介质名称，介质流动方向；风管和水管上的阀门，必须标明介质名称、介质流动方向、开关方向。

13.防排烟、供暖通风和空气调节系统中的管道及建筑内的其他管道，在穿越防火隔墙、楼板和防火墙处的孔隙应采用防火封堵材料封堵。

14.风管穿过防火隔墙、楼板和防火墙时，穿越处风管上的防火阀、排烟防火阀两侧各2.0m范围内的风管应采用耐火风管或风管外壁应采取防火保护措施，且耐火极限不应低于该防火分隔体的耐火极限。

15.所有风管穿过墙体和楼板时，安装单位必须配合土建预留孔洞。当风管穿过需要封闭的防火防爆的墙体和楼板时，并应设钢制套1.6mm，管道与套管之间必须采用防火材料封堵。做法见07K103-2第69～70页。

16.所有水管穿过墙体和楼板时，安装单位必须配合土建预留孔洞，并应设钢制套管，管道与套管之间应封堵，做法见12N1第230～241页。其中水管穿外墙采用防水套管，做法详见12N1第225～226页。

17.安装在楼板内的套管，其顶部应高出装饰地面20mm；安装在卫生间和设备间内的套管，其顶部应高出装饰地面50mm；安装在屋面板内的套管，其顶部应高出屋顶完成面300mm，底部应与楼板底面相平；安装在墙壁内的套管，其两端应与饰面相平。

18.绝热（含保温保冷）风管和绝热水管上的阀门、法兰必须绝热。绝热管道穿过墙体和楼板时，绝热层不能间断（绝热管道穿过需要封闭的防火防暴的墙体和楼板时采用石棉绝热）。

19.绝热风管和绝热水管的支、吊或托架应设置于绝热层的外部。

20.热风管和绝热水管与支架、吊架、托架之间，用硬干燥木块绝热。所用硬干燥垫木必须经过防腐处理，其厚度与管道绝热层厚度相同，且表面平整。

21.与设备相连接的风、水管尺寸，除图文中注明外均同设备接口尺寸。

22.室内埋地塑料管材，不得有任何形式的接头。

23.压力表表盘刻度极限值应为工作压力的1.5～3倍，最好选用2倍。压力表配套三通气表旋塞。压力表和温度计的安装及选择要求详见12N1P223。

24.所有设备留洞及设备基础尺寸，必须由制造厂确认或设备到货校核无误后方可施工。

25.所有设备的安装、配管、调试严格按照制造厂提供的技术文件执行。

26.较重的空调末端、风机、管道等设施吊装时，在混凝土楼板处必须采用预埋钢板或其他安全可靠的固定方式，并应经设计人员认可，严禁采用膨胀螺栓直接固定。

27.凡是未标注标高的水管和风管，均贴顶梁或顶板布置。

28.除镀锌钢板、镀锌钢管、不锈钢产品、铜质产品外，其余所有金属风管、水管、管件、支吊托架，在安装之前其内外表面必须进行除锈、清洁处理，并涂一道防锈底漆、二道面漆（含内外面），安装完成后裸露的支吊架等金属表面和面漆损坏的金属表面均应再补涂一道面漆，但预埋在混凝土中且不与空气接触的支吊托架不能涂漆。

四、消声与减震

1.本工程均应选用低噪声风机产品，并由设备厂家配套电气控制柜。

2.所有风机的进、出口与相连接的风管之间，风管穿越变形缝墙体处两端外侧，风管穿越变形缝空间处（风管未穿墙），这3种情况均设置长度为150～250mm的柔性防火短风管。

3.悬吊风机，均采用弹性支吊架，且均为耐火金属弹簧减振器。

4.悬吊的风管和水管，均设置弹性支吊架。

5.穿越沉降缝或变形缝处的水管两侧，均安装耐热软接头。

6.减振器及减振机座均由设备自带或由专业减振器厂家负责设计安装。

五、建筑机电工程抗震设计（暖通专业）

1.吊装的风机设备应采用抗震支吊架。

2.除第1条外，暖通专业还需进行抗震设计的范围：①吊装敷设的管径≥$DN65$的供暖、空调等管道系统；②截面积≥0.38m，直径≥0.70m的圆形风管系统；③吊装的重力≥1.8kN设备（包括但不限于风机（箱）、空调机组、新风机组的矩形风管系统、风机盘管、多联机室内机、风幕机等）；④室内落地安装运行时产生振动的暖通设备（包括但不限于风机、水泵、压缩式制冷机组（热泵机组）、空调机组、空气能量回收装置等）、室外安装的运行时不产生振动的制冷设备设施对隔声降噪有较高要求时。

3.抗震支吊架形式、材质、间距、角度等均应符合《建筑机电工程抗震设计规范》（GB 50981—2014）第8章之要求。

4.暖通专业抗震系统由专业公司二次设计;应结合水暖电专业施工图及现场实际情况综合确定；未尽事宜均见《建筑机电工程抗震设计规范》（GB 50981—2014）之要求。

六．其他

1.主要验收标准：

《建筑给水排水及采暖工程施工质量验收规范》（GB 50242—2002）；
《通风与空调工程施工质量验收规范》（GB 50243—2016）；
《通风与空调工程施工规范》（GB 50738—2011）；
《通风管道技术规程》（JGJ 141—2017）；
《工业设备及管道绝热工程施工规范》（GB 50126-2008）；
《空调工程》（12N4）、《通风与防排烟工程》（12N5-2）。

2.当第一部分/设计说明通则，与下文或图纸不一致时，以下文或图纸为准。

3.施工单位拿到图纸后有关技术人员应认真会审图纸，有关疑问之处及矛盾错误在设计交底及图纸会审时一并解决。

4.其余未尽事宜及施工细则，均按国家和地方现行相关标准、规范、技术规程执行。

通风空调工程图例及代号

图例	名称
	多联式空调室外机
	多联式空调室内机（吊顶内藏式）
	多联式空调室内机（四面出风式）
	多联式空调室内机（落地明装式）
	冷媒（R410A）管道，选用空调用铜氟无缝焊接铜倒管。
	空调冷凝水管
K-1	立管（蜂干管、涂层代号），空调小圆内表示立管号，NL-2表示冷媒待水立管编号。
	法兰软接头
NJ	多联式空调室内机。表示制冷量为5.6kW（56×0.1kW），其余数字含义与此相同。"NJ"表示室内机代号。
NJ∞	多联式空调室外机。表示制冷量为900kW（900×0.1kW），其余数字含义与此相同。"NJ∞"表示室外机代号。

图例	名称
	防火风管
	风管多叶对开调节阀
	风管调节阀
	风管三通调节阀
	风管止回阀
	风管插板阀
	风管天圆地方
	风管变径管
	保温型多叶对开电动防火风阀（配套电动自控装置）
	柔性防火短风管（配套电动自控装置）
×F1-1	表示防火短风管
×FHD-1	表示风管（通用）·安装详见10K121
NJ-56	侧装式（通用）·安装详见10K121
NJ-900	风管截面尺寸，A表示可见尺寸，B表示另一边尺寸 D×（单位：mm）风管截面尺寸，A表示风管外径。
DK-1	用于非人防风管。表示风管直径。
FK-1	新风机组编号（包括立式、卧式、吊式风机组）
PF-3 / SF-3	热回收新风机气空气换气机组编号，包括组合式、柜式、吊顶式换风速机。

注：多联式室内机编号（表示制冷量为5.6kW（56×0.1kW），其余数字含义与此相同）。多联式室外机编号（室外机和柜机）。
单元式空调机组编号（表示制冷量为90kW（900×0.1kW），其余数字含义与此相同）。
分体空调机编号（室内挂机和柜机）。
排风系统编号（图形风量为室外机编号与管道标称）。
送风即进风系统编号。
hx+0.600—指设备安装或吸管下皮，即离本层楼地面高度。"+0.600"表示基准面在下，其余数字含义与此相同。
hz+0.600—指设备安装或吸管中心，距离本层楼地面中心。"+0.600"表示基准面在下，其余数字含义与此相同。
注：所注标高尺寸未示说明时，水管为管中心标高，电标风管为管底标高。

主要设备明细表

空调末端设备表

序号	设备名称	型号规格	制冷量/kW	制热量/kW	冷媒连接管尺寸/mm	冷凝水管接管尺寸/mm	外形尺寸/mm	设备风量/(m³/h)	制冷额定功率单机/kW	数量/单位
1	室外机	NJ-400	40	45	25.4/12.7		1210×750×1720	540/420/360	11.64	台
2	室内机天花板内置式 低静压风管内置式	NJ-28	2.8	3.3	12.7/6.35	32	720×650×270	540/420/360	0.07	台
3	室内机天花板内置式 低静压风管内置式	NJ-56	5.6	6.5	15.88/6.35	32	720×900×270	900/780/600	0.13	台
4	室内机天花板内置式 低静压风管内置式	NJ-71	7.1	8.5	15.88/9.53	32	720×900×270	1140/840/600	0.13	台
5	室内机天花板内置式 低静压风管内置式	NJ-80	8.4	9.6	15.88/9.53	32	800×1100×300	1680/1440/1170	0.25	台

防排烟系统（图例防火排烟阀分类详见《建筑设计防火规范》（GB 50016—2014）367页

分类	名称	阀门代号	图例	参考型号	单体质量/kg	单位	数量
防火类	防火阀	FDS		FFH-1或FFH-6、70℃	295	台	3
	防火调节阀	FDVS		FFH-2或FFH-7、70℃	24	台	2
	排烟防火调节阀	MED		FFH-3或FFH-8、70℃	31	台	4
	电动防火阀	MEE		电动开关、70℃	31	台	1
排烟类	防火阀	GF		FFH-15 70℃（配24v电源）	45	台	10
	多叶式电动排烟阀 配套远程控制装置BSD	GS1		PYK-4、280℃			

备注

平时常开，火灾状态送风排风温度达到70℃时温度熔断器熔断使阀门关闭，关闭后并显示工作状态。

平时常开，可调节风量、火灾状态送风，火灾状态达风温度达到70℃时温度熔断器熔断使阀门关闭。

平时常开，可调节风量、并显示电信号·火灾状态送风排风温度达到70℃时关闭阀门关闭，显示工作状态。

平时常闭，火灾状态通DC24v使电源通70℃时阀闭关闭，电动复位。

平时常开，火灾状态DC24v电压使阀口关闭·火灾状态冷通过间设风，火灾状态达远程控制装置手动装置自动打开，280℃关闭。

平时常闭，可以通DC24v电源自动打开并且可以通过远程控制装置手动打开，280℃关闭。与排烟机联动。

电气设备

设备编号	名称	规格及型号	数量/单位	备注
PF-1	排风机	风量500m³/h，风压50Pa，功率40W，电压220V	台1	卫生间回排风
PF-2,3,4	排风机	卫生间通风器BLO-180，风量180m³/h，风压160Pa，功率30W	台3	卫生间回排风

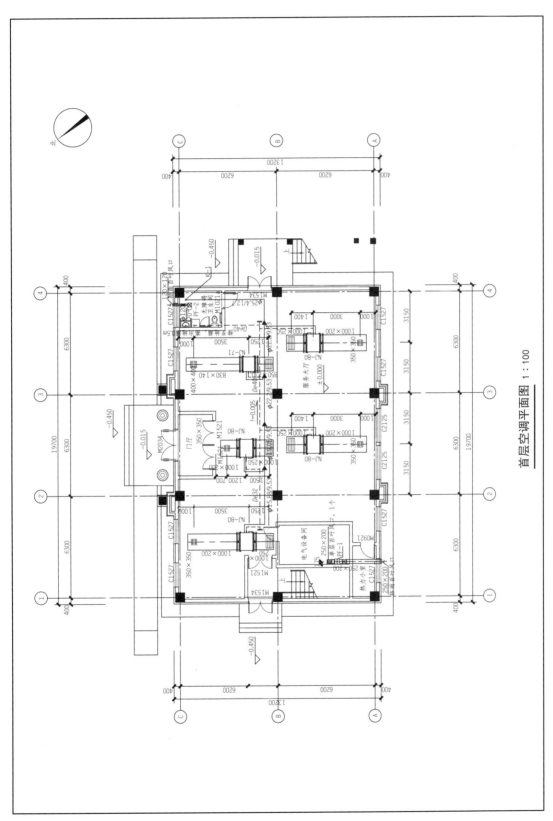

首层空调平面图 1:100

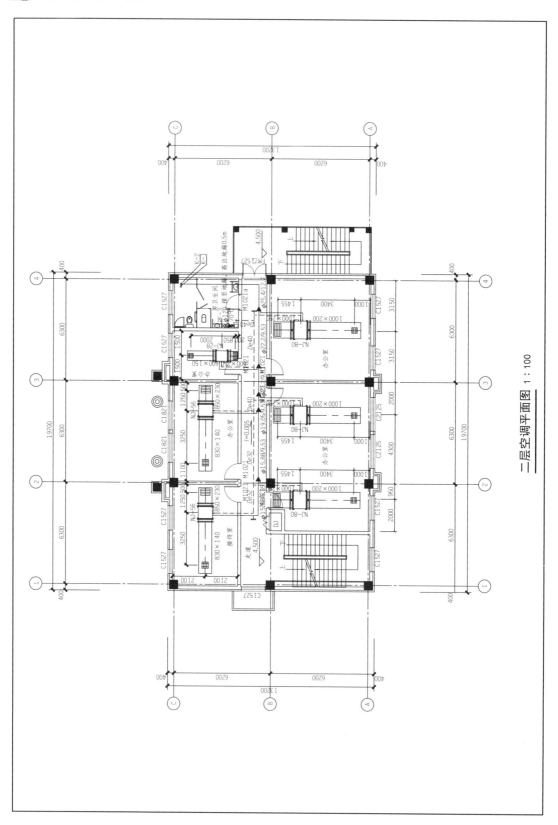

二层空调平面图 1:100

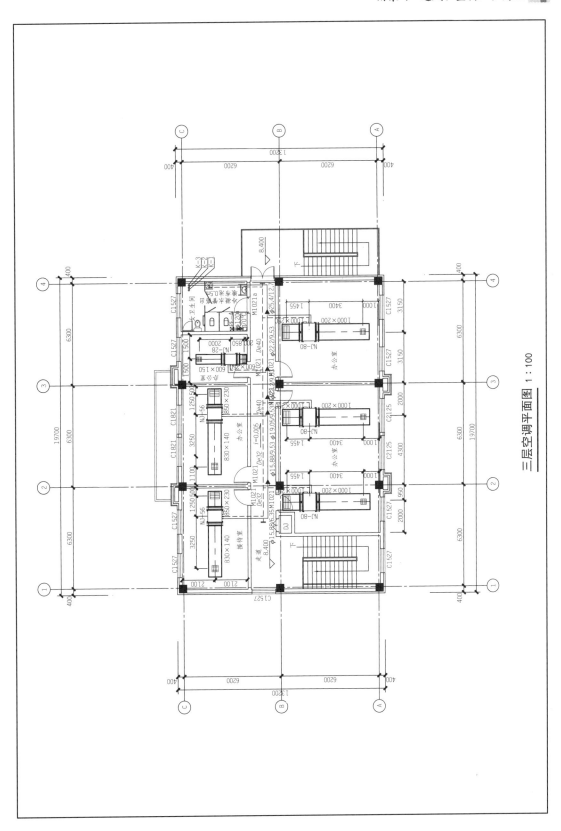

三层空调平面图 1:100

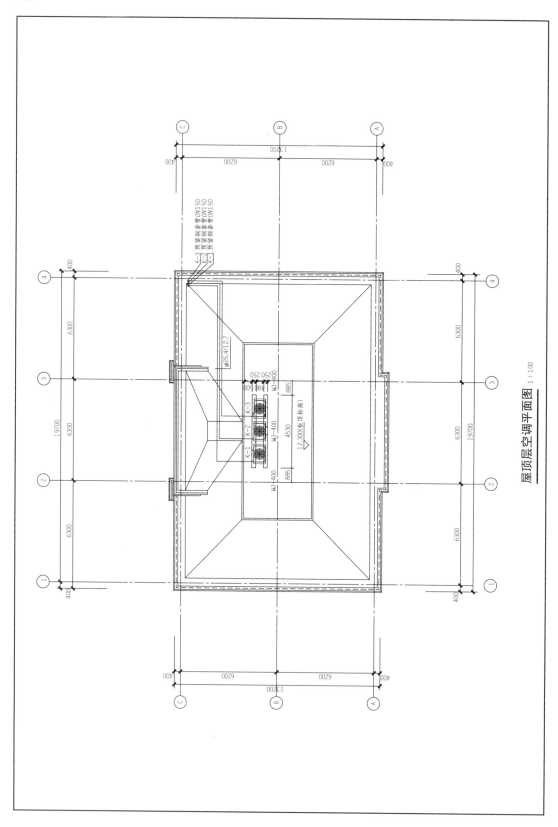

屋顶层空调平面图 1:100

附表 5　2016 天津市安装工程定额基价表（部分）

单位：元

序号	定额编号	项目名称	单位	总价	人工费	材料费	机械费	管理费	未计价材料
1	2-664	电缆沟挖填（一般土沟）	m³	52.03	49.92	—	—	2.11	
2	2-674	电缆沟铺砂盖保护板	100m	3020.02	600	2394.61	—	25.41	
3	2-527	铝芯电力电缆敷设（截面面积35mm²以内）	100m	802.48	567.26	131.26	11.35	92.61	电力电缆（101）
4	2-528	铝芯电力电缆敷设（截面面积120mm²以内）	100m	1401.4	1022.65	162.32	49.48	166.95	电力电缆（101）
5	2-529	铝芯电力电缆敷设（截面面积240mm²以内）	100m	2140.87	1441.88	220.67	242.93	235.39	电力电缆（101）
6	2-537	铜芯电力电缆敷设（截面面积35mm²以内）	100m	1066.69	794.39	131.26	11.35	129.69	电力电缆（101）
7	2-538	铜芯电力电缆敷设（截面面积120mm²以内）	100m	1892.68	1431.71	162.32	64.92	233.73	电力电缆（101）
8	2-539	铜芯电力电缆敷设（截面面积240mm²以内）	100m	2883.13	2018.18	195.37	340.1	329.48	电力电缆（101）
9	2-764	10kV以内室内电电缆终端头安装（截面面积70mm²以内）	个	151.21	91.53	44.74	—	14.94	成套型电缆终端头（1.02）
10	2-765	10kV以内室内电电缆终端头安装（截面面积120mm²以内）	个	168.03	103.96	47.1	—	16.97	成套型电缆终端头（1.02）
11	2-570	电缆保护管地下敷设钢管直径150mm	10m	153.63	89.27	34.33	15.46	14.57	钢管（10.3）
12	2-265	成套配电箱安装入式（半周长2.5mm）	台	265.94	179.67	50.4	6.54	29.33	成套配电箱
13	2-264	成套配电箱安装悬挂嵌入式（半周长1.5mm）	台	211.89	149.16	38.38	—	24.35	成套配电箱
14	2-263	成套配电箱安装悬挂嵌入式（半周长1.0mm）	台	170.54	115.26	36.46	—	18.82	成套配电箱
15	2-1086	电线管敷设砖、混凝土结构暗配（DN20）	100m	681.81	384.2	234.89	—	62.72	电线管（103）
16	2-1087	电线管敷设砖、混凝土结构暗配（DN25）	100m	846.43	549.18	207.59	—	89.66	电线管（103）
17	2-1089	电线管敷设砖、混凝土结构暗配（DN40）	100m	1151.96	759.36	268.63	—	123.97	电线管（103）
18	2-1281	管内穿线照明线路（铜芯截面面积2.5mm²以内）	100m	129.04	91.53	22.57	—	14.94	绝缘导线（116）
19	2-1282	管内穿线照明线路（铜芯截面面积4mm²以内）	100m	93.43	61.02	22.45	—	9.96	绝缘导线（110）
20	2-1285	管内穿线动力线路（铜芯截面面积6mm²以内）	100m	88.93	71.19	6.12	—	11.62	绝缘导线（105）

续表

序号	定额编号	项目名称	单位	总价	人工费	材料费	机械费	管理费	未计价材料
21	2-1287	管内穿线动力线路（铜芯截面面积16mm²以内）	100m	114.61	91.53	8.14	—	14.94	绝缘导线（105）
22	2-1503	吸顶灯（灯罩周长1100mm以外）	10套	387.66	155.94	206.26	—	25.46	成套灯具（10.1）
23	2-1518	防水防尘灯（吸顶式）	10套	408.42	216.96	156.04	—	35.42	成套灯具（10.1）
24	2-1684	标志、诱导装饰灯安装（墙壁式）	10套	285.68	187.58	67.48	—	30.62	成套灯具（10.1）
25	2-1685	标志、诱导装饰灯安装（嵌入式）	10套	296.4	218.09	42.71	—	35.6	成套灯具（10.1）
26	2-1727	成套荧光灯安装（吸顶式双管）	10套	618.63	435.05	112.56	—	71.02	成套灯具（10.1）
27	2-1728	成套荧光灯安装（吸顶式三管）	10套	778.67	536.75	154.29	—	87.63	成套灯具（10.1）
28	2-1762	扳式暗开关（单控双联）	10套	121.29	100.57	4.3	—	16.42	照明开关（10.2）
29	2-1782	单相暗插座15A（5孔）	10套	167.85	124.3	23.26	—	20.29	成套插座（10.2）
30	2-1806	单相暗插座30A（3孔）	10套	151.06	122.04	9.1	—	19.92	成套插座（10.2）
31	12-120	电话出线口（插座型单联）	个	5.74	4.52	0.48	—	0.74	电话出线口（1.02）
32	2-1496	接线盒（暗装）	10个	54.38	35.03	13.63	—	5.72	接线盒（10.2）
33	2-1497	开关盒（暗装）	10个	49.69	37.29	6.31	—	6.09	接线盒（10.2）
34	12-5	信息插座底盒（接线盒）	个	26.29	22.6	—	—	3.69	接线盒（1.01）
35	1-4	人工挖地槽	10m³	546.79	503.04	0	0	43.75	—
36	1-48	人工回填土	10m³	249.33	211.2	0	18.1	20.03	—
37	7-53	室内消火栓单栓安装（DN65以内）	套	140.93	106.22	16.63	0.74	17.34	室内消火栓单栓（1）
38	7-61	灭火器安装（手提式）	组	1.43	1.13	0.11	0.01	0.18	灭火器（1）
39	8-4	镀锌钢管（DN32以内）	10m	95.37	75.45	6.81	0.65	11.99	镀锌钢管（10.15）
40	8-87	钢骨架塑料复合管热熔连接DN110以内	10m	139.67	113	3	5.22	18.45	复合管10.15、管件2.73
41	8-173	镀锌钢管（螺纹连接，DN15以内）	10m	272	206.79	31.45	0	33.76	镀锌钢管（10.2）
42	8-174	镀锌钢管（螺纹连接，DN20以内）	10m	273.31	206.79	32.76	0	33.76	镀锌钢管（10.2）
43	8-175	镀锌钢管（螺纹连接，DN25以内）	10m	332.06	248.6	41.76	1.12	40.58	镀锌钢管（10.2）

续表

序号	定额编号	项目名称	单位	总价	人工费	材料费	机械费	管理费	未计价材料
44	8-177	镀锌钢管（螺纹连接，DN40 以内）	10m	386.51	296.06	41	1.12	48.33	镀锌钢管（10.2）
45	8-178	镀锌钢管（螺纹连接，DN50 以内）	10m	415.15	302.84	59.77	3.1	49.44	镀锌钢管（10.2）
46	8-180	镀锌钢管（螺纹连接，DN80 以内）	10m	483.95	327.7	98.35	4.4	53.5	镀锌钢管（10.2）
47	8-181	镀锌钢管（螺纹连接，DN100 以内）	10m	600.04	371.77	142.64	24.94	60.69	镀锌钢管（10.2）
48	8-208	钢管沟槽连接 DN100 以内	10m	201.30	170.63	2.81	0	27.86	10.2
49	8-377	塑料排水管（黏接，DN50 以内）	10m	194.07	160.46	7.37	0.04	26.2	排水管（10.12）排水管管件（6.9）
50	8-379	塑料排水管（黏接，DN100 以内）	10m	277.07	226	14.09	0.08	36.9	排水管（9.5）排水管管件（11.56）
51	8-404	塑料给水管（热熔连接 DN75 以内）（埋地部分）	10m	237.86	200.01	4.94	0.26	32.65	给水管（10.16）给水管管件（6.03）
52	8-441	一般钢套管制作安装（DN32 以内）	个	21.77	11.3	7.67	0.96	1.84	焊接钢管（0.318）
53	8-442	一般钢套管制作安装（DN50 以内）	个	36.60	15.82	17.16	1.04	2.58	焊接钢管（0.318）
54	8-444	一般钢套管制作安装（DN80 以内）	个	83.49	28.25	49.28	1.35	4.61	套管（0.318）
55	8-445	一般钢套管制作安装（DN100 以内）	个	97.65	38.42	51.36	1.60	6.27	套管（0.318）
56	8-447	一般钢套管制作安装（DN150 以内）	个	155.29	64.41	78.70	1.66	10.52	套管（0.318）
57	8-457	一般塑料套管制作安装（De160 以内）	个	92.52	15.82	74.12	0	2.58	套管（0.318）
58	8-478	管道消毒冲洗（DN50 以内）	100m	108.59	58.76	40.24	0	9.59	—
59	8-479	管道消毒冲洗（DN100 以内）	100m	153.75	76.84	64.37	0	12.54	—
60	8-458	一般塑料套管制作安装（De200 以内）	个	96.18	16.95	76.46	0	2.77	套管（0.318）
61	8-558	一般管架制作安装	100kg	1413.92	751.45	248.77	291.02	122.68	型钢（106）
62	8-559	螺纹阀门安装（截止阀，DN15 以内）	个	16.25	11.3	3.11	0	1.84	阀门（1.01）
63	8-560	螺纹阀门安装（截止阀，DN20 以内）	个	17.22	11.3	4.08	0	1.84	阀门（1.01）
64	8-561	螺纹阀门安装（截止阀，DN25 以内）	个	21.54	13.56	5.77	0	2.21	阀门（1.01）
65	8-562	螺纹阀门安装（截止阀，DN32 以内）	个	27.19	16.95	7.47	0	2.77	阀门（1.01）
66	8-563	螺纹阀门安装（截止阀，DN40 以内）	个	42.92	28.25	10.06	0	4.61	阀门（1.01）

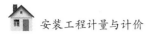

续表

序号	定额编号	项目名称	单位	总价	人工费	材料费	机械费	管理费	未计价材料
67	8-564	螺纹阀门安装（蝶阀，DN50以内）	个	47.16	28.25	14.3	0	4.61	阀门（1.01）
68	8-566	螺纹阀门安装（蝶阀，DN80以内）	个	108.86	56.5	43.14	0	9.22	阀门（1.01）
69	8-567	螺纹阀门安装（蝶阀，DN100以内）	个	196.08	109.61	68.58	0	17.89	阀门（1）
70	8-743	螺纹水表组成与安装（DN50以内）	组	164.88	90.40	59.72	0	14.76	水表（1）
71	8-821	洗脸盆安装（铜管冷热水）	10组	2219.64	596.64	1525.60	0	97.40	洗脸盆（10.1）
72	8-858	蹲式大便器安装（自闭式冲洗）	10套	2728.30	814.73	1780.56	0	133.01	蹲式大便器（10.1）
73	8-861	坐式大便器安装（连体水箱坐便器）	10套	937.60	767.27	45.07	0	125.26	坐式大便器（10.1）
74	8-868	立式小便器	10套	1289.52	623.76	563.93	0	101.83	10.1
75	8-830	成品污水池	10组	1421.48	489.29	852.31	0	79.88	10.1
76	8-914	水龙头（DN15以内）	10个	42.24	31.64	5.43	0	5.17	10.1
77	8-917	地漏安装（DN50以内）	10个	227.37	180.8	17.05	0	29.52	地漏（10）
78	11-111	金属结构刷防锈漆第一遍	100kg	41.22	22.60	14.93	0	3.69	—
79	11-112	金属结构刷防锈漆第二遍	100kg	36.49	20.34	12.83	0	3.32	—
80	11-118	金属结构刷调和漆第一遍	100kg	31.73	20.34	8.07	0	3.32	—
81	11-119	金属结构刷调和漆第二遍	100kg	30.77	20.34	7.11	0	3.32	—
82	8-989	柱形铸铁散热器（落地安装）	片	11.36	4.52	6.10	—	0.74	散热器（1.01）
83	8-990	柱形铸铁散热器（挂装）	片	14.60	6.78	6.71	—	1.11	散热器（1.01）
84	8-997	钢制板式散热器安装（单板 H600×1000）	组	35.81	28.25	2.75	0.2	4.61	钢制板式散热器（1）
85	8-998	钢制板式散热器安装（单板 H600×2000）	组	46.44	36.16	4.18	0.2	5.90	钢制板式散热器（1）
86	8-999	钢制板式散热器安装（双板 H600×1000）	组	50.39	40.68	2.87	0.2	6.64	钢制板式散热器（1）
87	8-1000	钢制板式散热器安装（双板 H600×2000）	组	62.34	49.72	4.30	0.2	8.12	钢制板式散热器（1）
88	8-1025	钢制壁式散热器（15kg以内）	组	46.17	29.38	11.99	—	4.80	钢制壁式散热器（1）
89	8-1026	钢制壁式散热器（15kg以外）	组	56.68	38.42	11.99	—	6.27	钢制壁式散热器（1）
90	8-1027	钢柱式散热器安装（高度 600mm以内，单组10片以内）	组	36.36	22.60	9.87	0.2	3.69	钢制柱式散热器（1）

续表

序号	定额编号	项目名称	单位	总价	人工费	材料费	机械费	管理费	未计价材料
91	8-1028	钢柱式散热器安装（高度600mm以内，单组15片以内）	组	63.12	40.68	15.60	0.2	6.64	钢柱式散热器（1）
92	8-1029	钢柱式散热器安装（高度600mm以内，单组25片以内）	组	84.61	61.02	13.43	0.2	9.96	钢柱式散热器（1）
93	8-1031	钢柱式散热器安装（高度1000mm以内，单组10片以内）	组	39.08	24.86	9.96	0.2	4.06	钢柱式散热器（1）
94	8-1032	钢柱式散热器安装（高度1000mm以内，单组15片以内）	组	67.45	46.33	13.36	0.2	7.56	钢柱式散热器（1）
95	8-1033	钢柱式散热器安装（高度1000mm以内，单组25片以内）	组	92.75	67.8	13.68	0.2	11.07	钢柱式散热器（1）
96	8-1035	钢柱式散热器安装（高度1500mm以内，单组10片以内）	组	55.56	36.16	13.3	0.2	5.90	钢柱式散热器（1）
97	8-1036	钢柱式散热器安装（高度1500mm以内，单组15片以内）	组	91.27	66.67	13.52	0.2	10.88	钢柱式散热器（1）
98	8-1037	钢柱式散热器安装（高度2000mm以内，单组10片以内）	组	64.87	44.07	13.41	0.2	7.19	钢柱式散热器（1）
99	8-1038	钢柱式散热器安装（高度2000mm以内，单组15片以内）	组	107.22	80.23	13.69	0.2	13.10	钢柱式散热器（1）
100	8-1061	地板辐射采暖－塑料管道敷设（外径16mm以内）	10m	52.71	21.47	27.69	0.04	3.51	塑料管（10.2）
101	8-1062	地板辐射采暖－塑料管道敷设（外径20mm以内）	10m	66.53	21.47	41.51	0.04	3.51	塑料管（10.2）
102	8-1063	地板辐射采暖－塑料管道敷设（外径25mm以内）	10m	79.64	22.60	53.31	0.04	3.69	塑料管（10.2）
103	8-1077	热水采暖入口热量表组成安装（螺纹连接DN32mm）	组	860.15	337.87	433.79	33.33	55.16	螺纹热量表（1）过滤器（2）
104	8-1078	热水采暖入口热量表组成安装（螺纹连接DN32mm）	组	946.94	367.25	484.53	35.20	59.96	螺纹热量表（1）过滤器（2）

续表

序号	定额编号	项目名称	单位	总价	人工费	材料费	机械费	管理费	未计价材料
105	8-1079	热水采暖入口热量表组成安装（法兰连接 DN50mm）	组	2189.83	539.01	1482.01	80.81	88	法兰热量表（1）过滤器（2）
106	8-1080	热水采暖入口热量表组成安装（法兰连接 DN65mm）	组	2665.17	641.84	1812.84	105.71	104.78	法兰热量表（1）过滤器（2）
107	8-1081	热水采暖入口热量表组成安装（法兰连接 DN80mm）	组	3143.27	758.23	2154.49	106.77	123.78	法兰热量表（1）过滤器（2）
108	8-1083	户用热量表组成安装（螺纹连接 DN15mm 以内）	组	162.44	73.45	73.85	3.15	11.99	螺纹热量表（1）Y 型过滤器（1）
109	8-1084	户用热量表组成安装（螺纹连接 DN20mm 以内）	组	204.62	79.1	108.79	3.82	12.91	螺纹热量表（1）Y 型过滤器（1）
110	8-1085	户用热量表组成安装（螺纹连接 DN25mm 以内）	组	266.17	96.05	148.95	5.49	15.68	螺纹热量表（1）Y 型过滤器（1）
111	8-1086	户用热量表组成安装（螺纹连接 DN32mm 以内）	组	326.76	118.65	181.85	6.89	19.37	螺纹热量表（1）Y 型过滤器（1）
112	8-1102	室内燃气镀锌钢管（螺纹连接 DN15mm 以内）	10m	279.68	209.05	30.30	6.20	34.13	镀锌钢管（10.2）
113	8-1103	室内燃气镀锌钢管（螺纹连接 DN20mm 以内）	10m	283.25	209.05	33.87	6.20	34.13	镀锌钢管（10.2）
114	8-1104	室内燃气镀锌钢管（螺纹连接 DN25mm 以内）	10m	339.14	248.60	46.71	3.25	40.58	镀锌钢管（10.2）
115	8-1105	室内燃气镀锌钢管（螺纹连接 DN32mm 以内）	10m	368.80	248.60	75.93	3.69	40.58	镀锌钢管（10.2）
116	8-1118	室内燃气不锈钢管（卡套连接 DN15mm 以内）	10m	165.25	133.34	5.29	4.85	21.77	薄壁不锈钢管（9.94）燃气室内薄壁不锈钢管卡套式管件（11.73 个）
117	8-1119	室内燃气不锈钢管（卡套连接 DN20mm 以内）	10m	173.13	138.99	6.53	4.92	22.69	薄壁不锈钢管（9.94）燃气室内薄壁不锈钢管卡套式管件（9.26 个）

续表

序号	定额编号	项目名称	单位	总价	人工费	材料费	机械费	管理费	未计价材料
118	8-1120	室内燃气不锈钢管（卡套连接 DN25mm 以内）	10m	189.02	151.42	6.92	5.96	24.72	薄壁不锈钢管（9.98）燃气室内薄壁不锈钢管卡套式管件（8.41 个）
119	8-1121	室内燃气不锈钢管（卡套连接 DN32mm 以内）	10m	206.09	164.98	7.37	6.81	26.93	薄壁不锈钢管（9.98）燃气室内薄壁不锈钢管卡套式管件（7.74 个）
120	8-1151	民用燃气表（1.2m³/h）	块	51.94	44.07	0.68	—	7.19	燃气计量表（1）燃气接头（1.01）
121	8-1152	民用燃气表（1.5m³/h）	块	51.94	44.07	0.68	—	7.19	燃气计量表（1）燃气接头（1.01）
122	8-1154	民用燃气表（单表头 3m³/h）	块	82.18	70.06	0.68	—	11.44	燃气计量表（1）燃气接头（1.01）
123	8-1155	民用燃气表（双表头 3m³/h）	块	88.75	75.71	0.68	—	12.36	燃气计量表（1）燃气接头（1.01）
124	8-1161	工业用罗茨表（100m³/h）	块	446.98	348.04	42.14	—	56.82	工业用罗茨表（1）
125	8-1162	工业用罗茨表（200m³/h）	块	570.21	419.23	82.54	—	68.44	工业用罗茨表（1）
126	8-1200	民用人工煤气灶（JZ-1 单眼灶）	台	59.66	28.25	26.80	—	4.61	JZ-1 单眼灶（1）
127	8-1201	民用人工煤气灶（JZ-2 单眼灶）	台	40.34	31.64	3.53	—	5.17	JZ-2 单眼灶（1）
128	8-1202	民用人工煤气灶（JZR-83 自动点火灶）	台	50.73	28.25	17.87	—	4.61	JZR-83 自动点火灶（1）
129	8-1205	液化石油气灶（JZY1-W 单眼灶）	台	59.66	28.25	26.8	—	4.61	液化石油气灶炉（2）
130	8-1206	液化石油气灶（YZ2 双眼灶）	台	50.73	28.25	17.87	—	4.61	液化石油气灶炉（1）
131	8-1208	液化石油气灶（JZY2-83 自动点火灶）	台	50.73	28.25	17.87	—	4.61	液化石油气灶炉（1）
132	8-1210	天然气灶具（JZT2 双眼灶）	台	50.73	28.25	17.87	—	4.61	天然气灶炉（1）
133	8-1213	天然气灶具（JZT2-83 自动点火灶）	台	50.73	28.25	17.87	—	4.61	天然气灶炉（1）
134	8-1231	气嘴（XW15 型单嘴外螺纹）	10个	75.49	63.28	1.88	—	10.33	气嘴（1）
135	8-1232	气嘴（XW15 型双嘴外螺纹）	10个	75.49	63.28	1.88	—	10.33	气嘴（1）

续表

序号	定额编号	项目名称	单位	总价	人工费	材料费	机械费	管理费	未计价材料
136	8—1233	气嘴（XN15型单嘴内螺纹）	10个	75.49	63.28	1.88	—	10.33	气嘴（1）
137	8—1234	气嘴（XN15型双嘴内螺纹）	10个	75.49	63.28	1.88	—	10.33	气嘴（1）
138	9—298	落地式空调器（质量1.0t以内）	台	1203.13	1047.20	8.17	—	147.76	空调器（1）
139	9—301	墙上式空调器（质量0.1t以内）	台	139.97	115.50	8.17	—	16.30	空调器（1）
140	9—295	吊顶式空调器（质量0.15t以内）	台	166.33	138.60	8.17	—	19.56	空调器（1）
141	9—282	轴流式通风机（风量8900m³/h）	台	108.42	91.63	3.86	—	12.93	轴流式通风机（1）
142	9—290	卫生间通风器安装	台	13.18	11.55	—	—	1.63	卫生间通风器（1）
143	9—6	镀锌薄钢板矩形风管（δ=1.2mm以内咬口）（周长2000mm以内）	10m²	878.73	511.28	270.79	24.52	72.14	镀锌钢板（11.38m²）
144	9—7	镀锌薄钢板矩形风管（δ=1.2mm以内咬口）（周长4000mm以内）	10m²	675.68	384.23	223.74	13.50	54.21	镀锌钢板（11.38m²）
145	9—156	方形散流器安装（周长2000mm以内）	个	36.34	27.72	4.71	—	3.91	—
146	9—141	百叶风口安装（周长900mm以内）	个	19.17	13.86	3.11	0.24	1.96	—
147	9—143	百叶风口安装（周长1800mm以内）	个	45.35	34.65	5.57	0.24	4.89	—
148	9—144	百叶风口安装（周长2500mm以内）	个	67.73	52.36	7.74	0.24	7.39	—
149	9—26	软管接口	m²	329.09	125.51	183.54	2.33	17.71	—
150	9—85	圆形、方形风管止回阀安装（周长800mm以内）	个	27.38	19.25	5.41	—	2.72	—
151	9—96	风管防火阀安装（周长2200mm以内）	个	33.26	16.17	14.81	—	2.28	—
152	9—271	设备支架50kg以内	100kg	1141.80	529.76	509.36	27.93	74.75	—
153	9—272	设备支架50kg以外	100kg	774.01	249.48	473.47	15.86	35.20	—
154	11—103	金属结构刷油 红丹防锈漆 第一遍	100kg	31.73	15.40	14.16	—	2.17	—
155	11—104	金属结构刷油 红丹防锈漆 第二遍	100kg	27.47	13.86	1.65	—	1.96	—
156	11—112	金属结构刷油 调和漆 第一遍	100kg	23.92	13.86	8.10	—	1.96	—
157	11—113	金属结构刷油 调和漆 第二遍	100kg	22.96	13.86	7.14	—	1.96	—
158	11—539	橡塑保温管壳（管道）安装 风管（DN57mm以内）	m³	765.60	448.83	253.44	—	63.33	橡塑海绵（1.03m³）
159	11—551	橡塑板（风管）安装 风管（橡塑板厚度32mm以内）	m³	696.92	438.90	196.09	—	61.93	橡塑板（1.08m³）

×××××××学院

《安装工程计量与计价》
学生训练手册

(_____定额计价)

学　　号:

班级名称:

姓　　名:

系　　属:

指导教师:

编制日期:　　　年　月　日

表 1　课程总评价表

学生姓名：　　　　　　　　　　　　　　　　班级：

	项目	评价内容	得分	权重 /%	总比例 /%	总评
1	建筑电气工程计量与计价	教师评价		40	20	
		训练手册		50		
		自我评价		10		
2	给排水工程计量与计价	教师评价		40	20	
		训练手册		50		
		自我评价		10		
3	采暖工程计量与计价	教师评价		40	20	
		训练手册		50		
		自我评价		10		
4	消防工程计量与计价	教师评价		40	20	
		训练手册		50		
		自我评价		10		
5	通风、空调工程计量与计价	教师评价		40	20	
		训练手册		50		
		自我评价		10		

表 2　教师综合评价表

学生姓名：　　　　　　　　　　　　　　　　班级：

评价项目	评分标准			
	优	良	中	差
1. 学习目标是否明确（5）				
2. 学习过程是否呈上升趋势，不断进步（10）				
3. 是否能独立地获取信息，资料收集是否完善（10）				
4. 能否独立完成单项训练成果（20）				
5. 能否清晰地表达自己的观点和思路，及时解决问题（10）				
6. 项目实施操作的表现如何（20）				
7. 职业整体素养的确立与表现（5）				
8. 是否能认真总结、正确评价完成情况（5）				
9. 团队合作精神表现（10）				
10. 每一项任务是否及时、认真完成（5）				
总评				
改进意见				

表 3 训练手册成绩评定表

学生姓名：　　　　　　　　　　　　　　班级：

评价要点	评价标准			
	优	良	中	差
是否按时完成作业（20分）				
列项是否完成，正确（20分）				
工程计量是否准确，符合计量规范的要求（15分）				
工程计价是否准确（15分）				
工程费用计取是否准确（10分）				
字迹是否工整（10分）				
是否独立完成（10分）				
小组总评				
改进意见				
指导教师评定				

表 4 学生自我评价表

学生姓名：　　　　　　　　　　　　　　班级：

评价项目	评价标准			
	优 （8～10分）	良 （6～8分）	中 （4～6分）	差 （2～4分）
1. 学习态度是否主动，是否能及时完成教师布置的各项任务				
2. 是否完整地记录探究学习活动的过程，收集的有关的学习信息和资料是否完善				
3. 能否根据学习资料对项目进行合理及正确性分析，对所完成的计价文件进行比对校核				
4. 是否能够完全领会教师的授课内容，并迅速掌握技能				
5. 是否积极参与各种讨论，并能清晰地表达自己的观点				
6. 能否按照课程任务独立或合作完成课程项目				
7. 通过项目训练是否达到所要求的能力目标				
8. 工作过程中是否能保持整洁、有序、规范的工作环境				
9. 是否确立了安全、环保意识与团队合作精神				
10. 是否具有创新能力				
总评				
改进方法				

注：总评处填入百分制得分。表中"8～10分"表示"大于8分而小于或等于10分"。

施工图预算书

工程项目名称 _____

建筑面积： _____

结算造价（小写）： _____

（大写）： _____

施工单位： _____

法定代表人： _____

造价工程师： _____

编制时间： 年 月 日

建设单位： _____

法定代表人： _____

编制时间： 年 月 日

审核单位： _____

法定代表人： _____

造价工程师： _____

编制时间： 年 月 日

编 制 说 明

工程名称：

一、工程概况

1．建筑面积：

2．结构形式：

3．地下层数： 　　　地上层数： 　　　层高： 　　　檐高：

二、施工图预算编制依据（包括施工图、工程设计变更图的名称及编号，招标项目招标文件的编号及发包方提供的其他资料）

三、编制预算时所选用的人工、材料、施工机械台班价格的来源（包括价格采集的年月日）和种类、规格、单价等

四、施工图预算中采用暂估价格的项目，应说明暂估价原因和结算时的调整内容和方法

五、其他需要说明的情况

第 页共 页

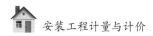

施工图预（结）算计价汇总表

专业工程名称：

序号	费用项目名称	计算公式	金额/元
1	分部分项工程项目预（结）算计价合计	∑（工程量×编制期预算基价）	
2	其中：人工费	∑（工程量×编制期预算基价中人工费）	
3	措施项目（一）预（结）算计价合计	∑措施项目（一）金额	
4	其中：人工费	∑措施项目（一）金额中人工费	
5	措施项目（二）预（结）算计价合计	∑（工程量×编制期预算基价）	
6	其中：人工费	∑（工程量×编制期预算基价中人工费）	
7	规费	［（2）+（4）+（6）］×相应费率	
8	利润	按各专业预算基价规定执行	
9	其中：施工装备费	按各专业预算基价规定执行	
10	税金	［（1）+（3）+（5）+（7）+（8）］×征收率或税率	
11	含税总计	（1）+（3）+（5）+（7）+（8）+（10）	

措施项目预（结）算计价表

专业工程名称：

序号	项目名称	计算基础	费率/%	金额/元	其中：人工费/元
1					
2					
3					
4					
5					
6					
7					
8					
9					
10					
11					
本页小计					
本表合计［结转至施工图预（结）算计价汇总表］					

注：本表适用于以"费率"计价的措施项目。

分部分项工程计价表（预算子目）

序号	定额编号	项目名称	工程量		工程造价	未计价材料费		总价分析									
			单位	数量	合价	单价	合价	人工费		材料费		机械费		管理费			
								单价	合价	单价	合价	单价	合价	单价	合价		

工程量计算书

序号	项目名称	计算公式	单位	数量

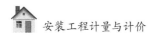
主要材料费用表

序号	材料名称和规格	单位	数量	单价	金额

××××××× 学院

《安装工程计量与计价》 学生训练手册

(_____定额计价)

学　　号：

班级名称：

姓　　名：

系　　属：

指导教师：

编制日期：　　年　月　日

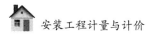

表1 课程总评价表

学生姓名： 　　　　　　　　　　　　　　　　　　班级：

	项目	评价内容	得分	权重/%	总比例/%	总评
1	建筑电气工程计量与计价	教师评价		40	20	
		训练手册		50		
		自我评价		10		
2	给排水工程计量与计价	教师评价		40	20	
		训练手册		50		
		自我评价		10		
3	采暖工程计量与计价	教师评价		40	20	
		训练手册		50		
		自我评价		10		
4	消防工程计量与计价	教师评价		40	20	
		训练手册		50		
		自我评价		10		
5	通风、空调工程计量与计价	教师评价		40	20	
		训练手册		50		
		自我评价		10		

表2 教师综合评价表

学生姓名： 　　　　　　　　　　　　　　　　　　班级：

评价项目	评分标准			
	优	良	中	差
1. 学习目标是否明确（5分）				
2. 学习过程是否呈上升趋势，不断进步（10分）				
3. 是否能独立地获取信息，资料收集是否完善（10分）				
4. 能否独立完成单项训练成果（20分）				
5. 能否清晰地表达自己的观点和思路，及时解决问题（10分）				
6. 项目实施操作的表现如何（20分）				
7. 职业整体素养的确立与表现（5分）				
8. 是否能认真总结、正确评价完成情况（5分）				
9. 团队合作精神表现（10分）				
10. 每一项任务是否及时、认真完成（5分）				
总评				
改进意见				

表 3　训练手册成绩评定表

学生姓名：　　　　　　　　　　　　班级：

评价要点	评价标准			
	优	良	中	差
是否按时完成作业（20分）				
列项是否完成，正确（20分）				
工程计量是否准确，符合计量规范的要求（15分）				
工程计价是否准确（15分）				
工程费用计取是否准确（10分）				
字迹是否工整（10分）				
是否独立完成（10分）				
小组总评				
改进意见				
指导教师评定				

表 4　学生自我评价表

学生姓名：　　　　　　　　　　　　班级：

评价项目	评价标准			
	优 （8~10分）	良 （6~8分）	中 （4~6分）	差 （2~4分）
1. 学习态度是否主动，是否能及时完成教师布置的各项任务				
2. 是否完整地记录探究学习活动的过程，收集的有关的学习信息和资料是否完善				
3. 能否根据学习资料对项目进行合理及正确性分析，对所完成的计价文件进行比对校核				
4. 是否能够完全领会教师的授课内容，并迅速掌握技能				
5. 是否积极参与各种讨论，并能清晰地表达自己的观点				
6. 能否按照课程任务独立或合作完成课程项目				
7. 通过项目训练是否达到所要求的能力目标				
8. 工作过程中是否能保持整洁、有序、规范的工作环境				
9. 是否确立了安全、环保意识与团队合作精神				
10. 是否具有创新能力				
总评				
改进方法				

注：总评处填入百分制得分。

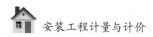

工程量清单计价汇总表

专业工程名称：

序号	费用项目名称	计算公式	金额／元
1	分部分项工程量清单计价合计	$\sum$（工程量×综合单价）	
2	其中：规费	$\sum$（工程量×综合单价中规费）	
3	措施项目（一）清单计价合计	$\sum$措施项目（一）金额	
4	其中：规费	$\sum$措施项目（一）金额中规费	
5	措施项目（二）清单计价合计	$\sum$（工程量×综合单价）	
6	其中：规费	$\sum$（工程量×综合单价中规费）	
	规费	（2）＋（4）＋（6）	
	税金	［（1）＋（3）＋（5）］×征收率或税率	
	含税总计［结转至工程量清单总价汇总表］	（1）＋（3）＋（5）＋（8）	

分部分项工程项目清单计价表

专业工程名称:

序号	项目编码	项目名称	项目特征描述	计量单位	工程量	金额/元		
						综合单价	合价	其中:规费
本页合计								
本表合计 [结转至工程量清单计价汇总表]								

措施项目（一）清单计价表

专业工程名称：

序号	项目名称	计算基础	费率 /%	金额 / 元	其中：规费 / 元
1					
2					
3					
4					
5					
6					
7					
8					
9					
10					
本页合计					
本表合计［结转至工程量清单计价汇总表］					

注：本表适用于以"费率"计价的措施项目。

措施项目（二）清单计价表

专业工程名称：

序号	项目编码	项目名称	项目特征	计量单位	工程量	金额 / 元		
						综合单价	合价	其中：规费
本页小计								
本表合计［结转至工程量清单计价汇总表］								

分部分项工程项目清单综合单价分析表

序号	项目编码	项目名称	计量单位	工程量	合计		其中					未计价材料费
							人工费	材料费	机械费	管理费	规费	利润	
					单价								
					合价								
					单价								
					合价								
					单价								
					合价								
					单价								
					合价								
					单价								
					合价								
					单价								
					合价								